à Descartes, Maxwell
et René-Louis Vallée.

Du même auteur :

Multicoupleurs et filtres VHF/UHF, Hermes, 2007

VHF/UHF filters and multicouplers, ISTE-Wiley, 2010

L'Univers de Maxwell, lulu, 2012

Ether et Espace, Baudelaire, 2018

Bernard PIETTE

lumineuses ténèbres

ESSAI DE PHYSIQUE RATIONNELLE

Ce livre forme un ensemble in-dissociable avec « Ether et Espace ». L'un est le complément indispensable de l'autre.

Table des matières

Chapitre 4 : Le filtre combline

Chapitre 5 : Apparences et réalité

Chapitre 6 : L'autre Physique

Chapitre 7 : Science et philosophie

Chapitre 8 : L'éducation scientifique

Chapitre 9 : L'enseignement de la physique

Introduction

Le présent ouvrage fait suite à « Ether et espace, l'invraisemblable vérité », paru en 2018, et traite du même thème principal : l'éther. Il était en effet difficile de résumer en un peu plus de 400 pages trente ou quarante ans de recherche sur ce thème, et l'auteur a jugé bon, pour « enfoncer le clou », de reprendre certaines explications qui, le temps ayant fait son œuvre, semblent aujourd'hui trop concises et méritent de ce fait un certain approfondissement, pour ne pas dire, éventuellement, une nouvelle interprétation ou un éclairage nouveau, ou peut-être les deux.

D'autre part le style change. Le précédent livre était lui-même la réécriture d'un premier essai intitulé « l'Univers de Maxwell », écrit sous une forme guerrière choisie dans l'intention de choquer, de donner un coup de pied dans la fourmilière du monde scientifique, et avait préféré dans ce but un vocabulaire volontairement agressif destiné à plaire d'abord aux nombreux insatisfaits de la physique, autant dire à une énorme majorité d'entre nous. Maintenant que le but est atteint et que la colère est tombée, il convient d'exposer les mêmes arguments, toujours en faveur de la réintroduction en physique de la notion de l'éther, mais d'une manière plus calme, moins enflammée et, comme on dit aujourd'hui, « politiquement correcte ».

Tout au début, en auto publication sur le site Lulu.com, ce présent livre avait pour titre «la physique de Descartes ». Pourquoi ce titre ? Peut-être pour rendre hommage au maître, tout simplement, mais peut-être aussi parce que parmi tous les physiciens-philosophes, Descartes est le plus complet, le plus audacieux, celui qui a le mieux promu la physique en son temps, et surtout, pour ce qui est des lignes qui vont suivre, celui qui a le plus tenté dans l'exploration d'un milieu dont l'importance primordiale est encore aujourd'hui reniée par la plupart des physiciens : l'éther. Ce fluide magique à qui nous devons tout, jusqu'à et y compris notre existence en tant qu'êtres vivants, est cependant complètement ignoré des acteurs de la physique théorique actuelle, chercheurs, professeurs et étudiants confondus. Il était donc assez normal, dans l'optique de sa possible et souhaitable réhabilitation, qui sera le but principal de cet ouvrage, de rendre justice à celui qui en a le plus et le mieux parlé. L'éther existe, il est partout là où on ne voit que le vide, il participe à tous les phénomènes, mais les physiciens, satisfaits qu'ils sont par la mouvance relativiste et son joyeux compagnon le Big Bang, n'en veulent pas. Ils n'en n'ont pas besoin, du moins le croient-ils. La physique théorique telle que définie par Duhem, c'est-à-dire consistant pour l'étude d'un phénomène ou d'une loi à en fabriquer un modèle théorique et à en tirer un maximum de conséquences mathématiques, les comble. Ils ne se rendent pas compte qu'en pratiquant de la sorte, ils transforment la plus belle activité intellectuelle de l'homme, la physique, en pensum aride et décourageant. Mais surtout, malgré le confort intellectuel que leur donnent leurs certitudes, ils ne se rendent pas compte non plus qu'ils passent ainsi à côté de la réalité.

La physique, en France, ne suscite plus guère de passion, et même si elle garde des supporters inconditionnels, l'attrait concurrent des innombrables facettes scintillantes de la société de consommation fait qu'elle ne fait plus recette. Nous sommes loin du bouillonnement populaire du début du $20^{\text{ème}}$ siècle, quand la presse spécialisée fonctionnait à plein rendement, avec non pas seulement des mensuels, comme aujourd'hui, mais une multitude d'hebdomadaires constamment nourris de nouveautés et où on pouvait même trouver, chose impensable aujourd'hui, les comptes-rendus hebdomadaires de l'Académie des Sciences! De plus, les découvertes d'alors concernaient directement la population parce qu'il s'agissait surtout de mécanique, science intuitive pour l'homme depuis des millénaires et technologie reine à cette époque. C'était le début des grands moyens de transport, on assistait à l'essor extraordinaire des industries métallurgiques et à leurs applications. C'était une époque de vrai progrès, socialement parlant, dont chacun pouvait voir l'évolution en visitant des salons prestigieux, des expositions universelles d'une facture qu'on ne connaît plus, et qui constituaient les grands événements de la vie du pays. Mais cela se passait aussi dans la rue, où l'on guettait avec impatience le passage de la dernière-née des automobiles, ou de quelque merveilleux objet volant.

La vente des revues scientifiques continue pourtant de se faire, mais on sent bien, en conversant un peu avec leurs lecteurs, qu'il y a de la part du public une certaine lassitude qui le renvoie à contrecœur vers d'autres sujets, où il espère trouver l'excitation que la physique ne lui donne plus : la médecine, l'astronomie, l'archéologie, la paléontologie, l'anthropologie, sont là pour remédier comme elles peuvent à une absence dramatique de découvertes fondamentales dans une discipline qui échappe maintenant complètement, par sa complexité, au commun des mortels. Mais surtout, les découvertes actuelles, car malgré tout elles existent, sont en partie la propriété de spécialistes dont le langage est devenu incompréhensible aux amateurs et restent du domaine théorique.

Il semblerait bien que les craintes d'Albert Einstein, qui redoutait déjà en 1905 que la physique ne devienne la propriété exclusive de quelques individus, regroupés dans une sorte de caste, se soient tragiquement réalisées. La recherche française, qui avait à cette époque le choix, d'une part entre les méthodes anglaises, qui s'appuyaient sur les analogies mécaniques, et d'autre part celles, notamment, de Poincaré et de Duhem, basées sur la modélisation systématique et l'utilisation non moins systématique des mathématiques, a choisi la seconde voie, plus conforme à sa formation et à ses habitudes. Il en résulte une physique rigide et prétentieuse, qui a eu certes des résultats indéniables, mais qui aujourd'hui n'a plus d'écho dans le grand public et montre ainsi ses limites : les mathématiques sont rigoureuses, mais elles ne peuvent pas remplacer l'intuition et le raisonnement pour donner les moyens à l'homme de découvrir les secrets de l'Univers.

Les dépositaires et les acteurs de la physique, entendons par là ceux qui la pratiquent quotidiennement, peuvent se ranger en trois catégories :

- les enseignants, qui transmettent à leurs étudiants ce qu'on leur a appris, selon des programmes élaborés par d'autres qu'eux-mêmes et à propos desquels on ne les a pas consultés.

- les chercheurs, qui suivent eux aussi des rails posés par des instances supérieures, lesquelles ont un pied dans l'industrie et l'autre dans la politique.

- et enfin les ingénieurs, qui mettent à la disposition des industriels leur savoir pour réaliser les produits dont le commerce fait ensuite la richesse du pays : ce sont les praticiens de la physique, dont on ne dira jamais assez qu'ils constituent la force vive de toute nation industrialisée. Et ajoutons à ce sujet que les entreprises industrielles possèdent presque toutes un ou plusieurs laboratoires de recherche, et que l'on y fait parfois autant de découvertes intéressantes que dans les organismes d'état aux budgets pantagruéliques.

Le grand public, lui, pour s'intéresser aux progrès de la science, n'a que peu de solutions. Il doit s'en remettre aux journalistes scientifiques, à des publications et à quelques apparitions télévisées de savants qui, acceptant pour un instant de se mettre au niveau du citoyen moyen, simplifient tellement les choses qu'ils n'apprennent finalement rien à personne. Ils sont devenus des conteurs, qui racontent à une audience fatiguée et de plus en plus méfiante des histoires à dormir debout. Les pires d'entre eux sont les astronomes, cercle aussi fermé et coupé du monde extérieur que l'Académie des Sciences, et qui se font représenter par des magiciens qui nous expliquent avec les gesticulations qu'il faut ce qui se passe à 15 milliards d'années-lumière, à grand renfort d'images virtuelles entièrement artificielles. Ils nous présentent cependant ces images comme si elles étaient des photographies prises sur place, alors qu'elles sont issues de programmes extrêmement compliqués de traitement de l'image, à partir de données que l'on ignore, et plus précisément dans le but qu'elles ressemblent à des photographies. En réalité leur vraie caractéristique est de leur convenir, parce qu'elles sont conformes à ce à quoi ils voulaient qu'elles ressemblent.

Pour croire tout ce que l'on nous raconte sur l'actualité scientifique des mondes lointains ou, à l'autre bout de l'échelle, du fond infinitésimal de la matière, il faut faire confiance, c'est une condition absolument indispensable. En effet, la somme de connaissances qui serait nécessaire pour pouvoir réellement comprendre est telle que personne ne la possède : il faut donc, pour pouvoir continuer à croire au progrès des connaissances en physique, faire crédit aux scientifiques. Et c'est là que se trouve le problème : le grand intérêt de la science, en dehors des applications technologiques qu'elle provoque, c'est d'augmenter l'intelligence de la race humaine en faisant en sorte de donner à chacun la possibilité d'assimiler ses découvertes et d'en faire son profit, intellectuellement parlant. Or, le niveau de spécialisation qu'on demande aujourd'hui à ceux qui veulent en faire leur métier, dans une branche quelconque, est tel qu'il interdit pratiquement aux autres de participer. La vulgarisation, au sens noble du terme, ne peut plus se faire parce que la modélisation mathématique, qui est le procédé normal utilisé par la physique théorique, est devenue tellement compliquée qu'elle ne peut plus être exprimée en langage courant.

Parallèlement, on a vu apparaître depuis quelques décennies, en physique des particules, un florilège de noms bizarres qui n'ont plus aucun caractère d'authenticité tellement ils nous échappent : les particules de charme, les quarks, les gluons, les muons, les mésons, les hadrons...combien de personnes sont-elles capables de comprendre ce vocabulaire ésotérique ? Et surtout, y-a-t-il un quelconque intérêt, formateur s'entend, à apprendre par cœur quelque chose qu'on ne comprend pas ? C'est par ailleurs, soit dit en passant, tout le problème de l'éducation scolaire, ce qui est un autre débat. Mais en dehors de cela, les adultes qui sont intéressés par la science, et il y en a beaucoup plus qu'on ne pourrait le croire, devraient pouvoir trouver dans les revues des articles substantiels, c'est-à-dire autre chose que du rêve ou des hypothèses tordues. Mais justement, on ne dévore plus les revues scientifiques : on les parcourt en diagonale, et heureux sont les jours où on peut y trouver un article un peu passionnant, ou donnant motif à réflexion. La plupart du temps, on survole les titres et on range.

Tout cela est bien dommage, mais il y a là beaucoup plus grave qu'une simple impression : c'est un sentiment confus où se mêlent inquiétude et frustration, comme si quelque chose qui nous était à la fois familière et indispensable était en train de nous abandonner. C'est le signe, ou plutôt l'un des signes, que la physique théorique est en train d'atteindre ses limites et ne progresse plus, du moins le pensent-ils, que dans le cerveau surchauffé de chercheurs qui n'ont plus de ligne directrice autre que la voie relativiste. Mettons de côté toutes ces images somptueuses et parfaitement suspectes que nous prodigue l'astronomie spectacle autour du thème fallacieux du Big Bang, et réfléchissons quelques minutes à ce que les physiciens modernes, autres qu'astronomes ou astrophysiciens, nous apportent réellement qui soit de nature à accroître notre savoir. Et que dire au juste à propos de la recherche, au début du troisième millénaire ?

Grâce aux efforts et à la persévérance de nos amis écologistes, on a presque oublié aujourd'hui à quel point la France a brillé dans la recherche et la technique nucléaires depuis le début du $20^{\text{ème}}$ siècle, et quels espoirs cette filière industrielle avait alors créés. Aujourd'hui la France assure plus des trois quarts de ses besoins en électricité à partir des 54 centrales bâties sur son territoire. L'inconvénient principal de cette filière est le problème des déchets, que l'on est obligé d'enterrer profondément en attendant de savoir les traiter pour les neutraliser ou les transformer. L'autre inconvénient est que l'uranium est, comme le charbon, un combustible fossile dont la quantité sur terre est déterminée : elle est ce qu'elle est et ne se renouvelle pas. On estime que les réserves permettent un fonctionnement du parc mondial pendant environ deux siècles, mais sans compter d'une part sur la Chine, qui veut lutter contre le réchauffement tout en acquérant l'autonomie énergétique avec des coûts de construction imbattables, et qui probablement va donc de ce fait augmenter la consommation d'uranium, mais aussi, d'autre part, sur d'autres pays en voie de développement qui choisiront cette filière. Les études françaises sur les centrales dites de quatrième génération, cependant, montrent que celles-ci sont susceptibles de diviser la consommation d'uranium par 50, et de porter ainsi de 200 à 10 000 ans la durée possible de son approvisionnement.

Heureusement, les écologistes sont là pour nous dissuader de persister dans cette voie dangereuse, en brandissant la menace d'une catastrophe au cas où un tsunami, comme à Fukushima, déferlerait sur les plaines d'Alsace ou d'ailleurs, noyant les centrales qui auraient échappé aux attaques terroristes d'avions suicide, précipitant ainsi notre beau pays vers une irrémédiable catastrophe. Ces gens-là, qui se sont votés une compétence qu'en réalité ils ne possèdent pas, essaient par tous les moyens de faire peur à la nation de manière à placer dans les esprits simples leurs lumineuses idées, aboutissant par exemple à couvrir la France de gigantesques éoliennes et de champs de panneaux solaires. De fait, rien n'interdit de développer ces techniques-là, par ailleurs déjà en phase industrielle, de manière à pouvoir les utiliser là où elles sont commodes et où l'électricité d'origine nucléaire n'arrive pas, si cela existe encore. Mais il ne faut pas oublier le problème crucial du stockage de l'électricité, point faible des sources non permanentes : si le spectre des centrales nucléaires vues comme des bombes du même nom n'est qu'une gigantesque fable destinée à effrayer la population, si c'est un épouvantail destiné à terroriser les esprits crédules pour les faire se tourner vers des partis écologistes uniquement animés, selon eux, par le désir d'œuvrer pour le bien de la population, on peut en revanche se faire une idée précise de la vraie catastrophe que constituerait l'absence, même momentanée, du vent et du soleil sur un pays qui aurait fait le choix unique de ces sources d'énergie pour produire son électricité. Quant au stockage de celle-ci, il n'y a pour l'instant qu'une seule méthode pour le réaliser : les batteries, dont l'industrie est aussi polluante que la pétrochimie, et dont la densité d'énergie encore trop faible conduirait à un parc irréalisable.

Quoi que l'on pense du problème, il faut convenir que le nucléaire est une technique qui fonctionne parfaitement en ce qui concerne ce qu'on lui demande, c'est-à-dire nous fournir notre électricité avec constance et fidélité, qu'il n'y a jamais eu en France d'accident grave, et que les déchets ne gênent personne là où ils sont stockés, en attendant de trouver les techniques qui permettront de les éliminer, ce qui ne manquera pas d'arriver. Pour qu'on puisse raisonnablement envisager de le remplacer par les solutions déjà évoquées, éoliennes ou panneaux photovoltaïques, qui sont effectivement des sources d'une énergie indéfiniment renouvelable, il faudra pour leurs promoteurs rendre publiques les solutions mises en œuvre ou envisagées pour stocker l'énergie électrique, et dire pourquoi il faut changer quelque chose qui fonctionne au profit de solutions aléatoires ou encore à l'étude. Diversifier les moyens de production d'électricité n'est pas une mauvaise idée en soi, mais exiger l'arrêt brusque de la filière nucléaire alors qu'on ne sait rien de ce qui pourrait se passer si on la remplaçait complètement et immédiatement par les sources dites renouvelables est d'une totale inconséquence : diversifier soit, mais voyons déjà si une de nos régions serait éventuellement prête à sauter le pas, et donnons-lui dans ce cas une vingtaine d'années pour se faire une opinion et pour ensuite permettre aux écologistes et aux élus de convaincre le reste du territoire. Peut-être aussi que la meilleure solution est une solution hybride, comportant plusieurs des moyens évoqués, à condition que toutes puissent s'intégrer à un réseau national.

N'oublions pas, pour clore cette parenthèse sur la production nationale d'électricité, les groupes électrogènes de forte puissance. Ceux-ci fonctionnent pour l'instant au gazole, avec les implications environnementales liées à ce carburant, mais les perspectives offertes par la recherche sur les moteurs à hydrogène, non polluants, leur permet d'être comptés parmi les futures possibilités, avec comme avantages une absence totale de déchets, l'autonomie, la mobilité, et un fonctionnement permanent si on le désire avec une source de carburant potentiellement éternelle.

Fermons cette parenthèse sur le nucléaire et gardons bien en mémoire cette réussite de la physique, cet acquis de notre patrimoine scientifique, comme exemple-type de ce que la science peut apporter à l'humanité. Qu'il y a-t-il comme autre possibilité dans les années 2020, en restant dans le domaine de la production d'énergie électrique ? Depuis 1970 environ, on nous fait miroiter une nouvelle filière appelée « fusion contrôlée », qui serait en raccourci la maîtrise de la réaction en chaîne produite dans une bombe nucléaire, dont on aurait trouvé le moyen de la ralentir comme on le fait dans une centrale à fission. La fusion est très différente de la fission : c'est un phénomène que l'on ne domine aujourd'hui que dans son application la plus brutale, la bombe. L'énergie de fusion se libère brutalement, comme celle d'un explosif, où se produit là aussi une réaction en chaîne, et son contrôle est aussi utopique dans un cas comme dans l'autre. Enfin conscients de cette quasi-impossibilité, après de longs calculs et d'infructueuses expériences, les spécialistes de la branche ont depuis une cinquantaine d'années choisi une autre approche, consistant à essayer de reproduire en vase clos ce qui est censé se passer en permanence à l'intérieur du Soleil, qu'ils voient comme une gigantesque réaction nucléaire en permanence contrôlée, c'est-à-dire exactement le résultat qu'ils recherchent. Pendant toutes ces décennies, on a donc cherché à fabriquer en quelque sorte un petit soleil, ou une portion de soleil si on préfère, en confinant un plasma par un champ magnétique et en essayant ainsi d'en élever la température pour atteindre de l'ordre de celle du Soleil. On a d'abord utilisé des tores de fusion Tokamak prêtés par l'URSS au centre d'études de Fontenay-aux Roses, sans succès pendant quarante ans, puis on les a abandonnés, et aujourd'hui on construit un monstre magnétique appelé ITER, qui n'est rien d'autre qu'un Tokamak géant et qui ne donnera pas plus de résultat que les petits puisqu'il fonctionne selon le même principe. D'autre part, si on veut évaluer raisonnablement ce principe lui-même et les chances qu'on a de le voir fonctionner, il est fort probable que la stabilité dynamique du Soleil, et précisons d'ailleurs de tous les soleils, ne puisse exister qu'à cause de l'énormité de sa masse, et qu'il soit en fait utopique de réaliser la même chose en miniature.

Quoi qu'il en soit, le succès n'est toujours pas au rendez-vous, contrairement au budget des études qui, lui, est bien présent et en ascendance croissante et qui, comme l'anneau du CERN, est un gouffre financier que le contribuable est bien obligé de combler puisqu'on ne lui demande pas son avis. Mais ce qui est encore plus scandaleux, c'est qu'un ingénieur Supélec du CEA, René-Louis Vallée, avait proposé une autre utilisation des Tokamak en appliquant les conséquences d'une nouvelle théorie, qu'il avait appelée Théorie Synergétique, et que les expériences qu'il avait conduites semblent avoir donné des résultats étonnants et prometteurs. Cette Théorie Synergétique, née dans les années 70, est une théorie concurrente de la Relativité d'Einstein. Elle part d'une idée extrêmement simple : en Relativité, la vitesse de la lumière c_0 est une constante universelle.

Du point de vue mathématique, cette hypothèse est une véritable catastrophe car elle a pour conséquence immédiate qu'il n'y a plus pour ce paramètre fondamental ni dérivées, de quelque ordre que ce soit, ni gradient, ni rotationnel, en somme plus de calcul différentiel. Or tous les physiciens de profession, ainsi que les étudiants, savent très bien l'importance que cette branche des mathématiques possède en physique, et combien de démonstrations importantes y sont attachées. Si on consulte par exemple les ouvrages de Maxwell, que ce soit le traité d'Electricité, le traité de Magnétisme ou les « scientific papers », on ne voit que du calcul différentiel, d'ailleurs largement emprunté aux hydrodynamiciens. Vallée s'est donc posé un jour la question, sans aucune idée directrice, sans a priori, de savoir ce qui se passerait du seul point de vue mathématique si on supposait que la vitesse de la lumière ne soit pas une constante. Pour un mathématicien, retrouver soudain les différentielles multiples d'une fonction jusqu'alors supposée constante, c'est un peu comme un plombier qui partirait sur un chantier en se rendant compte en arrivant qu'il a oublié une de ses deux sacoches d'outils, et qu'un assistant dévoué et moins étourdi lui rapporterait à son grand soulagement sur son lieu de travail. Qu'on nous pardonne cette comparaison triviale. Vallée s'attaqua donc, avec cette liberté retrouvée, à manipuler les équations de Maxwell simplement mises sous la forme particulière dite de Heaviside, et consacra deux années entières à cette tâche, sans aucun état d'âme, juste pour voir ce qui sortirait de la boîte. Et ce qui sortit de la boîte fut une formule d'une extrême simplicité, mais aux conséquences bouleversantes :

$$\vec{\gamma} = -\overrightarrow{grad}\, c^2$$

Etant donné qu'il n'y avait aucune hypothèse restrictive au départ, cette formule, que tout ingénieur ou professeur a la capacité de démontrer à condition de connaître et d'utiliser la forme de Heaviside des équations de Maxwell, est valable partout, en n'importe quel lieu de l'espace, et se lit de la manière suivante : le vecteur accélération, à tout endroit de l'Univers, est numériquement égal au gradient du carré de la vitesse de la lumière. Et ceci, pour ceux qui refusent la dictature relativiste et ses hypothèses restrictives, est caché au fond des équations de Maxwell.

Il est bien évident que si, comme en Relativité, on considère que la vitesse de la lumière est une constante, cette formule ne peut exister, puisque qu'une constante n'a pas de gradient, ou disons plus rigoureusement que celui-ci est nul. Vallée, incrédule au début, consacra encore deux ans à passer tous ses calculs au crible, à essayer d'y trouver une erreur quelconque puis, après maintes vérifications et tous les doutes étant levés, il s'autorisa à considérer la formule comme valable et s'attacha alors à en tirer toutes les conséquences. C'est ainsi que naquit la Théorie Synergétique.

La théorie de Vallée s'appuyant sur une vitesse de la lumière éminemment variable, et qui comme l'indique la formule est le reflet du champ de gravitation à chaque endroit de l'espace, il est évident qu'elle ne pouvait que s'opposer frontalement à la Relativité, qui considère que ce paramètre est une constante universelle et qui bâtit tout son développement sur cette hypothèse restrictive. Il est d'ailleurs stupéfiant, a posteriori, que seul Vallée ait eu la curiosité, au départ gratuite, de voir ce qui se passerait dans le cas contraire. Mais il faut dire aussi qu'il était un physicien curieux, un théoricien exceptionnel, probablement le meilleur physicien français de l'après-guerre, et que la facilité qu'il avait de mettre un phénomène en équation le rapprochait des maîtres du genre, comme Poincaré ou Maxwell. Cependant, il ne pouvait échapper à la règle qui veut que lorsque quelqu'un veut bâtir une théorie dite « universelle », c'est-à-dire une théorie qui soit en accord avec tous les phénomènes connus et qui embrasse toutes les branches de la physique, il a l'obligation d'en faire la vérification, d'abord pour soi-même, en vue de dépister une erreur éventuelle, et ensuite pour la proposer au débat public. Si alors, au bout d'un certain nombre d'années, personne n'a réussi à trouver de faille dans le nouvel édifice, si un certain nombre de physiciens y adhèrent de bonne grâce, il ne faut pas pour autant crier victoire car seulement la moitié du travail est fait, c'est la règle. Il faut maintenant, pour convaincre et séduire les utilisateurs potentiels, soit que la nouvelle théorie soit incontestablement plus simple ou plus maniable que les autres, soit qu'elle apporte un progrès ou une découverte réels, palpables, quelque chose qui la rende à la fois indiscutable et incontournable. Toutes ces conditions peuvent représenter, en durée, toute une vie humaine. L'histoire des Sciences montre même qu'une vie peut ne pas suffire, et il n'est pas si rare qu'un physicien quitte la société sans se douter qu'il sera ensuite enfin honoré par ses pairs, mais à titre posthume.

Mais démolir une théorie officielle est toujours une tâche ardue, souvent même presque impossible. Se débarrasser de la théorie de l'émission de Newton prit un siècle entier, et encore ne fallut-il attendre qu'un siècle, malgré un nombre croissant de contradicteurs, que grâce aux expériences de Young et Fresnel qui démontrèrent d'une manière irréfutable que la lumière est une onde, capable de donner naissance à des interférences dont on peut prévoir la géométrie des images. J-C Maxwell aurait été réduit à la déchéance et à la mendicité si la clairvoyance de Lord Cavendish ne l'avait protégé de l'ostracisme de l'Establishment, et permis de terminer ses études sur l'électromagnétisme, études qui en sont aujourd'hui les bases incontournables, vérifiées mille fois et reconnues par tous les spécialistes. Plus près de nous le grand physicien Yves Rocard, directeur du laboratoire de physique de l'Ecole Normale Supérieure et père d'un politique célèbre, malgré un sens pédagogique exceptionnel, s'est vu lui aussi ostracisé simplement pour avoir osé essayer d'expliquer rationnellement le don des chercheurs d'eau dans son ouvrage « le signal du sourcier ». Ce ne sont que trois exemples parmi des dizaines ou des centaines d'autres, selon l'importance des théories concernées, mais la dernière en date de ces injustices est celle qui a frappé Vallée : sa théorie explique beaucoup plus et beaucoup mieux que la Relativité, de plus elle le fait avec une clarté et une élégance qui la rend accessible à un nombre beaucoup plus important de personnes éventuellement intéressées par la physique, mais l'Establishment français n'en a pas voulu. Il est interdit, dans ce pays, de quitter l'autoroute, même si elle ne conduit pas là où vous voulez aller.

Les autorités, on le sait, ne peuvent avoir tort. Combien y-a-t-il eu de Vallée dans l'histoire française de la science ? Personne ne le sait exactement, car les choses se font en catimini, c'est à chaque fois la fable du pot de terre contre le pot de fer qui se perpétue, ou bien encore l'histoire de Don Quichotte : c'est du pareil au même. Nul ne peut vaincre contre tous, même s'il a raison et que les autres ont tort. Il a été question plus haut de la théorie de l'émission de Newton, qui a perduré un siècle avant que Young et Fresnel ne la mettent à bas et, à travers les preuves interférentielles qui ne pouvaient s'expliquer que par la nature ondulatoire de la lumière, promeuvent définitivement cette nouvelle théorie. Or, les choses ne sont pas aussi simples, et aucune des deux théories n'a complètement raison : les photons, cela existe, et il s'agit bien de projectiles qui se repèrent, se comptent et s'évaluent en termes de masse et d'énergie. Alors, était-il totalement judicieux d'abandonner une théorie prise en défaut pour une autre qui, comme la précédente, n'expliquait pas tout ? A chaque fois que se produit un événement scientifique de cette nature, les physiciens croient avoir trouvé la clé des mystères de l'Univers, et tous se précipitent pour faire corps avec le découvreur et se donner l'illusion qu'ils ont participé à son travail et à ses réflexions. Et pendant quelque temps, ceci est un phénomène régulier, on fait table rase du passé, on s'enthousiasme et on oublie tout pour donner vie à une nouvelle physique, du moins le croit-on. De fait, il faut toujours du temps pour assimiler une nouveauté, pour l'évaluer, pour prendre confiance en elle, et ensuite pour en tirer toutes les conséquences, dont certaines peuvent d'ailleurs être en outre complètement imprévues. Il n'y a donc finalement rien que de très normal dans toute cette agitation qui accompagne les avancées scientifiques, c'est simplement la preuve que la science est vivante. Mais pour en revenir à la nature de la lumière, si vraiment aucune des deux théories, corpusculaire de Newton ou ondulatoire de Fresnel, ne rend complètement compte du double aspect qu'elle peut prendre, on serait alors en droit d'attendre l'arrivée d'une troisième théorie qui réunirait les deux précédentes. En réalité, cette théorie existe depuis plus de quarante ans, elle est exposée dans l'ouvrage de son auteur René-Louis Vallée, dans son ouvrage « l'énergie électromagnétique matérielle et gravitationnelle » (Masson,1971).

Vallée est donc le seul physicien qui ait réussi à marier la théorie de l'émission et l'optique ondulatoire, cela n'étant pour lui qu'une conséquence corrélative de la Théorie Synergétique. Le photon de Vallée, qui est un bijou d'intelligence et d'intuition, ne prend sa place que dans une physique où l'éther est « le » milieu de propagation de toutes les ondes électromagnétiques. Le photon n'est plus alors ce qu'on entend habituellement par ce nom, ce n'est plus ni un corpuscule, ni une onde, mais un phénomène de propagation où l'onde devient périodiquement matière quand les conditions de champ électrique sont réunies, pour retrouver ensuite sa nature d'onde électromagnétique immatérielle. Cela se produit toutes les 8 longueurs d'onde, un même rayon lumineux sera donc perçu, selon l'endroit de l'espace où on le capte, soit comme une onde, soit comme un corpuscule, que les physiciens appellent le photon mais qui n'est photon qu'à cet endroit-là : avant il était onde, après il sera onde, puis de nouveau matière, etc...

A la lumière de ce court rappel de la Théorie Synergétique, on se demande comment une telle invention a pu échapper au domaine public, pourquoi il n'en reste aucune trace et pourquoi le nom de son auteur a disparu de la mémoire collective. Pourtant, entre 1970 et 1975, le journaliste scientifique Renaud de la Taille écrivait dans la revue Science et Vie quatre articles de fond sur le travail de Vallée, articles qui eurent alors un succès incontestable. Mais dans le même temps, au CEA, Vallée était en train d'œuvrer sans le savoir à son licenciement en tenant tête à la Direction, convaincu qu'il était de détenir la vérité en ce qui concernait la programmation des expériences à mener sur les Tokamak dans le cadre de la recherche sur la fusion contrôlée. Ce qui lui est arrivé s'apparente de très près, à quelques siècles d'écart, à ce qui est arrivé à Galilée ou à Buffon à l'issue de leur conflit avec la religion. Celle-ci, Révolution oblige, a maintenant cédé sa place à une autre autorité, différente mais tout aussi efficace. La différence entre Galilée avec l'astronomie, Buffon avec l'évolution et Vallée avec la physique, c'est que le dernier avait un caractère bien trempé et, portant en lui la certitude d'avoir réalisé une avancée déterminante dans son domaine, ne comprenait pas que, non seulement on n'accueille pas son invention avec un minimum d'intérêt, mais qu'en plus on veuille le faire taire. D'autre part, si on imagine mal à notre époque qu'un découvreur puisse déranger les représentants d'une religion qui n'est plus toute-puissante, il existe aujourd'hui d'autres sphères d'influence, ayant chacune un patrimoine à protéger et capable de museler quiconque représente pour elle un quelconque danger. Malheureusement pour Vallée, si ces sphères d'influence ne sont plus religieuses, elles existent toujours et il lui fallut en faire l'amère constatation : sa découverte, malgré sa valeur intrinsèque d'un point de vue purement scientifique, représentait bel et bien un danger, non seulement pour la Direction du CEA, mais plus haut pour le Ministère de la Recherche et de l'Industrie, et aussi pour un certain nombre de lobbies impliqués dans la production et la fourniture de l'énergie. En résumé, Vallée n'a pas été neutralisé parce qu'on ne l'aurait pas pris au sérieux, bien au contraire. Au-delà de son entêtement à essayer de convaincre les instances supérieures, au-delà de la jalousie de décideurs incapables d'avouer qu'ils avaient choisi une mauvaise orientation, les arguments strictement scientifiques qu'il déployait pour défendre sa théorie étaient d'un poids tellement impressionnant qu'il ne pouvait plus être question de l'ignorer : ou bien on prenait un virage à angle droit pour le suivre et lui laisser l'initiative, ou bien on lui réglait son compte.

On sait maintenant que c'est la deuxième solution qui fut choisie, et Vallée fut donc broyé par la machine. Il n'en reste pas moins que les expériences qui furent menées selon ses suggestions sur le Tokamak ont abouti un certain jour à des résultats qui apparemment lui donnèrent raison : l'appareil restitua plus d'énergie qu'il n'en demandait, certes pendant un court instant, mais suffisamment long pour foudroyer la chambre à vide de l'équipement, ce qui marqua les esprits. Vallée étant parti, et le personnel n'ayant pas ses connaissances sur la structure de l'espace, on essaya malgré tout de continuer dans la voie qu'il avait ouverte, tout en prenant des précautions exceptionnelles pour se servir d'un matériel qui échappait maintenant aux manipulateurs : murs en béton tout autour, expériences télécommandées pour ne pas faire courir le moindre risque au personnel, black-out sur les résultats, etc. Puis, le sulfureux projet étant maintenant devenu incontrôlable et dangereux pour des présumés spécialistes qui, tout à coup, s'apercevaient qu'ils ne dominaient plus leur sujet, on démonta les Tokamak et on stoppa net la filière de la fusion dite contrôlée à Fontenay-aux-Roses.

R-L Vallée, exilé aux Etats-Unis où l'Académie des Sciences l'a fait membre, est mort en 2007, ignoré du grand public et oublié par ses collègues. Les instances supérieures de la Recherche ont eu sa peau, mais elles n'ont peut-être pas renoncé à suivre la piste qu'il avait ouverte tout en s'appropriant ses idées. Difficile de faire des supputations quand on a affaire à un milieu aussi fermé que la recherche stratégique industrielle, où l'espionnage est de mise et où les moyens pour le contrer sont à la mesure de la menace pressentie. Mais si on consulte le site d'Iter en date du 01/12/2011, on apprend avec un curieux sentiment d'indignation contenue que le 9 novembre 1991, près d'Oxford, le Tokamak européen JET a réalisé la « première » expérience de fusion contrôlée deutérium-tritium, pendant laquelle on aurait mesuré, pendant quelques secondes, une puissance de 1 ou 2 Mégawatts. La description de l'événement rappelle étrangement ce qui s'est passé à Fontenay-aux-Roses, mais rien n'autorise à en conclure qu'il y a eu pillage, et la mise en route d'ITER scellera définitivement, sous la même direction que celle du JET, l'histoire d'un homme assassiné par le système, bien qu'il soit certainement le plus grand physicien français de l'après-guerre, du moins c'est ainsi que tous ceux qui l'on connu le considère. Quoi qu'il en soit, on continuera à suivre le déroulement des opérations liées à l'avancement du projet ITER, et on verra bien s'il en sort quelque chose de viable, contrairement aux avis contraires de physiciens de première grandeur comme Robert Charpak ou Pierre-Gilles de Gennes.

L'histoire de Vallée est dramatique, mais en dehors du personnage et de ses avatars, il y a aussi celles de ses émules, de ses étudiants, de ses supporters. La Théorie Synergétique fut accueillie par plusieurs milliers de personnes comme la nouveauté tant attendue en physique, celle qui offrait enfin une alternative à la Relativité, cette œuvre ésotérique que certains faisaient semblant de comprendre mais qu'en fait personne ne comprenait. Il faut savoir que la Relativité, au départ, n'était pas une théorie physique, mais une théorie philosophique, élaborée par Einstein et deux de ses amis juifs dans une petite association de « penseurs » qu'ils avaient appelée d'un commun accord le « Cercle Olympia », à Berne, au tout début du 20ème siècle. Cela explique en grande partie le côté mystérieux du style employé par Einstein dans son ouvrage de vulgarisation sur ce qu'il avait baptisé « Relativité » et qui n'était que la traduction en termes un peu plus techniques des réflexions sur le temps et l'espace de trois jeunes théoriciens qui voulaient changer le Monde, ce qu'au demeurant on ne peut reprocher à personne. Encore faut-il le changer dans le bon sens. Aujourd'hui, un bon siècle plus tard, la Relativité ressemble plus à une religion qu'à une théorie physique. Il n'y a pas d'autre mot pour qualifier quelque chose qui échappe à une définition vraiment précise : ce n'est plus une simple théorie, dont on pourrait éventuellement décrire les contours, le but, les limites, les applications, c'est plutôt un courant de pensée, mais un courant de pensée obligatoire et sans partage, d'où la comparaison avec une religion. La Relativité a ses dogmes, ses fidèles, ses églises, mais elle est elle-même l'un des dogmes, le principal en fait, de la physique théorique, la physique officielle que tout enseignant et tout élève se doivent de respecter et d'apprendre par cœur. Rien n'est plus irritant, surtout pour quelqu'un qui a étudié à la fois la Théorie Synergétique et la Théorie de la Relativité, que de lire dans une grande revue scientifique que telle ou telle découverte est une nouvelle preuve du bien-fondé de la seconde, sans mentionner que c'est aussi bien une preuve de la première. Car le scandale est là : une théorie unique n'a aucune valeur tant qu'elle n'est pas confrontée à une théorie contradictoire de même niveau, c'est-à-dire embrassant le même champ d'investigation ; or la Théorie Synergétique non seulement explique tout ce que tente d'expliquer la Théorie de la Relativité, mais elle le fait avec les arguments les plus solides qu'on puisse souhaiter, puisque ses bases sont les équations de Maxwell, que personne ne saurait mettre en doute. Malheureusement, il s'est produit cette affaire Vallée où on a mélangé dans de mauvaises proportions les rapports humains avec la science pure. Il est très probable qu'avec un peu plus de promotion la Théorie Synergétique aurait été bien accueillie, dans les facultés, par les enseignants et les chercheurs, surtout les jeunes générations, mais une minorité dominante en a décidé autrement, montrant s'il en était encore besoin que l'intérêt de la science passe après celui de l'argent et des individus.

Cette histoire, dont presque personne n'a connaissance et qui, il faut le reconnaître, est presque incroyable, est exemplaire. Elle seule pourrait expliquer pourquoi la science avance au ralenti, du moins en ce qui concerne la physique : il y a dans ce domaine, comme en politique, une raison d'état, et nul individu agissant seul n'a les moyens de s'y opposer. En science comme dans tous les autres domaines de l'activité humaine, les instances dirigeantes ont le droit de regard et de décision sur tout ce qui n'est pas de son fait. Il est hors de question, pour un simple particulier, de mettre en doute ce qu'on considère comme les « acquis » de la science, en oubliant que le doute, au sens cartésien du terme, doit être le moteur de la réflexion et son garde-fou vis-à-vis d'une trop grande assurance. La certitude n'existe pas, même dans les sciences dites exactes, à l'exception des mathématiques, et il serait peut-être bon que les relativistes s'en souviennent de temps en temps.

Il est bien certain que le grand public n'a absolument pas connaissance de tous les à-côtés de ce qui est pour lui une référence de rigueur, de pureté et d'universalisme, c'est-à-dire la science. Peut-être vaut-il mieux, d'ailleurs, qu'il en soit ainsi. Il n'est jamais bon de briser les rêves, surtout ceux des jeunes, et la désaffection croissante des filières scientifiques devrait au contraire inciter tous leurs acteurs à présenter leur discipline sous des abords plus attrayants, afin d'attirer de nouveau les générations montantes vers la plus belle activité du monde, celle qui consiste à essayer de comprendre comment est construit l'Univers et comment il fonctionne. C'est comme cela, en apprenant à utiliser un cerveau qui n'a pas d'équivalent dans le règne animal, que l'homme a quitté l'âge préhistorique, et qu'il augmente petit à petit, pas à pas, sans d'ailleurs s'en rendre bien compte, son intellect. La physique n'attire plus comme avant parce qu'elle abuse des mathématiques, seul langage intrinsèquement rigoureux mais dont l'usage excessif transforme une science au départ expérimentale en exercice théorique où l'expérience n'est là que pour dire si la théorie sur laquelle on travaille est valable ou pas, si elle est ou non en accord avec les faits. Mais malheureusement, cette physique-là n'explique pas les choses, elle tente de démontrer avec prétention que l'homme est capable de découvrir les secrets de la Nature uniquement par la déduction, en modélisant et en mettant les phénomènes physiques en équations. Cette physique théorique a obtenu tellement de résultats qu'on en a fait une valeur absolue, comme le voulaient ses promoteurs du $20^{\text{ème}}$ siècle. Mais malgré son incontestable efficacité, elle a un énorme défaut qui, peu à peu, lentement mais sûrement, fait émerger ses insuffisances : elle ne tient pas compte de la nature de l'espace, c'est-à-dire de l'éther.

Les mathématiques reposent sur des propositions indémontrables mais admises par tous et qu'on appelle des axiomes. En physique c'est la même chose, avec la différence que les axiomes sont remplacés par les principes. Mais si en mathématiques les axiomes ne sont pas contestables, il n'en est pas de même en physique car il s'agit au départ d'une science d'observation, ce que les théoriciens modernes semblent d'ailleurs avoir tous oublié, et les principes résultent d'interprétations du réel qui, justement en tant qu'interprétations, peuvent se discuter. Il n'en existe qu'un qui fasse l'unanimité, c'est le principe de conservation de l'énergie, qui fait partie de notre logique de base (rien ne se perd, rien ne se crée...). Mais il y en a d'autres, tout aussi importants, qui sont en latence parce que leur utilité n'a pas encore été clairement établie, et il est clair que ceci constitue une faiblesse de la physique par rapport aux mathématiques. Parmi ces futurs principes, il en est un qui nous intéresse particulièrement, car il sera l'un des maillons des raisonnements utilisés dans la suite, c'est la définition de l'onde, sur laquelle personne n'ose prendre une position définitive. Certains ne voient dans l'onde que la solution mathématique d'une équation de propagation, éludant par ce fait toute réflexion sur sa nature physique. D'autres, faisant preuve d'un peu plus de curiosité, disons les vrais physiciens, voient en elle un phénomène vibratoire qui demande à être correctement défini. C'est là, précisément, que se trouve caché un principe que personne, jusqu'à présent, n'a eu ni le courage ni simplement l'idée de formuler d'une manière péremptoire, claire et tranchée, parce que ses conséquences théoriques conduiraient à remettre en cause les orientations de la physique qui prévalent depuis plus d'un siècle. Ce principe est en fait une définition, que l'on pourrait formuler de la manière suivante :

« Une onde est une déformation périodique qui se propage dans un milieu ».

Cette manière de dire, cette précision qui clarifie un principe fondamental, tient dans une phrase tellement riche de conséquences que personne, en toute connaissance de cause, n'a osé ni l'écrire ni la prononcer dans un cours de physique. Il est aujourd'hui plus ou moins admis, dans le milieu scientifique, que des actions électromagnétiques puissent se faire à distance sans support de propagation. C'est une énormité que seuls, s'étant libérés de toute obligation envers la logique, les mathématiciens relativistes pouvaient imaginer. Que l'on soit bien clair : dans la physique telle qu'exprimée dans le présent ouvrage, nonobstant le club des autruches qui ne veulent pas se remettre en cause, le vide n'existe pas, et aucune vibration, aucune onde, ne peut se propager en l'absence d'un milieu, pas plus la lumière que le son. Définir une vitesse de la lumière dans le vide absolu est une ineptie : les ondes électromagnétiques, dont la lumière n'est que l'un des aspects, se propagent dans un milieu spécifique qui s'appelle l'éther, dont nous verrons plus loin les propriétés essentielles mais dont la présence est absolument indispensable pour que ce type de vibration puisse se propager.

Il est bien évident que les propositions qui précèdent ne peuvent trouver leur place dans la forteresse cadenassée de la physique officielle. Il faut donc inventer ou définir une autre physique, une physique parallèle différente de la précédente, qui d'ailleurs existe déjà et que nous appellerons ici « physique rationnelle ». Non pas que la physique théorique ne soit pas rationnelle, elle le serait même un peu trop, mais ceci pour dire que « l'autre » physique est avant tout basée sur le raisonnement, d'où ce nom, et que la modélisation et les mathématiques n'interviennent qu'après, en tant que simple outil. Pourquoi dire « qui existe déjà » ? Parce que c'est celle que pratiquent, sans parfois s'en rendre compte, les ingénieurs et les techniciens qui sont confrontés à la réalité dans leur quotidien et qui sont les vrais utilisateurs de la science, les omnipraticiens de la physique, ceux qui la justifient en la mettant en application et en concevant les produits dont la société a besoin. Et ces ingénieurs, qui une fois sortis de l'Ecole s'empressent de classer dans un tiroir l'énorme quantité de superflu qu'on leur a enseigné, s'emparent d'un nouveau langage qu'ils découvrent avec étonnement, se rendent soudain compte qu'il y a un autre moyen d'aborder les choses, un autre point de vue, une autre manière de penser, et redonnent à la physique ce qui lui a cruellement manqué pendant les hautes études et ce qui fait sa force première : le rôle essentiel de l'expérimentation et de l'intuition.

Voici donc posés les principes simples de la physique rationnelle : d'abord et avant tout l'existence sine qua non de l'éther, dont les principales caractéristiques, jamais envisagées de cette manière, seront traitées dans le corps de l'ouvrage. Et ensuite, ou plutôt en même temps, condition tout aussi fondamentale, le rejet de l'hypothèse relativiste que la vitesse de la lumière soit constante. La mauvaise interprétation de l'expérience de Morley et Michelson a pu en effet faire croire qu'elle ne variait jamais, mais comme le disait Vallée, qui adorait ce genre de formule, « *rien n'est moins constant que ce qui varie peu* ». La grandeur que l'on désigne habituellement par c_0 récupère ainsi tout ce que le calcul différentiel et l'analyse vectorielle, enfin de nouveau utilisables, dévoilent après un siècle d'égarement relativiste, et en particulier son caractère résolument variable qui la lie intimement au champ gravitationnel.

La physique rationnelle n'est pas l'ennemie de la physique théorique ; elle en respecte la rigueur, mais sait garder ses distances et, au prix d'une méfiance de bon aloi, la complète et surtout la réoriente quand le besoin s'en fait sentir, c'est-à-dire quand les mathématiciens épuisés, tels des locomotives à vapeur qui ont brûlé tout leur charbon, ont tiré tout ce qu'ils pouvaient de leurs possibilités et que les idées viennent à manquer. Et surtout, qu'on le veuille ou non, c'est la physique rationnelle qui, en nous rappelant sans cesse que la physique est une science expérimentale, que c'est l'homme lui-même, par le jeu d'une démarche intuitive qui doit être constamment appuyée sur l'expérience, qui définit à chaque instant, même s'il le fait souvent en tâtonnant, la direction à suivre. Il ne faut pas non plus oublier que ce n'est pas parce qu'une théorie ou une simple idée est en accord avec les faits qu'elle est valable, comme on essaie par exemple de nous le faire croire avec la Relativité, dont le caractère unique, abusif et imposé, est une escroquerie et un scandale intellectuel.

Toutes ces remarques, parfois acerbes mais toujours justifiées, débouchent sur l'espoir d'un changement radical dans la manière de penser des physiciens, spécialement ceux qui ont choisi l'enseignement pour exercer leur passion, car la physique est et doit être une passion. C'est la physique qui, progressivement, peu à peu, patiemment, aide l'homme à sortir de l'obscurité, c'est elle qui a fait reculer la religion, ses dogmes, ses réponses toutes faites et ses abus de pouvoir en lui imposant, au prix de souffrances incroyables, la notion de preuve scientifique. Et on laissera à Bertrand Russel le mot de la fin : « *ce que la science ne peut découvrir, l'humanité ne peut pas le savoir* ».

Chapitre 1 : L'éther

1.1. Rappels et généralités

L'histoire de l'éther, du moins celle que connaît l'homme de la rue un peu cultivé, commence avec Descartes et se termine dans la première moitié du $20^{\text{ème}}$ siècle. Le fluide universel mourut alors à cette époque en victime expiatoire des relativistes, incapables d'en définir les caractéristiques essentielles : est-ce un liquide, une poudre, une substance indivisible mais souple ? Est-il lourd, léger ? Est-il présent partout ? Echappe-t-il à toute description ? Pénètre-t-il la matière ou se contente-t-il de l'entraîner, ou bien est-il entraîné par elle ? Existe-t-il, finalement, puisqu'on ne le voit ni ne le sent ? Descartes le devinait omniprésent, imbibant les êtres et les roches et entraînant les planètes, celles-ci prisonnières d'un « *ciel liquide* » et emportées par lui. En effet, les trajectoires de ces planètes étant des orbes, il fallait que l'éther puisse accompagner ces orbes, et donc être souple à la manière d'un liquide, ou peut-être mieux encore comme une poudre à la finesse inimaginable. Comment dès lors se représenter une telle substance autrement que comme un conglomérat de petites sphères microscopiques, tellement petites qu'elles puissent s'insinuer au cœur même de la matière, et roulant les unes sur les autres sans frottement pour transformer un fluide ordinaire en fluide parfait, capable de transmettre les vibrations lumineuses sans la moindre atténuation?

Tous les physiciens du $17^{\text{ème}}$ siècle ont eu cette même vision élémentaire, logique certes mais d'une logique primaire sans doute trop simple, et sans pouvoir de ce fait se donner les outils pour aller beaucoup plus loin dans la réflexion et la recherche philosophique. En dehors de cette incapacité à progresser dans un effort purement scientifique, la mainmise de la religion sur tout ce qui relevait du spirituel ne facilitait pas non plus les hypothèses trop hardies et de nature à choquer une église omniprésente, intransigeante et dictatoriale, qui se méfiait de la science comme d'un danger potentiel et qu'il fallait par conséquent contrôler d'une manière absolue. De plus, et les choses n'ont pas vraiment changé depuis, le questionnement sur l'existence de l'éther relève autant de la métaphysique que de la physique, c'est donc une plate-bande à partager entre ceux qui cherchent modestement la vérité et ceux qui ont réponse à tout, autrement dit entre les physiciens d'une part et les mystiques de l'autre.

Il y avait à la fin du 19ème siècle beaucoup plus de physiciens, même au sein de l'Académie des sciences, qui croyaient en l'existence de l'éther que ceux qui n'y croyaient pas. En fait, dès la fin du 18ème, la science en général changeait tellement vite, les découvertes se succédaient tellement rapidement, que personne n'avait vraiment besoin de lui : il n'était pas d'une nécessité vitale pour que l'on puisse continuer à progresser. Ce qui par ailleurs ne voulait pas dire qu'on n'y pensait pas, mais il y avait des choses plus importantes à faire. Encore au 20ème siècle en France, Gustave le Bon et des dizaines d'autres savants aujourd'hui oubliés étaient convaincus de sa réalité, alors que les mathématiciens de la physique, certes doués pour certains mais obnubilés par la priorité qu'ils donnaient à la théorie, ne s'en préoccupaient guère. Tout cela engendrait de plaisantes polémiques qui ne faisaient de mal à personne et donnait du piquant à la science, jusqu'à ce, en 1905, Albert Einstein n'entre avec fracas dans l'histoire de la physique en publiant sa théorie de la Relativité Restreinte, où la notion d'éther était purement et simplement supprimée. Une mauvaise et tendancieuse interprétation du résultat négatif de l'expérience de Michelson et Morley conduisit en outre son auteur à faire de la vitesse de la lumière une constante universelle. Ce qu'Einstein venait de faire avec l'éther, c'est exactement ce qu'avait fait douze siècles avant Alexandre le Grand en tranchant le nœud gordien du char de Midas, c'est-à-dire éliminer brutalement un problème que l'on ne sait pas résoudre. Du coup les polémiques sur l'existence de l'éther reprirent de plus belle, comme des braises sur lesquelles on souffle, mais ses partisans n'avaient toujours pas de nouvel argument à produire et, après quelques décennies, le courant relativiste sortit vainqueur d'un combat qui, pourtant, ne manquera pas de reprendre un jour prochain, pour les raisons qui ont déjà été évoquées dans l'introduction.

La physique théorique est aujourd'hui un bastion imprenable, que personne n'a le droit de contester. Elle s'appuie sur la Relativité, théorie absconse que quelques dizaines de physiciens prétendent connaître mais qui échappe à tout le reste du genre humain et qui pourtant fait autorité. Surtout, c'est une théorie unique, du fait que la communauté scientifique a rejeté toutes ses concurrentes potentielles en faisant bloc, et par conséquent on ne peut la comparer avec aucune autre, si on excepte feu la Théorie Synergétique. Rien que ceci constitue une excellente raison de s'en méfier, étant donné que l'on ne peut juger valablement de la valeur d'une chose qu'en la comparant à une autre de même nature. Cependant, l'ensemble des acteurs de la physique ne semble pas préoccupé par ces considérations et paraît même satisfait de l'avancement des connaissances. Or, la vraie question, la question principale, est là : y-a-t-il en ce moment une réelle progression des connaissances, de « la » connaissance ? Il y a dans des disciplines comme la génétique des progrès incontestables, de même dans la chimie énergétique, mais en physique ? Les astronomes ont aujourd'hui installé leur campement à 15 milliards d'années-lumière de notre habitat normal, dans une région du cosmos où ils ont découvert des problèmes qui, curieusement, n'existent pas à proximité immédiate de notre galaxie. Le plus récent, le plus important et le plus excitant de ces problèmes est celui de la masse noire cachée. Il s'agit là d'un nouveau feuilleton de la physique théorique, né dans l'esprit perpétuellement en ébullition des nouvelles générations impliquées dans la recherche cosmique à longue distance. On a en effet trouvé que dans les équations du mouvement des galaxies lointaines, lesquelles ne veulent décidément pas se comporter comme tout le monde, les données cinétiques ne deviennent cohérentes que si on attribue à leur environnement une masse extraordinaire qui est estimée, selon les publications de leurs auteurs, à une valeur comprise entre 72 et 98% de la masse totale de l'Univers. Ceci appelle naturellement la plus grande méfiance et plusieurs commentaires.

1.2. La masse noire cachée

Il fut un long moment de l'histoire humaine, s'étendant du 17ème siècle à nos jours, où le clergé et les physiciens étaient au moins d'accord sur un point : l'Univers est infini, il n'a ni limite, ni commencement, ni fin. Il existe depuis toujours, ne disparaîtra jamais et ne s'arrête nulle part, quelque soit la direction que l'on prenne pour l'explorer par la pensée. Sans être philosophe ou expert en métaphysique, c'est en gros ce que notre intuition première nous souffle à l'oreille quand, de temps à autre, on se surprend à aborder le sujet au cours d'une pause, seul ou à plusieurs. Cette infinitude du temps et de l'espace est somme toute confortable et sécurisante, sauf toutefois quand on la compare à notre misérable durée de vie et au doute affreux de l'existence ou non d'un au-delà. Mais disons qu'elle convient à notre logique ordinaire, celle d'un individu qui domine suffisamment son mental pour être capable d'empêcher son cerveau de s'aventurer trop loin, de vagabonder dans les zones à lui interdites et uniquement réservées aux grands penseurs. Cette notion de l'infini nous est tellement naturelle que même les adeptes du Big Bang ont mis de l'eau dans leur vin et admettent depuis peu, abandonnant à regret la notion de création du monde, réservée aux croyants et devenue intenable vis-à-vis des critiques, qu'il y avait quelque chose avant. Peut-être est-ce le premier pas vers la sagesse et le renoncement à une fable indéfendable, souhaitons-le en tous cas, mais la route sera hasardeuse, car les mythes scientifiques ont la vie dure.

Ceci étant dit, revenons à la masse noire cachée. Et d'abord, pourquoi cachée ? Comme tout le monde, l'astronome ne voit dans le ciel que des points brillants sur fond noir. Mais il possède aussi des instruments d'observation qui multiplient par mille ou plus sa vision et en repoussent les limites bien au-delà de nos possibilités naturelles. Quand Galilée construisit sa lunette, les points lumineux que constituaient alors les planètes devinrent soudain des disques colorés, puis Mars apparut à Schiaparelli sillonnée de canaux, et ensuite la découverte des autres planètes nourrit pendant plusieurs siècles le catalogue de notre système solaire, récemment amputé de son dernier élément jugé trop petit et de ce fait indigne d'être appelé planète, ce d'ailleurs contre quoi nous nous insurgeons. Entre-temps la spectroscopie apporta à l'astronome ce qui lui manquait au début des observations à plus longue distance, au-delà du système solaire : la couleur. Il commença donc à classer les astres autrement que par leur seule position dans le firmament, en ajoutant à chacun une sorte de carte d'identité constituée de ses rayonnements décomposés en familles de raies spectrales, d'abord limitées au visible, entre violet et rouge, puis étendues de part et d'autre quand on se rendit compte qu'il y avait d'autres radiations émises, avec des fréquences plus petites que celles du visible et d'autres plus grandes. Et puis, un jour, quelqu'un de la profession remarqua que les spectres communs à plusieurs soleils, il s'agissait de spectres d'émission correspondant aux éléments constitutifs de ces soleils, étaient plus ou moins décalés par rapport à ceux que l'on pouvait trouver dans notre soleil à nous, lui qui est tout près, et il ne fallut pas longtemps pour établir une relation entre ce décalage et la distance estimée des astres concernés, et ce fut la catastrophe : le Big Bang était né !

Nous reviendrons longuement sur cette histoire lamentable, pour l'instant nous sommes dans l'énigme de la matière noire, cette entité mystérieuse qui se cache obstinément aux yeux des astrophysiciens. Il est très difficile de savoir avec précision quel est leur problème, disons à la lecture des articles que consacrent à ce sujet les revues spécialisées que les chercheurs de l'infini, appelons-les comme cela puisque c'est leur prétention, essaient de justifier par le calcul le mouvement apparent des galaxies lointaines, et qu'ils n'y parviennent qu'en attribuant à l'environnement immédiat de ces dernières, autrement dit à l'espace qui les entourent et où elles évoluent, une densité à priori incroyable. Or ces scientifiques, qui se veulent à la pointe de l'investigation du même nom, sont encore à la vieille école de l'astronomie, qui ne voit dans le cosmos que des corps constitués séparés par des distances énormes, certains isolés mais le plus souvent groupés en nébuleuses, avec des poussières stellaires qualifiées de nuages ou de gaz, ainsi que des systèmes solaires, tout cela suspendu dans le vide et s'équilibrant statiquement et dynamiquement dans le respect des lois de l'attraction universelle et de la cinématique. Pas question d'éther, c'est une notion que personne ne leur a enseignée et c'est pourquoi ils cherchent la masse cachée, et c'est aussi pourquoi cette masse ne peut être que noire puisqu'elle est cachée quelque part dans un fond noir. C'est en somme comme rechercher une goutte d'encre de chine dans un pot de peinture noire.

Il ne faut pas avoir peur de dire que cette position est insoutenable, au sens premier du terme, car elle conduit à des inepties par suite d'une absence totale de cohérence. D'abord, on nous parle de la « masse totale » de l'Univers : il y a déjà là un sous-entendu d'une importance rédhibitoire, car ce langage signifie, pour ceux qui l'emploie, que l'Univers est fini, mais sans nous dire un mot sur ses limites, sans qu'il leur soit possible d'en préciser les contours, et pour cause puisque personne ne les connaît. Même si notre instinct nous fait rechigner à imaginer un Univers fini, qui appellerait immanquablement la question, enfantine mais d'une logique implacable *« mais qu'est-ce qu'il y a au-delà ? »*, le flou qui entoure les descriptions éventuelles de cet Univers, et le moins qu'on puisse dire est qu'elles sont rares et tourmentées, montre que leurs auteurs sont à la fois divisés et peu à l'aise. Ensuite, en dehors de cette appellation abusive de masse totale et de tout ce qu'elle implique, on ose à peine imaginer quel effroyable catastrophe cosmique représenterait la présence d'une masse localisée quelque part, peu importe où, égale à plus de 80% de la masse totale de l'Univers et qui constituerait un énorme piège gravitationnel, un gouffre qui aurait déjà attiré pour commencer tout ce qui se trouve à proximité puis, dans un insatiable appétit, le reste des cieux ! Tout cela ne tient pas debout, une intelligence moyenne ne peut pas adhérer à des idées aussi farfelues, scientifiquement indéfendables et en opposition frontale avec notre intuition.

Est-ce à dire pour autant que cette masse noire cachée n'existe pas ? Justement non, il est au contraire certain qu'elle existe, et on arrive d'ailleurs à la conclusion de son existence par d'autres voies. Mais elle n'est pas localisée, et elle ne peut pas être l'être pour les raisons évoquées ci-dessus, en particulier et surtout pour les effets dévastateurs qu'une telle masse n'aurait pas manqué de produire. Une autre raison est qu'il soit nécessaire d'explorer le cosmos jusqu'à une distance de 15 milliards d'années-lumière pour découvrir là-bas un problème qui ne serait pas décelable à proximité de nous : est-ce bien raisonnable ? Par conséquent, il faut admettre une évidence qui est familière aux spécialistes des hautes fréquences, qui travaillent quotidiennement avec deux sortes de constantes, mais qui est aussi d'une logique que n'aurait pas reniée Monsieur de la Palisse : si cette masse noire n'est pas localisée, c'est qu'elle est répartie. Et à partir du moment où cette masse énorme est répartie, il est logique de penser, en accord avec la notion instinctive et viscérale de stabilité que nous conservons vis-à-vis de l'Univers et en désaccord total avec la théorie du Big Bang, qu'elle l'est uniformément et dans tout l'espace. Autrement dit l'éther, car c'est évidemment de lui qu'il s'agit, et dans ce cas donnons-lui son vrai nom tout en conservant sa qualité de masse noire cachée qui est d'une importance fondamentale, révèle ainsi une des propriétés essentielles de ce qui constitue la réalité de l'espace dans lequel nous vivons, au milieu duquel existe en suspension toute la matière du Monde, qui occupe la totalité de l'espace infini et dans lequel se propagent les ondes électromagnétiques. Cette appellation de masse noire cachée pour désigner l'éther doit être rapprochée de celle que lui avait donnée Descartes, pour qui c'était la « *matière subtile* », mais en donnant maintenant à l'adjectif « subtil » un autre sens que celui que suggérait sa transparence et sa non-perception par nous. Sa vraie subtilité réside avant tout, non pas dans une supposée extrême légèreté, mais dans l'incapacité où nous sommes d'en prendre conscience physiquement, c'est-à-dire par l'intermédiaire d'une excitation quelconque de l'un de nos sens. Ceci mérite certainement d'être approfondi.

1.3. L'éther et la perception sensorielle

Descartes a essayé vainement de cerner d'une manière acceptable sinon précise ce qu'était exactement l'éther, bien que ce dernier constituat pour lui un élément de première importance dans sa conception du monde. Il lui est apparu immédiatement que ce devait être un fluide, présent partout et remplissant complètement l'espace et à qui il pouvait d'ailleurs être physiquement identifié sous le prête-nom d' « étendue », mais on remarquera à la lecture de la description qu'il en donne, avec les diverses subdivisions de ses composants hypothétiques, qu'il n'y est pas question du problème le plus fondamental relatif à sa nature : la masse volumique, ou la densité si on préfère. Descartes a décomposé chaque volume élémentaire d'éther en plusieurs éléments constitutifs dont les géométries respectives se complètent et s'emboîtent les unes dans les autres de manière à ce qu'il ne subsiste aucun vide à aucun endroit, dans la matière et hors la matière. Il y a pour lui trois dimensions de ces composants, dont il appelle les plus petits « rognures » et dont l'un a une forme de vis pour mieux s'infiltrer dans les autres. Mais, que ce soit dans « *Principia philosophiae* » ou dans « *Le Monde* », on trouve également une autre description où il est plutôt question de sphères qui roulent les unes sur les autres, et qui expliquent mieux le comportement du fluide dans certaines postures plutôt que dans d'autres, tout en se rapprochant étonnamment des thèses modernes . En fait, Descartes s'est rapidement vu bloqué dans son effort d'imagination pour décrire « son » fluide universel, celui qui entraînait les astres mais qui conduisait aussi la lumière et la chaleur, et tous ses contemporains, même Huygens à qui il vouait une admiration particulière, se trouvèrent dans la même situation de sécheresse intellectuelle. Et depuis lors personne, même pas R-L Vallée qui a choisi la pure voie théorique pour le décrire, mis à part le fait qu'il a utilisé intelligemment les mathématiques, n'a réussi à rassembler dans une construction unique et simple tout ce qui est nécessaire à l'explication des phénomènes physiques où intervient l'éther, c'est-à-dire tous, absolument tous. Personne ne sait définir l'éther, mais comme le disait Guillaume d'Orange, il n'est pas nécessaire d'espérer pour entreprendre, ni de réussir pour persévérer. Essayons donc.

Quand on se lance dans cette entreprise, le problème rémanent, le contexte qu'il faut établir avant toute analyse fine, c'est la force extraordinaire de nos impressions sensorielles, qui s'imposent à nous dès que nous voulons nous situer ou nous repérer d'une manière ou d'une autre dans l'espace où nous évoluons, et à qui nous attribuons d'instinct la qualité du vrai : quand nous caressons de la main la table sur laquelle nous sommes en train de travailler, nos sens réunis nous renseignent sur cet objet d'une manière que nous percevons comme totale et sûre, c'est du moins l'impression que nous avons : nous en voyons la forme et la couleur, ses dimensions, la texture du bois, le vernis, nous sentons sa température, sa dureté, nous pouvons avoir une idée de sa densité en la déplaçant légèrement, bref cette table est réelle et sa réalité, évidente, ne peut être mise en doute. Elle est telle que nous la voyons, il n'y a aucun doute là-dessus, aucun mystère qui puisse provoquer la moindre méfiance sur la véracité de ce que voient nos yeux et de ce que touche notre main. Un physicien, lui qui sait que c'est le cerveau qui voit et non pas l'œil, que c'est encore lui qui sent et non pas la main, que c'est toujours lui qui entend lorsque l'on écoute, aura plus de facilité qu'un autre à laisser dans sa démarche quotidienne une place raisonnable au doute. Attribuer à ce doute le qualificatif de cartésien est classique et convenu mais n'apprend rien de plus, si ce n'est qu'un scientifique ne devrait jamais tenir pour acquis ce que suggère une première impression, même si celle-ci est forte et semble péremptoire. En revanche, une étude plus approfondie des mécanismes sensoriels de l'homme, en tant que caractéristiques de l'espèce, non seulement constitue un atout majeur pour augmenter le potentiel du raisonnement logique dans le domaine de la physique, mais réserve également des surprises extraordinaires dans des champs inopinés. C'est pourquoi un chapitre entier, le cinquième, lui sera consacré.

Le chercheur est avant tout un être comme tout le monde, qui appartient à la même espèce que ses congénères et qui est donc soumis aux mêmes insuffisances. Mais son métier le transforme peu à peu dans sa manière de raisonner et dans la maîtrise progressive de ses impulsions, comme cela se passe dans toutes les professions où il y a une part d'investigation. Sa formation lui a appris que la matière, celle du bureau de tout à l'heure ou celle de n'importe quel autre objet, inerte ou vivant, est essentiellement faite de vide, ce qui devient évident si on se donne la peine de calculer le rapport entre son volume et celui de ses constituants élémentaires. Quand elle est en mouvement, elle se comporte comme un filet de pêche dont les mailles seraient tellement larges qu'il pourrait être tracté dans l'eau sans que celle-ci ne lui oppose la moindre résistance, à moins que la vitesse de traction n'augmente fortement. Cet aspect de la matière est une propriété que l'on apprend trop jeune, dans les programmes de physique du secondaire, et que pour cette raison on oublie aussi très vite. Cependant, ce qui est appris est appris, et de temps à autre les vérités premières ressurgissent du fond de la mémoire pour aider le chercheur à revenir sur terre, au cas où il se serait quelque peu égaré dans des hypothèses plus ou moins brumeuses, ce qui malheureusement se produit de plus en plus et commence à poser problème.

La comparaison déjà faite de la matière qui se déplace et du filet de pêche que l'on tire dans l'eau est la plus simple et la mieux assimilable par tout un chacun pour rendre recevable l'hypothèse de la présence de l'éther, et surtout pour essayer d'introduire l'idée que la masse d'un objet qui bouge n'est pas « sa » masse, mais celle de l'éther qu'il entraîne, l'objet lui-même devant être considéré, en physique rationnelle, comme un agrégat impondéral de molécules rendues solidaires par une pression de radiation extérieure. Or, cette réalité, qui se fait jour après de profondes réflexions qui peuvent durer des années, voire des dizaines d'années, ne colle pas du tout avec l'autre réalité, celle que nous impose pratiquement la manière dont le monde se présente à nous, à travers nos sensations : quand nous regardons un objet et que, par la pensée, nous faisions abstraction de l'air qui se trouve entre lui et nous, car bien que l'air ne nous soit pas visible nous savons par d'autres moyens qu'il existe, nos sensations appuyées par notre éducation scientifique incomplète nous disent qu'il n'y a rien d'autre que le vide entre lui et nous. C'est une évidence pour la physique théorique, qui ne croit que ce qu'elle voit, c'est faux pour la physique rationnelle qui sait que l'espace vide n'existe pas, mais qu'il est au contraire plein et lourd. Pour le démontrer, et auparavant pour présenter cette hypothèse d'une manière acceptable, il sera indispensable dans une première étape d'aller plus loin que d'habitude dans l'analyse psychophysiologique de la vision humaine et du toucher.

Ce sera l'objet du chapitre suivant.

1.4. Les tourbillons

Qu'est-ce qui fait qu'une tornade ou une trombe soit visible ? Réponse : la matière qu'ils entraînent. Ce sont des phénomènes tellement volumineux et puissants qu'ils arrachent au milieu environnant, dans la force de leur mouvement, une quantité fantastique de matière : eau et vapeur d'eau pour la trombe, eau, terre, roches et objets divers pour la tornade. Et c'est en fait ce qu'ils emportent avec eux qui les rend visibles, même de loin, à une distance où les effets mécaniques ne se font pas sentir et où seule la vue les découvre. On peut ranger dans la même catégorie, celle des tourbillons visibles, les cyclones, dont les vues fournies par les satellites météorologiques sont toujours aussi saisissantes, et les nébuleuses spirales. Ce qu'il faut bien retenir, en ce qui concerne des phénomènes aussi proches les uns des autres, c'est que leur partie essentielle, celle qui constitue effectivement le tourbillon au sens physique du terme, est invisible, car le fluide moteur est lui-même invisible. On peut facilement en convenir, moyennant une courte réflexion, pour les premiers cités,

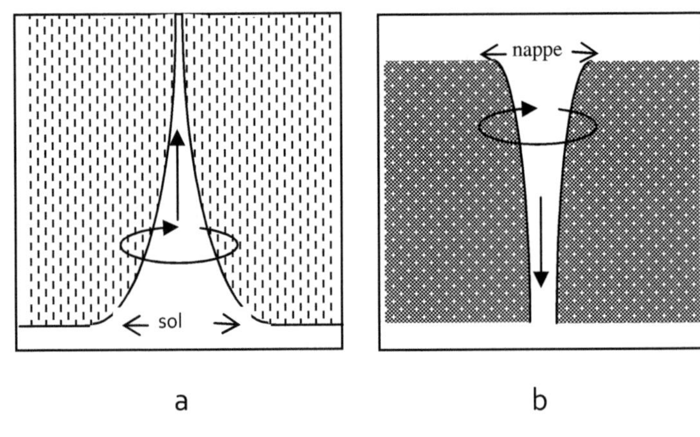

figure 1.1
a: vortex aérien
b: vortex hydraulique

qu'on découvre grâce aux nébulosités qu'elles entraînent. Pour ce qui est des nébuleuses spirales l'analyse est beaucoup plus profonde et conduit à de telles conséquences qu'elles mériteront un développement particulier, aux conséquences d'une portée exceptionnelle.

Il y a aussi d'autres tourbillons, tellement familiers qu'on les regarde sans se poser de question, mais qui attirent l'œil d'une manière irrésistible. Les premiers sont les tourbillons d'automne, ceux que le vent forment devant nos pas quand il entraîne les feuilles mortes et qu'il nous dévoile ainsi leur présence. Les seconds fixent eux aussi le regard de ceux qui se promènent ou sont assis près des portes d'une écluse, et qui contemplent ces petits entonnoirs en rotation où les débris divers et les insectes pris au piège sont irrémédiablement conduits de force, en suivant les orbes qu'il faut deviner dans un liquide en mouvement, vers le puits central où ils se perdent, comme aspirés vers les profondeurs par une sorte de cheminée qui fonctionne à l'envers. Ces deux sortes de tourbillons sont très intéressants pour le physicien car, malgré des apparences à priori très différentes, ils sont soumis aux mêmes règles de fonctionnement, avec simplement une aspiration vers le haut pour le tourbillon aérien et une aspiration vers le bas pour celui qui se forme dans l'eau (figure 1.1). Mis à part cela, c'est le même phénomène : dans un fluide qui comporte une surface plane qui le limite, et sur laquelle on se place pour observer le phénomène, une fuite perpendiculaire à ce plan entraîne un échappement du fluide qui prend immédiatement la forme tourbillonnaire, forme qui est celle qui permet l'écoulement le plus rapide et qui correspond donc au travail minimal selon le principe de Hamilton. Si on n'est pas familier avec ce principe, on peut faire une expérience simple avec une bouteille d'eau : après l'avoir remplie, on la retourne et on mesure le temps qu'elle met à se vider ; ensuite, on recommence l'opération en imprimant à la bouteille, au moment où on la retourne, un mouvement rapide du poignet qui met l'eau en rotation. On constate alors que la bouteille se vide harmonieusement, sans glouglou, dans un temps qui est de l'ordre des 3/4 du temps précédent. La Nature, qui a compris cette loi bien avant nous, fait la même chose dans tous ses tourbillons, y compris ceux plus modestes de nos baignoires et de nos lavabos.

Dans ce qui suit, on considérera qu'un tourbillon se compose de deux parties complémentaires. D'abord la « nappe », qui constitue le plan de séparation entre le fluide et un autre milieu, cet autre milieu étant le sol pour le vortex aérien et l'air pour le vortex hydraulique. Ensuite ce que les spécialistes appellent le filament mais à qui nous donnerons l'appellation plus parlante de « cheminée » ou de « puits », selon que son mouvement a lieu vers le haut ou vers le bas, qui constitue le chemin de fuite du fluide et qui est perpendiculaire à la nappe. Mais nous verrons à propos des nébuleuses spirales qu'il existe des vortex symétriques, comportant une cheminée double, avec deux échappements colinéaires, dans deux sens opposés et suivant le même axe. Dans tous les cas, ce qui s'en va par la cheminée vient exclusivement de la nappe, ce qui est aisément compréhensible à partir du moment où on a remarqué, en suivant du regard la matière entraînée, que la première est le prolongement de la seconde, qu'il n'y a pas de solution de continuité entre les deux.

En physique, considérée aussi bien dans son aspect macroscopique que microscopique ou encore à notre échelle, les tourbillons jouent un rôle majeur, mais ils ne sont étudiés que dans des filières spécialisées et ignorés des autres cycles d'études. C'est tout à fait regrettable mais lié au fait, nous en revenons toujours au même problème, que l'éther n'existe pas en physique théorique. Les théoriciens n'en ont pas besoin, du moins c'est ce qu'ils ont décidé, et ils n'en tiennent donc absolument pas compte. Pourtant, étant par définition omniprésent, il participe de ce fait à tous les phénomènes, activement ou passivement, et on comprend bien, dès lors, que s'il y a du fluide partout il doit y avoir des tourbillons partout, et d'autant plus présents et actifs qu'ils sont invisibles. En physique rationnelle leur connaissance est indispensable. Nous donnerons ici le minimum à en connaître, en utilisant le moins possible les mathématiques et en renvoyant le lecteur frustré aux ouvrages spécialisés, parmi lesquels celui qui se trouve dans la bibliographie.

Le modèle le plus simple est celui dit de Rankine, qui rend compte des individualités de la figure 1, mais dont il faut dire immédiatement qu'il ne correspondra pas au vortex double des nébuleuses spirales ou de n'importe quel système solaire, car sa mise en équation ne conduirait pas à la troisième loi de Kepler. En revanche, il conviendra parfaitement pour expliquer physiquement, sans passer par les formules habituelles de l'électromagnétisme, les lois d'Ampère relatives au champ magnétique créé par un courant. Ce modèle est d'une concision et d'une simplicité totales : un tube pour la cheminée, un plan perpendiculaire pour la nappe, on ne peut faire plus simple (figure 1.2). Il y a dans ce système conservation de la masse, c'est-à-dire que tout ce qui s'enfuit par la cheminée provient intégralement de la nappe, et ce glissement de matière de la nappe vers une direction perpendiculaire conserve un mouvement rotation qui s'accélère au fur et à mesure qu'il s'approche du point de fuite où il sera porté à son maximum, remarque qui sera d'une certaine im-

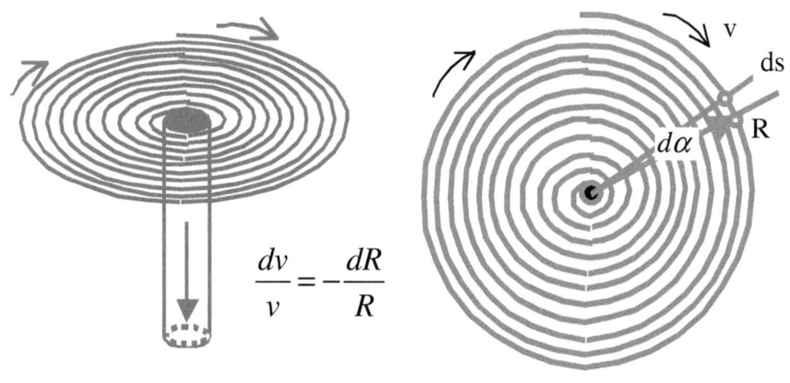

figure 1.2
vortex de Rankine

portance quand on interprètera de cette manière les lois d'Ampère. Pour l'heure, on retiendra que le modèle de Rankine rend compte de pratiquement tous les tourbillons que l'on connaît sur Terre, chaque fois qu'il existe un milieu plan qui puisse permettre la formation de la nappe.

1.5. Ether et masse

Même aujourd'hui, la notion de masse reste pour les physiciens un sujet inépuisable de réflexion, de discussion et de doute insoluble. Einstein a cru lever le voile du mystère en introduisant une équivalence entre elle et l'énergie, c'est du moins ce que prétendent les relativistes, par l'établissement de la formule maintenant bien connue :

$$E = M.c^2$$

Cette formule, quand on l'écrit sous la forme :

$$M = \frac{E}{c^2}$$

montre au contraire que la masse ne peut pas être équivalente à une énergie, et ceci définitivement. Les grandeurs physiques sont définies par des « équations aux dimensions » qui sont des combinaisons, en mécanique, de trois grandeurs fondamentales : la masse M , la longueur L et le temps T . L'énergie, dans cette manière de voir, a pour équation $M\,L^2\,T^{-2}$, c'est-à-dire qu'elle a la dimension d'une masse multipliée par le carré d'une longueur et divisée par le carré d'un temps, ce qui explique la remarque précédente. Le terme c^2 , le carré de la vitesse de la lumière, est appelé potentiel de gravitation en Synergétique et rien du tout en Relativité parce qu'il n'a pas de signification particulière dans cette théorie.

Cette parenthèse étant fermée, il faut reconnaître que la notion de masse, la plus utilisée et la plus évidente en mécanique, est aussi l'une des plus mystérieuses de la physique théorique. Elle n'est pas définie avec précision, on peut seulement la déduire des mesures que l'on effectue en fonction des deux aspects qu'elle peut prendre : d'une part la masse pesante, calculable quand on connaît son poids, et d'autre part la mal nommée masse inerte, appellation qui correspond à son comportement et à ses effets quand elle est en mouvement, c'est-à-dire quand on peut évaluer son énergie cinétique qui, elle, est quantifiable et que l'on peut déterminer expérimentalement. En physique rationnelle, les choses deviennent beaucoup plus simples : tout corps étant considéré comme baignant dans l'éther, où qu'il se trouve, sa masse n'est autre que celle de l'éther qu'il contient : soit de l'éther qui le traverse quand il est immobile dans un champ de gravitation, soit de l'éther qu'il entraîne quand il est en mouvement. Ceci implique naturellement que l'éther possède une certaine masse volumique, et que celle-ci soit probablement conséquente, contrairement à la suggestion de légèreté que l'appellation de « matière subtile », due à Descartes, a imprimé dans les esprits jusqu'à aujourd'hui. Le corps lui-même est vu comme une agrégation de molécules sans masse propre et maintenues en cohésion par une pression extérieure dont la réalité et l'origine seront détaillées plus loin. Cette conception de la matière est difficile à admettre au premier abord, car elle prend le contre-pied total de nos habitudes de pensée, mais elle n'est pas plus choquante que la contemplation du négatif d'une photographie quand on a également sous les yeux la photographie elle-même : qui peut prétendre que cette dernière soit la bonne image de la réalité, et que ce ne soit pas au contraire le négatif, qui comporte exactement les mêmes informations mais que notre vision, commandée par notre inné et éduquée d'une certaine manière depuis notre enfance, refuse de reconnaître ?

Devant la difficulté à cerner correctement la nature exacte de la masse, certains comme Jean Perrin ont proposé, en désespoir de cause, de la considérer simplement comme un coefficient « commode » reliant la force et l'accélération, et de prendre comme elle vient la relation fondamentale bien connue de la dynamique, $\vec{F} = m\vec{\gamma}$, sans chercher davantage à définir correctement ce qu'on peut abandonner, tout compte fait, au champ de la métaphysique. C'est peut-être la plus honnête des attitudes, la plus facile aussi puisqu'elle élude le problème, mais c'est surtout la démonstration que lorsque l'on nie l'existence de l'éther, on se retrouve rapidement devant des impasses quand il s'agit d'expliquer les phénomènes les plus simples et les plus courants. Mais la physique théorique n'en démordra jamais : seules les mathématiques portent en elles la notion de certitude, elles doivent donc être le guide de la physique. On n'est pas obligé d'être d'accord, et il est fort probable, quand les mathématiciens de la physique auront épuisé les possibilités de leur incontournable outil et de leur espace vide, que la physique rationnelle et l'éther qui l'accompagne fidèlement, à moins que ce ne soit l'inverse, viendront leur montrer qu'il y a une autre manière, bien plus profitable, d'aborder les choses. Ces pauvres gens si instruits ne s'imaginent pas comme la physique devient simple et belle quand on la prend par le bon bout.

En attendant, il faut s'employer à convaincre et à espérer voir arriver le moment tant attendu où les physiciens théoriciens, parvenus aux limites à la fois de leurs possibilités et surtout des possibilités de l'espace modélisé et défini par eux, se verront dans l'obligation de changer leurs prémisses. Et parmi celles-ci l'une des plus importantes sera de rendre officielle l'existence de l'éther, qui nous le verrons est synonyme de masse : l'éther n'a pas de masse, il est la masse.

1.6. Ether et espace

La preuve expérimentale de l'existence de l'éther sera apportée dans le chapitre sur le filtre « combline ». A part cette preuve, il n'y a que des présomptions, mais certaines sont tellement fortes qu'on peut se demander pourquoi elles n'entretiennent pas un débat permanent au sein des milieux professoraux et estudiantins. Le cas des nébuleuses spirales entre dans cette catégorie, avec l'avantage particulier que tout le monde, scientifique ou pas, peut participer à la réflexion et à la discussion, puisque la plupart des livres d'astronomie destinés au grand public comporte au moins un cliché de l'une d'entre elles, souvent la nébuleuse d'Andromède mais d'autres également qui ont profité de l'amélioration des appareils d'observation et des techniques modernes d'imagerie pour sortir de l'anonymat du fond cosmique.

Les nébuleuses spirales ont une forme générale spécifique, bien que les variantes soient presque en nombre infini, et cette forme est caractéristique d'un phénomène général qui a été présenté plus haut : le tourbillon. Il est extrêmement curieux que l'identification ne soit pas systématiquement évoquée ni exploitée, mais en fait il y a là-dessous une logique qui, bien que négative, peut quand même s'expliquer car elle prend directement sa source dans les incohérences de la physique théorique, considérée dans la forme qu'elle prend en astronomie. En effet là comme ailleurs la négation de la présence de l'éther conduit à l'occultation des vraies questions et à la création de problèmes qui en fait n'existent pas. Un jeune enfant d'une dizaine d'années répondra presque à tous les coups, si on lui demande à quoi lui fait penser la forme d'une galaxie-spirale, que c'est un tourbillon. Mais un astronome ne le fera pas, parce qu'il sait pour y avoir déjà réfléchi où cela va le mener et, même s'il a envie de laisser faire son intuition, il sait très bien qu'il ne recueillera que des sourires réprobateurs dans son entourage professionnel s'il essaye ne serait-ce que d'évoquer une hypothèse interdite. C'est le même problème que celui de certains élèves qui posent au professeur les mauvaises questions, celles auxquelles ce dernier ne peut pas répondre parce qu'il ne connaît pas les réponses, et qui préfère rendre son élève ridicule devant ses camarades, au risque de le démolir définitivement, plutôt que d'avouer son ignorance : un maître doit tout savoir, sinon ce n'est pas un maître. L'astronome hésitant et discipliné ne s'autorisera donc pas plus, en général, qu'un court moment de rêverie gratuite, et mettra dans sa poche un raisonnement qui l'effraie tellement qu'il préférera l'enterrer et ne plus penser à ses conséquences.

Une galaxie-spirale, ou une nébuleuse-spirale, a une forme telle qu'il ne peut y avoir de doute : c'est un tourbillon, et un tourbillon est un phénomène qui ne peut se produire que dans un fluide. On est même en droit de dire que c'est un phénomène qui concerne le fluide lui-même, et non pas la matière qu'il entraîne et qui est visible, alors que le tourbillon proprement dit ne l'est pas. Il est donc évident, on ne peut imaginer autre chose, qu'il existe un fluide et que chaque nébuleuse galaxie spirale se trouve dedans. Et ce fluide est capable de charrier des milliards de soleils avec la totalité de leurs systèmes solaires individuels, ce qui représente dans le contexte classique de notre vision de l'espace une masse considérable, tellement énorme qu'elle dépasse l'imagination. Il est donc hors de question de supposer un seul instant que ce fluide moteur puisse être léger. D'autre part il semble difficile de croire qu'il puisse exister sous forme de volumes séparés, suspendus dans le vide, à distance les uns des autres : la loi de l'attraction universelle les aurait déjà réunies, et la raison

figure 1.3 le tourbillon M31 Lanoue
(nébuleuse d'Andromède)

conduit par conséquent à admettre que le fluide dans lequel se trouvent les étoiles ne comporte pas la moindre solution de continuité. Son empire s'étend donc de manière égale et totale dans toutes les directions, il est lourd, sa masse est énorme même si elle ne se voit pas, c'est la fameuse masse noire cachée, c'est l'éther, le milieu de propagation des ondes électromagnétiques.

Voici donc une approche de la structure cosmique qui n'est pas compliquée, qui n'est qu'un simple raisonnement faisant uniquement appel à une logique ordinaire, qui semble frappée au coin du bon sens, et que pourtant personne ne veut admettre. Toutes les théories structurelles de l'Univers, depuis celle d'Aristote jusqu'à celles d'aujourd'hui, en passant par celle de Laplace qui fut enseignée telle quelle à l'Ecole Polytechnique au 19ème siècle en tant que cours d'astronomie, se sont débattues dans de vaines tentatives d'explication de la formation des corps célestes, toutes vouées à l'échec parce que toutes niant ou ignorant tout simplement l'existence de l'éther massique. On ne peut pas sérieusement soutenir que, dans un cosmos qui montre toutes les apparences d'un équilibre global indéfectible, les étoiles puisse se trouver en suspension dans le vide, chacune d'elle ne voyant sa position aucunement perturbée par l'ensemble des autres, dont la somme des attractions individuelles serait toujours exactement et miraculeusement compensée quel que soit l'endroit où on se place. C'est pourtant ce qui est admis de nos jours et ce qui se professe à tous les niveaux de l'enseignement, et personne ne s'en trouve perturbé le moins du monde : le cercle relativiste a l'habitude des contradictions et vit avec, insouciant de la vérité et confiant dans son avenir abstrait. Il est simplement dommage que les astronomes, qui contrairement aux physiciens et aux ingénieurs n'ont pas d'obligation de rentabilité, n'aient pas essayé de s'en détourner et, de suivre une voie personnelle, basée sur la logique et libre des préjugés einsteiniens. La physique rationnelle leur est ouverte, ils sont les bienvenus.

1.7. Le vortex astronomique

Il résulte de ce qui précède que les lois de Kepler sont des lois tourbillonnaires. Le fait que la vitesse angulaire des planètes du système solaire augmente au fur et à mesure qu'on se rapproche du Soleil devrait suffire à s'en persuader, mais apparemment personne dans les observatoires n'en défend l'idée. La raison en est simple :

pas d'éther, pas de tourbillon, donc aucune raison de chercher dans cette direction. Cette situation, cette insistance grave à ne pas vouloir, de temps en temps, prendre une pause pour laisser l'esprit accepter la critique et se tourner vers des théories différentes de celle, au singulier, qui finit par moisir dans les cerveaux à force de ne pas évoluer, est dramatique. On dira ce qu'on voudra, on vantera comme d'habitude les acquis impressionnants de l'homme dans sa quête de la vérité, on portera aux nues nos génies, il n'y aura personne pour oser émettre le moindre doute, la moindre critique, sur l'infaillibilité de la science, personne pour se dire de temps en temps : « et si on s'était trompé ? ». Il est certain que ce qui est arrivé à René-Louis Vallée, pour ceux qui ont eu le privilège d'en être informés ou même de vivre ces événements, aurait plutôt tendance à refroidir les velléités d'émancipation, mais quand même, n'est-il pas désolant de constater cette résignation, de la part des scientifiques, à suivre toujours ce qu'ils considèrent comme le droit chemin, et à ne pas se servir plus souvent de ce qui doit normalement animer leur profession : la curiosité ? A ne pas utiliser plus souvent le droit de contestation, qui dans leur cas, si ce sont vraiment des scientifiques, doit se transformer en « devoir » de contestation ?

Quoi qu'il en soit, le meilleur moyen de remédier à l'apathie soigneusement encadrée des astronomes, puisque c'est particulièrement d'eux qu'il est question ici, c'est encore de prendre leur place et d'oser ce qu'ils ne veulent ou ne peuvent oser, en poursuivant la découverte du chemin lumineux que nous dévoile un espace soudainement doté d'une masse volumique. Auparavant il est nécessaire, d'une part d'anticiper sur le chapitre consacré à la théorie des gaz, et d'autre part de renvoyer le lecteur aux autres démonstrations faites dans « l'Univers de Maxwell » ou dans « Ether et Espace » dans le but d'établir l'autre propriété fondamentale de l'éther, déjà décrite également dans l'ouvrage de R-L Vallée sur l'énergie gravitationnelle, et qui concerne son aspect énergétique. L'éther est parcouru par une double infinité d'ondes électromagnétiques, une première infinité pour les fréquences et la seconde pour les directions. Ce sont ces ondes qui, comme nous le verrons par la suite plus en détail, sont responsables de phénomènes archi-connus mais jamais justifiés comme le mouvement brownien ou celui des molécules gazeuses, perpétuellement en mouvement bien que sans cause apparente. Là encore la physique rationnelle et l'usage qu'elle fait de la logique vont apporter la preuve d'une supériorité écrasante sur les méthodes trop systématiques et trop réduites de la physique théorique, en produisant des explications à la fois inédites et d'une telle simplicité qu'il faudra bien, un jour enfin, prendre le procédé en considération. Ces ondes électromagnétiques, qui sont en fait des vibrations mécaniques classiques mais qui se propagent dans un milieu particulier et non répertorié, provoquent comme toutes les ondes une pression de radiation. C'est cette pression, appelée ici MBL parce qu'elle a été étudiée en particulier par Maxwell, Bartoli et Lebedev, qui assure la cohésion de la matière en la pressant de tous côtés et qui permet à ses molécules de rester unies à l'intérieur d'une forme géométrique. On remplace ainsi les prétendues forces d'attraction intermoléculaires, qui n'existent pas plus que les autres forces d'attraction, par une pression universelle venue de l'extérieur et qui, elle, est bien réelle.

Pour l'instant, nous ne nous intéressons qu'aux conséquences cosmologiques qu'entraînent conjointement l'apparition en physique d'une masse volumique de l'espace et la présence des ondes EM dans cet espace nommé éther. Chaque corps céleste, placé quelque part dans ce rayonnement cosmique, dont le terme est déjà utilisé mais que nous prenons maintenant dans une signification élargie à toutes les vibrations présentes, intercepte une partie de ce rayonnement et la transforme en chaleur. On peut dire que tout corps, dès qu'il est présent dans l'espace, s'échauffe ainsi de manière naturelle, mais à partir du moment où il a acquis cette énergie et par conséquent une certaine température, il rayonne et a donc tendance à rendre à l'espace au moins une partie de l'énergie que celui-ci lui a fournie, mais sous une autre forme, également rayonnée selon toute logique. Une question à se poser est alors de savoir quel est le transfert d'énergie qui domine, celui qui entre ou celui qui sort. Si l'énergie entrante est supérieure à l'énergie sortante, le corps continue à s'échauffer. Si le contraire se passe, la température diminue. Dans ces conditions, comment savoir si un corps d'une masse donnée, soleil, planète ou autre, présent dans l'œil d'un télescope, s'échauffe ou se refroidit ? L'énigme n'en est pas une et se résout aisément en se rappelant que l'énergie interne est proportionnelle à la masse, donc au volume, tandis que le rayonnement est, lui, proportionnel à la surface. Si le corps est petit, son rayonnement thermique l'emporte sur ce qu'il reçoit, s'il est gros c'est l'inverse qui se produit. Il existe donc une dimension, un diamètre, disons une masse, en-dessous de laquelle il y a refroidissement et au-dessus de laquelle la température augmente.

Nous sommes là en présence du phénomène principal de la physique cosmique, à partir duquel le fonctionnement de l'Univers va se dévoiler sous un jour entièrement nouveau. On ne manquera pas de remarquer, une fois de plus, que la négation de l'existence de l'éther en physique théorique occulte complètement ce dont il est question dans ces lignes, et il faut bien voir quel avantage déterminant apporte la physique rationnelle par rapport à la précédente. Quand on recentre les acquis de la physique théorique en les replaçant dans le milieu qu'elle n'a jamais voulu prendre en considération, on est émerveillé de la simplicité avec laquelle apparaissent soudain des phénomènes ou des lois que la formulation classique sous forme de relations mathématiques rendent si souvent obscures ou, sans aller jusque là, d'une aridité décourageante. Le comportement de l'ensemble des corps astraux dans le milieu diffus (c'est l'autre nom donné à l'éther par R-L Vallée, fatigué de la réaction méprisante et moqueuse de ses interlocuteurs à l'ouïe du mot), tel que ne le voient pas les astronomes, dépend totalement de ce milieu et de ses propriétés. De nombreux philosophes intéressés par les sciences se sont demandés d'où pouvait provenir l'énergie primaire, celle au-delà de laquelle on ne pouvait plus trouver d'autre causalité qu'elle-même, celle dont découlaient toutes les autres, et ont fabriqué la mystérieuse notion de « premier moteur » pour essayer de lui donner vie. Cette idée, dont la venue à l'esprit est légitime pour qui s'intéresse à la science et veut également en connaître les prolongements existentiels, prend avec l'éther toute sa signification. L'éther « est » le premier moteur, car il contient et détient les deux entités physiques qui construisent le monde tel que nous le percevons et constituent les conditions mêmes de son existence : la masse et l'énergie. Les étoiles ne tirent pas leur pouvoir de transformation de l'intérieur d'elles-mêmes, comme on veut nous le faire croire, mais du milieu où elles se trouvent et qui n'est pas le vide.

Une étoile est un soleil, et un soleil tourne sur lui-même, c'est une loi sans exception. Il est le centre d'un tourbillon qui entraîne des planètes éventuelles selon les lois de Kepler, qui sont des lois tourbillonnaires dont personne, y compris Kepler lui-même, ne s'est jusqu'à présent risqué à en formuler l'hypothèse, tout simplement parce qu'elle ne peut se concevoir dans le vide : on en revient toujours au même principe, il faut un fluide, et ce fluide est là, partout, et il s'appelle éther. Encore faut-il admettre son existence, à défaut de le voir puisqu'il est à la fois invisible et noir, selon le point de vue adopté, ce qui n'est pas simple à assimiler, il faut le reconnaître. Une fois ceci admis cependant, il n'y a pas beaucoup d'efforts à faire pour se lancer dans l'étude de ce tourbillon qui accompagne chaque étoile, et pour lui donner la loi cinétique simple qui va le rendre compatible avec ce que l'on sait déjà. C'est l'objet du chapitre suivant.

Chapitre 2 : le tourbillon solaire

2.1. Le premier moteur

Une fois que l'on aura bien voulu admettre que le vide n'existe pas et que l'espace est une entité physique, ce qui n'est pas le plus facile étant donné la manière dont on nous a enseigné le cours du même nom, il faut battre le fer et examiner toutes les conséquences possibles, pour immédiatement vérifier si elles ne sont pas contredites par la réalité : c'est le travail nécessaire dont il faut s'acquitter quand on veut proposer une nouvelle théorie et la présenter au feu des critiques. C'est un long chemin qu'il faut faire seul, sans compter sur d'éventuels appuis, et bien chanceux celui qui s'y engage sans qu'on lui mette des bâtons dans les roues. Au mieux, on le laisse faire, mais il ne faut attendre des autres ni aide ni soutien : c'est comme cela depuis toujours, et il n'y a aucune raison pour que cela change. D'un certain côté, ce n'est pas plus mal, car travailler seul présente certains avantages, même si les inconvénients sont connus. En particulier, on peut choisir ses influences au lieu de les subir. Ceci permet une cohésion minimale et une certaine continuité dans la création des idées, leur ordonnancement, leur progression et leurs liaisons pour en faire une théorie présentable.

Dans le cas de ce que nous avons appelé le premier moteur, la paternité du terme revient à Aristote, dont cependant nous contestons la conclusion mystique, Dieu ne faisant pas partie des objets physiques. L'éther, qui le remplace avantageusement pour ce qui nous intéresse, constitue une alternative des plus crédibles à l'idée de Création, puisqu'il fournit à sa fille la Nature tout ce qui lui est nécessaire pour fabriquer ce que nous connaissons d'elle : la matière, le mouvement, la chaleur, la vie et tout le reste.

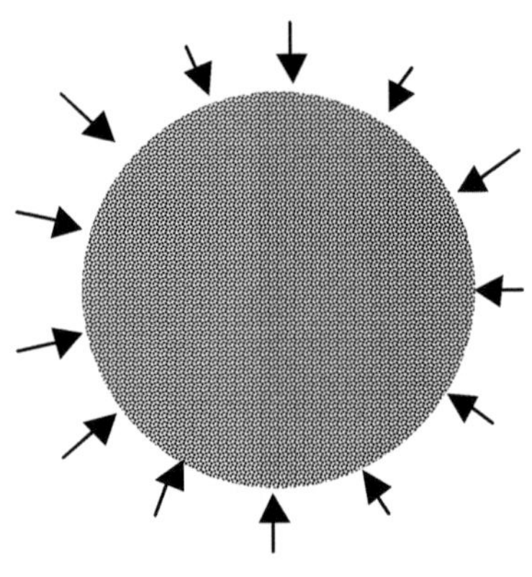

figure 2.1
l'étoile dans l'espace

Le premier moteur, dans le monde éthérique, n'est pas un dispositif mais plutôt un phénomène, qui concerne tout corps qui est plongé dans l'éther, autant dire simplement tout corps sans autre précision puisque l'éther est partout (figure 2.1). Les vibrations électromagnétiques présentes dans l'espace ont deux effets sur la matière. En premier lieu, en la traversant, elles y abandonnent une partie de leur énergie, qui se transforme en chaleur selon un principe bien connu des électriciens et qui veut qu'un courant électrique ou une onde subisse cette transformation quand il ou elle traverse une résistance. Quand il s'agit d'une étoile, qui est un corps électriquement classé entre isolants et conducteurs, nous dirons par extension que c'est une résistance, et nous continuerons désormais de raisonner en la considérant comme faisant partie de cette catégorie d'objet. Cette quantité de chaleur s'ajoute à celle qui est déjà présente et vient renforcer la fournaise qui donne à l'étoile sa brillance et la désigne à notre vue. Ensuite, et c'est une conséquence immédiate et directe du précédent effet, l'onde qui a subi ce prélèvement d'énergie pendant la traversée de l'étoile en ressort atténuée, et une planète qui se trouve dans l' « ombre électromagnétique » ainsi créée se verra poussée vers l'étoile par la force résultante de ce déficit unilatéral. Nous sommes là devant la vraie explication du phénomène général qu'on attribue habituellement aux mal nommées « forces d'attraction », qui en fait n'existent pas mais sont une manière à la fois impropre et courante de signifier que deux corps ont tendance à se rapprocher. Newton lui-même n'y croyait pas, mais le concept était si pratique et si astucieux qu'il a laissé aux autres le soin d'en faire une réalité qui malheureusement perdure. La physique rationnelle apporte donc une réponse simple aux questions qu'on se pose habituellement sur la nature des forces de gravitation. Mais elle est probablement trop simple pour ceux qui veulent absolument en faire un mystère dont la résolution serait réservée à une élite et uniquement accessible par le biais de mathématiques transcendantales.

2.2. La gravitation

On ne pourrait pas comprendre la suite si on ne développait pas quelque peu les propositions exprimées dans le paragraphe précédent : peut-être ont-elles été assénées trop brutalement, tant cette manière de voir les choses, qui se déduit pourtant assez facilement des hypothèses de départ de la physique rationnelle, va totalement à l'encontre de ce qui nous est enseigné.

La figure 2.1 montre une sphère, qui peut se voir comme représentant un soleil ou une planète. Mais d'abord pourquoi une sphère ? Il y a des choses tellement « évidentes » qu'elles n'appellent aucun questionnement. Pourtant notre référence logique, l'enfant de dix ans, n'a pu s'empêcher de demander un jour pourquoi le Soleil, la Lune, la Terre et tout ce qu'on connaît d'un peu gros dans l'Univers ont cette forme sphérique. L'enfant de dix ans est le seul à poser cette question, mais est-ce que quelqu'un qui prétend être physicien ne devrait pas se la poser ? Est-ce plus honteux et plus idiot que de prétendre que l'atome est un petit système solaire ? Car en fait d'évidence, il y a au contraire un vrai problème dans cette forme sphérique universelle, c'est de savoir exactement pourquoi il n'y a pas d'exception. Car il n'y a pas d'exception : tout ce que voient les astronomes dans leurs instruments d'observation, à partir d'un certain diamètre, est rond. Et cette question est d'autant plus motivée qu'à partir du moment où une théorie décrète qu'entre les étoiles il n'y a que du vide, elle élimine la possibilité d'invoquer une action extérieure. Qu'est-ce qui pourrait bien empêcher une planète d'avoir une forme quelconque s'il n'y a rien autour qui la contraigne ? En physique rationnelle, on est bien content d'avoir à sa disposition un éther qui possède ce qu'il faut pour dissiper les doutes à ce sujet, et une vision vaporeuse de la matière qui va bien avec : un astre est fait de molécules diverses dont la cohésion est due à une pression externe créée par les ondes électromagnétiques, et cette pression, étant homogène et exerçant par conséquent une force pressante identique sur chaque centimètre carré de la planète ou du soleil, se traduit par un état d'équilibre qui ne peut être que sphérique.

Le rôle des ondes EM de l'espace, dont un spectre probable a été proposé par R-L Vallée, ne s'arrête pas là. Il y a encore un autre phénomène qui se passe, un peu plus difficile à comprendre celui-là, mais qui est de première importance si on veut physiquement et simplement se faire une idée de ce qu'est la gravitation, sans invoquer les concepts mathématiques tels que potentiels ou gradients, ainsi que tout l'arsenal de l'algèbre vectorielle. Il est certain que les présentations mathématiques des phénomènes sont une manière, pour notre intelligence humaine, de les maîtriser plus ou moins. C'est vrai en général, c'est plus discutable quand il s'agit de la gravitation, où les théories font appel à des moyens intellectuels qui ne sont pas à la portée des connaissances moyennes, et que par conséquent il est difficile de passer au filtre de l'opinion. Or la science a besoin de consensus pour établir à la fois sa crédibilité et la confiance qu'on devrait avoir en elle, et ceci passe obligatoirement par la compréhension. S'il n'y a que quelques individus pour comprendre une théorie, il faut se méfier des uns et de l'autre. Avec l'éther et ses analogies hydrauliques si simples, on peut justement aborder les questions réputées difficiles d'une manière totalement différente et de le faire à l'aide d'une présentation plus expérimentale, gage de bonne pédagogie.

Huygens et plusieurs de ses contemporains pensaient que si un objet qu'on tenait à la main tombait quand on le lâchait, cela voulait dire qu'il existait dans l'espace un fluide dont le courant était permanent, qui entraînait la matière vers le bas et qui nous maintenait sur le sol en nous y plaquant. La pierre qu'on laisse tomber, dans cette conception imagée de la pesanteur, c'est donc exactement comme l'éponge qu'on maintient un moment dans le cours d'une rivière et qu'on laisse filer, il y a dans un cas comme dans l'autre entraînement de la matière par un fluide en mouvement. Personne aujourd'hui ne défend cette thèse, elle est trop simple, mais on pourra également faire remarquer que personne n'a jamais démontré qu'elle était fausse. Simplement, la notion de champ de gravitation a coupé court au débat en remplaçant, comme la physique théorique en a pris l'habitude, une analogie puissante et intuitive par un modèle abstrait qui interdit toute discussion, donc toute contestation, au commun des mortels. Toute tentative d'explication directe faisant intervenir un fluide qu'on ne peut appréhender et dont la nature intime échappe à l'analyse des sens est soigneusement évitée par une communauté scientifique qui a éliminé de son champ de réflexion tout ce qui ne peut se mettre sous forme d'équation. On conviendra que ce n'est pas parce que l'on a remplacé le mot pesanteur par celui, certes plus général, de champ de gravitation, que la compréhension du phénomène concerné s'en est trouvée facilitée, au contraire, et on a parfaitement le droit de rejeter cette conception de la physique au profit d'une autre.

En physique rationnelle, tous les phénomènes s'expliquent d'une manière simple et intuitive, en général d'une simplicité enfantine par rapport à celle qui est enseignée dans les cours officiels. Mais il faut bien voir, et l'exemple de la pesanteur est probablement le plus démonstratif à ce propos, que la clé rationnelle d'un problème et de ce qui va déterminer la manière de le traiter est l'existence sine qua non de l'éther, et que sa négation érige un mur infranchissable entre les « pour » et les « contre » : il faut choisir, et si on veut avancer il faut choisir « pour ». En se reportant à la figure 2.1, on doit maintenant faire l'effort d'imaginer ce qu'on ne voit pas, en l'occurrence le pilonnage intense et permanent des ondes électromagnétiques sur la sphère d'un objet astral, dont la forme représente l'équilibre optimal dans les conceptions de Hamilton et de Lagrange. La pression de radiation s'exerce d'une façon homogène sur la sphère *et* sur l'éther qu'elle contient. Ce « *et* » est extrêmement important, car il met l'accent sur le fait que la séparation entre éther et matière est très délicate à assimiler. En effet, on pourrait dire, de prime abord, qu'il n'y a pas de séparation réelle, pas de limite précise, entre l'éther extérieur, où il n'y a que la propagation des ondes EM, et l'éther intérieur qui est lié au précédent par continuité de masse, mais qui fait aussi partie du corps de l'étoile ou de la planète et possède donc sa propre identité. Ces remarques étant faites, il faut ensuite prendre le problème à bras le corps et essayer de voir comment prend naissance le mouvement d'éther qui pénètre dans le corps que nous appellerons dorénavant Terre, la nôtre.

C'est maintenant qu'il faut faire le plus difficile, s'efforcer de voir l'invisible et se rappeler avant tout que l'hypothèse la plus simple sur la constitution intime de l'éther, celle qui explique à la fois sa fluidité et sa « perfection » mécanique due à l'absence de frottement, c'est de le considérer comme une sorte de poudre dont les éléments seraient des sphères rigides, minuscules et en contact les unes avec les autres. Ces « ponctules », comme les avait appelés Nodon, constituent les éléments les plus petits que l'on puisse imaginer, on peut dire que ce sont les vrais « atomes » insécables et indéformables imaginés par Démocrite, mais reconduits à leur échelle infinitésimale.

La figure 2.2 représente une portion de la Terre où nous raisonnerons sur un petit élément représenté par un petit cercle vu en perspective. On peut voir ce bout de Terre de deux manières, l'une

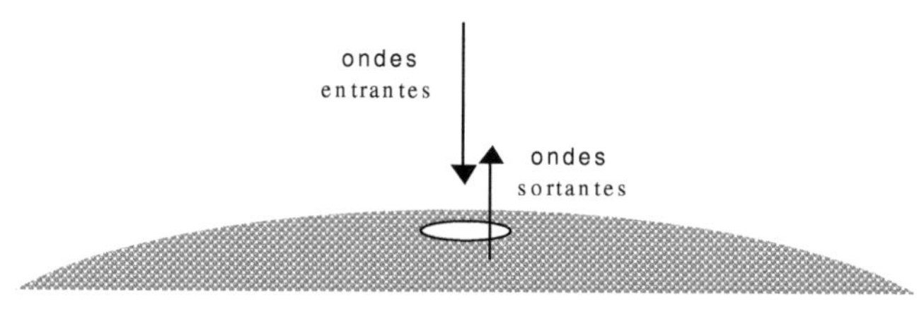

figure 2.2 le déficit gravitationnel

électrique, puisqu'il est bombardé par des ondes EM, et l'autre mécanique par le fait que ce que nous appelons ondes EM ne sont en réalité que des vibrations mécaniques, absolument classiques mais dont la particularité est simplement de se propager dans l'éther. L'élément de surface objet de notre attention est donc traversé par deux flux vibratoires, l'un qui vient de l'espace libre et l'autre qui vient de la direction opposée après avoir traversé le globe terrestre. Ce deuxième flux est atténué par sa traversée d'environ 13000 km d'une matière, ni isolante ni conductrice si on se place du point de vue électrique, ni complètement rigide ni complètement molle si on reste mécanicien, de sorte que la résultante des deux est dirigée vers le centre. On a donc là la base de l'explication de la gravitation par l'action éthérique : il y a à la surface de la Terre une pression de vibration résultante dirigée vers le centre. Mais une pression, qui s'exerce de tous côtés sur un objet posé sur la surface, ne peut constituer l'origine de la force qui le pousse vers le centre. Cette force est due à un mouvement d'éther, un flux centripète qui est le résultat de l'action de la pression de radiation sur l'éther *contenu* dans la Terre, et à qui la matière de cette dernière donne une existence propre par l'existence de sa *forme*. Les fronts d'ondes percutent la surface et envoient une certaine proportion des ponctules vers le centre. Dans le langage électrique, on dira qu'il s'agit de la puissance transmise. Le flux ainsi créé entraîne par continuité l'éther extérieur, qui fait donc mouvement vers l'intérieur et entraîne toute matière qui se trouve sur son chemin. C'est ainsi que fonctionne la pesanteur.

Pour expliquer l'aspect statique de ce que les physiciens appellent le « champ de gravitation », langage d'initiés qui masque une ignorance voulue des causes réelles, et pour le rendre compatible avec les mouvements contraires et imbriqués de nos ponctules, que nous avons implicitement supposés se croiser radialement au voisinage de la surface terrestre, imaginons la situation suivante : nous sommes en hélicoptère, exactement au-dessus d'une bouche de métro à une heure de pointe. Vus à une altitude suffisante, les gens qui entrent et qui sortent constituent une tache sombre et immobile qui recouvre les escaliers. Il faut descendre à quelques centaines de mètres pour se rendre compte qu'il y a des individus qui descendent et d'autres qui montent, et que ces individus se croisent pratiquement en se touchant. L'apparente immobilité de la masse des voyageurs est donc faite de mouvement, et il est impossible de voir de loin si ceux qui entrent sont plus nombreux que ceux qui sortent, ou l'inverse, autrement dit si un flux résultant existe et s'il va dans un sens ou un autre. On aurait pu choisir un autre exemple parmi des dizaines d'autres, comme celui d'une fourmilière, mais ne compare-t-on pas justement une bouche de métro à une fourmilière ? Inutile d'aller plus loin dans cette multiplicité d'images, la similitude avec le flux des ponctules est d'une telle évidence qu'il serait superflu de la commenter davantage. Il y a donc une question d'échelle, de distance d'observation, de point de vue, qui fait que dans certaines conditions on distinguera dans un endroit donné un mouvement complexe, alors que dans d'autres on aura du même endroit une impression de masse compacte et immobile. D'ailleurs les physiciens qui travaillent sur les courants d'ions, d'électrons ou d'autres particules mobiles dans les disciplines classiques comme l'électrolyse, les courants électriques ou bien d'autres, sont tout à fait familiers avec ce double aspect d'une même réalité, et savent distinguer dans l'apparent chaos d'une population donnée des files d'individus disciplinés qui se rendent en bon ordre là où ils doivent aller, sans se soucier des autres.

La morale de l'histoire va encore ressembler à de la propagande pour la physique rationnelle, mais qu'on veuille bien excuser son défendeur qui n'y peut pas grand-chose : quand une théorie, ou plus simplement, en l'occurrence, la prise en compte en physique d'un élément capital jusqu'à présent négligé, entraîne des explications d'une telle simplicité, il faudra bien un jour ou l'autre se demander s'il ne serait pas intéressant pour tout le monde de continuer à explorer la voie ouverte.

2.3. Le système solaire

Nous avons maintenant tous les ingrédients et les outils nécessaires pour réexaminer un peu toute la physique, à la lumière des hypothèses et des méthodes de la physique rationnelle, en commençant par l'astronomie et ce que nous savons du système solaire, et en situant ce dernier dans son milieu réel, et non pas en suspension dans le vide comme les astronomes l'ont fait jusqu'à présent.

Il y a dans les ouvrages d'astronomie, même dans ceux qui s'adressent à un lectorat averti, des absences qui sont remarquables, mais qui paradoxalement ne se remarquent pas parce qu'elles sont soigneusement passées sous silence. Pourquoi, par exemple, les astres sont-ils sphériques, ou bien pourquoi les planètes sont-elles dans un même plan, sont des questions parfaitement légitimes pour quiconque veut essayer de comprendre comment fonctionne un système solaire, mais ce sont des questions qui ne sont jamais posées tout simplement parce qu'elles n'ont pas de réponse en physique théorique. Pourquoi le Soleil, qui est une masse fluide sans armature solide, ne s'étale-t-il pas comme une crêpe quand il tourne ? Voilà encore une question passionnante, et il y en a d'autres, mais la première de toutes, celle qui déclenche les autres dans une série sans fin, c'est celle qui concerne la forme des galaxies-spirales : quel phénomène, ceci étant peut-être à mettre au pluriel sait-on jamais, est-il capable de conduire à un tel aspect ? On a vu précédemment que ce phénomène ne peut provenir que d'un tourbillon, et que rien d'autre en physique n'aboutit à cette forme à la fois unique et se présentant sous une infinité de variantes. Mais le tourbillon est un phénomène qui appartient exclusivement à la dynamique des fluides, et chaque fois qu'on parle de tourbillon on est obligé au préalable de dire dans quel fluide il se produit. Voici donc exposé le dilemme que les astronomes ont résolu en se mettant la tête dans le sable : ou bien on admet, et comment faire autrement, qu'une spirale cosmique est la preuve de l'existence d'un milieu fluide, ou bien on fait ce qu'ils ont fait, c'est-à-dire faire semblant de n'avoir rien vu. Cette attitude séculaire, qui n'est que mépris envers l'œuvre de Descartes, est un véritable scandale.

Admettre l'existence d'un éther homogène, massique et présent partout permet de répondre avec une simplicité déconcertante à toutes ces questions et à toutes les autres : on ne s'imagine pas comme la physique peut être simple, quand on la prend par le bon bout. Un astronome expérimenté mais pas très intuitif des années 30 avait prétendu que la Nature s'amusait à nous présenter les choses « par le mauvais bout de la lorgnette ». Quelle phrase ahurissante ! L'enfant de dix ans qui nous accompagne toujours et qui nous sert de référence en logique aurait probablement suggéré à ce penseur imprudent et impulsif de commencer par retourner sa lorgnette et de l'utiliser correctement afin de voir enfin la réalité et de reconsidérer son jugement. Mais il faut croire que la logique s'érode au fur et à mesure que la spécialisation augmente... c'est peut-être là une loi à découvrir.

Quand on a pris la peine de creuser un peu dans les « acquis » de l'Astronomie et que l'on a commencé à en lister d'une part les incohérences et d'autre part, parmi les explications données, celles qu'on n'arrive pas à assimiler, quand on est découragé par la complexité de la machine mathématique qu'il est nécessaire de maîtriser pour essayer de vérifier les calculs afférents au mouvement des planètes et à leur équilibre cinétique, on ne peut s'empêcher de sentir poindre une certaine inquiétude, qui peut se transformer assez vite en méfiance. Le problème des 3 corps, par exemple, qui est à l'astronomie ce que la quadrature du cercle est à la géométrie, et qui a donné lieu à des compétitions épiques entre les mathématiciens qui s'y sont attaqués, devrait agiter dans les cerveaux cultivés une sonnette d'alarme et leur faire se demander pourquoi les choses devraient être d'une approche aussi compliquée : la Nature n'est pas comme cela, elle ne connaît au contraire que la simplicité. La complexité, c'est l'homme qui la crée. Quand on voit avec quelle aisance on traite de tous ces problèmes à condition de faire à l'éther la place qu'il mérite, la méfiance fait progressivement place d'abord à l'inquiétude, puis à l'interrogation. Quand d'autre part on se rend compte que ce qui se passe en Astronomie se passe également dans toutes les autres branches de la Physique, puisque l'éther est partout et que, pour cette raison, il intervient, ne serait-ce même que passivement, dans tous les phénomènes, on sent en soi la colère prendre progressivement la place de l'incompréhension. Et quand finalement on en arrive, après de multiples vérifications et l'élimination des derniers doutes grâce à des efforts personnels qui ne coûtent pas grand-chose, à l'évidence de l'existence du fluide universel, on ne comprend plus rien à l'attitude bornée de chercheurs qui s'enferment dans leur tour d'ivoire et renoncent de cette manière à leur vocation première.

Un soleil qui tourne est une sorte de manège et en même temps le centre d'un tourbillon. Dans sa rotation, il aspire l'éther ambiant dans son plan équatorial et le rejette perpendiculairement selon l'axe polaire, symétriquement au sud et au nord. On parvient à cette conclusion en se servant des hypothèses exprimées précédemment sur la nature de l'éther et dont les conséquences sont explicitées plus à fond dans « Ether et Espace ». La figure 2.3 montre comment,

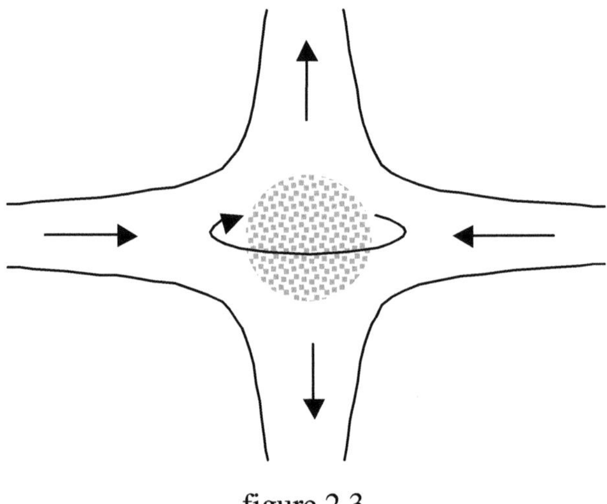

figure 2.3
le tourbillon solaire

en physique rationnelle, il faut voir ce qu'on appelle habituellement « Système Solaire », sous-entendu le nôtre, et qui en réalité n'est que la partie visible et partielle d'un phénomène beaucoup plus complexe et surtout beaucoup plus étendu. Le tourbillon solaire diffère du modèle de Rankine par deux aspects : il est double, c'est-à-dire symétrique par rapport au plan central de la nappe, et il ne suit pas la même loi. Le tourbillon de Rankine peut se comparer à une bobine de ruban de hauteur constante qui glisse sur lui-même et s'échappe par le centre, tout en étant constamment alimenté à l'autre bout. Le tourbillon solaire, que nous appellerons désormais tourbillon astronomique, peut lui aussi se comparer à un ruban, mais dont la hauteur augmenterait au fur et à mesure qu'on s'approche du Soleil selon la loi simple suivante :

$$\frac{dh}{h} = -\frac{dR}{R}$$

h est la hauteur du ruban et R la distance au centre. On vérifie aisément que cette loi de variation conduit à l'autre relation :

$$T = kR\sqrt{R} \, ,$$

qu'il suffit d'élever au carré pour retrouver une forme plus connue et qui n'est autre que la troisième loi de Kepler. On voit donc que le modèle physique du système solaire, en physique rationnelle, entraîne et contient les lois de Kepler qui trouvent ainsi une justification mathématique totalement absente de la présentation habituelle, qui n'est qu'un énoncé uniquement issu de l'observation. Les deux autres lois de Kepler doivent par conséquent être rectifiées pour prendre en compte leur origine tourbillonnaire : les trajectoires des planètes, qui sont entraînées par le tourbillon d'éther dont elles sont les « marqueurs », ne sont pas des ellipses mais des courbes non fermées correspondant chacune à une orbe du vortex. La masse invisible qui les emporte est telle qu'à notre échelle des temps on a l'impression que ce sont des courbes fermées, et pour les calculs cela n'a aucune importance car la variation de rayon qui se produit quand une planète accomplit une révolution n'est pas décelable. Personne n'a mieux su mettre cela en lumière que Maurice Maeterlinck (La Grande Loi, Fasquelle 1933), entomologiste réputé mais aussi grand physicien et philosophe :

« il est à peu près certain que tous les mouvements des astres que nous croyons des cercles et des ellipses ne sont que des spirales que la trop courte existence de l'humanité n'a pas encore permis de mesurer . N'est-il pas vraisemblable que la lune finira par tomber sur la terre et la terre sur le soleil ? ».

Quelle intuition ! Quelle clairvoyance ! Et dire qu'il faut parfois, souvent même, s'éloigner des physiciens de profession pour découvrir, dans la littérature parallèle des amateurs éclairés, de tels joyaux de pure intelligence, dont Maeterlinck en particulier sait nourrir ses lecteurs. Dans son style admirable qui marie si bien la logique et la philosophie, à moins que ce ne soit la rigueur et la poésie, ou encore autre chose, ce savant subtil sait en quelques mots bien choisis, en quelques phrases ciselées, développer ou simplement faire éclore des idées que les physiciens eux-mêmes ont bien du mal à faire passer avec l'aide de leur pâte mathématique si dure à pétrir.

On aurait beaucoup de mal à citer, parmi le grand nombre de pensées du même ordre et du même niveau qui fourmillent, non seulement dans La Grande Loi, mais aussi dans La Grande Féerie, celles qui prendraient naturellement leur place dans la physique rationnelle, que Maeterlinck pratiquait visiblement sans le savoir, ou plutôt, et plus justement, qui en était l'un des précurseurs les plus doués. Il est juste aussi de signaler, dans le même ordre d'idées, qu'à son époque et même dans la deuxième moitié du vingtième siècle, les livres scolaires de physique destinés aux filières littéraires ou de sciences expérimentales du baccalauréat étaient bien mieux écrits, dans le sens de la compréhension et de l'attrait, que ceux destinés aux futurs experts. Il ressort de tout cela que travailler de temps en temps avec des non-spécialistes est une règle qu'il est bon de pratiquer, respecter et promouvoir, car c'est très souvent un gage de réussite et d'efficacité. Il faut aussi reconnaître qu'il existe des auteurs scientifiques qui ont un don, celui de pouvoir, en quelques mots que tout le monde connaît mais qu'ils sont les seuls à savoir arranger comme il convient, rendre lumineuse une idée compliquée.

Ce qu'écrit Maeterlinck, avec son talent unique, résume en une seule phrase ce qui est exprimé plus difficilement, mais aussi plus rationnellement et surtout d'une manière plus démonstrative, dans les paragraphes précédents, même si on ne peut pas parler de démonstration proprement dite. Au crédit de notre thèse doit cependant être apporté le fait que, partant d'hypothèses entièrement nouvelles sur la structure de l'éther, un modèle convenable de tourbillon conduit aux lois de Kepler, et plus précisément à la troisième qui s'exprime mathématiquement et dont l'explication inédite, de ce fait, ne peut être due au hasard.

Si on avait pris pour le tourbillon solaire le modèle de Rankine, simplement symétrisé pour le rendre double, avec une seule nappe mais deux cheminées, on aurait abouti à une loi de la forme $T^2 = kR^2$. Avec le modèle que nous avons appelé « astronomique », dont la nappe a une épaisseur qui augmente linéairement en s'approchant du soleil, donc en suivant une loi extraordinairement simple, on arrive à la formule $T^2 = kR^3$, qui est l'expression classique de la période de révolution en fonction de la distance au soleil[1].

Il s'agit maintenant d'interpréter correctement la loi de variation de l'épaisseur de la nappe. Même si la figure 2.3 est suffisamment explicite à ce sujet, ce n'est jamais qu'un dessin qui donc ne peut rendre compte de la réalité d'une manière complète. Il y manque tout ce que l'imagination doit reconstituer à partir de ce qui est seulement suggéré, et on ne peut pas demander plus à une illustration de ce type, d'autant, il faut le rappeler sans cesse, que la représentation qu'on peut se faire d'un fluide mal connu, à la fois dense et invisible, peut donner lieu à une quantité d'hypothèses complémentaires qu'on est bien obligé de faire pour progresser. Auparavant, il sera profitable d'analyser avec un œil nouveau le phénomène dit des perturbations, ces interactions gravitationnelles des planètes qui se trouvent momentanément en conjonction, c'est-à-dire sur une même ligne droite passant également par le soleil, et qui ont permis de conclure à chaque fois à l'existence d'une nouvelle planète jusqu'alors ignorée.

2.4. Les perturbations

Quand deux planètes sont en conjonction, c'est-à-dire quand la droite qui les joint passe par le Soleil, chacune d'entre elles

---

[1] voir « Ether et Espace », du même auteur.

attire l'autre, pour employer l'expression habituelle, sachant bien qu'elles ne s'attirent pas vraiment mais qu'elles sont poussées l'une vers l'autre par le déséquilibre de pression de radiation MBL qu'elles créent elles-mêmes par leur seule présence. Il est peut-être bon de rappeler, s'agissant précisément de l'attraction, que Newton lui-même ne croyait pas à l'existence des forces d'attraction, ainsi qu'il l'écrivait au révérend Bentley dans une lettre dont on ne parle pas assez (traduction de Maeterlinck) :

« Que la gravité soit innée, inhérente et essentielle à la matière, de telle façon qu'un corps puisse agir à distance sur un autre corps, à travers un vide, sans l'intermédiaire de quelque autre chose par quoi son action et sa force soient convoyés de l'un à l'autre, est pour moi d'une absurdité telle que je ne crois pas qu'aucun homme qui possède en matière philosophique la faculté de juger, puisse jamais y tomber. La gravité doit être causée par un agent qui agit constamment selon certaines lois. Mais que ces lois soient matérielles ou immatérielles, je laisse ce point à l'appréciation de mes lecteurs ».

On pourrait, avec un zeste de mauvais esprit, réécrire la fin de la citation de la manière suivante :

« Chers collègues, il me semble que j'ai réussi à mettre sous la forme d'une équation des plus simples une importante loi de la Nature, mais j'avoue humblement que je n'en comprends aucunement le mécanisme ».

La chose serait ainsi encore plus clairement exprimée, et on voit là tout le problème de la physique théorique, parfaitement et complètement exprimé dans cette méchante interprétation. Dans le phénomène des perturbations, on retrouve en filigrane les états d'âme de Newton sur la nature de la gravitation, mais avec en supplément, et c'est peut-être là le plus important, la surprise de découvrir des lacunes d'une telle importance qu'on se demande pourquoi, quand on essaie de comprendre le phénomène en détail, il n'a pas déjà été évoqué dans une quelconque critique. Le problème est le suivant : quand deux planètes sont sur le point de se trouver en conjonction, elles provoquent l'une sur l'autre une attraction apparente qui les rapproche de plus en plus, de faible intensité même au maximum de l'action mais suffisante pour être mesurée. L'observation montre une progressivité du phénomène qui part de rien, monte lentement jusqu'à un maximum, puis décroît avec la même lenteur pour ensuite disparaître complètement. Quand les deux planètes se retrouvent suffisamment éloignées l'une de l'autre, c'est comme si rien ne s'était passé, chacune d'elles a retrouvé sa trajectoire habituelle et repart pour un nouveau cycle qu'on constatera identique au précédent. Or il y a là quelque chose qui dérange : en physique, et quelle que soit la physique en question, l'action d'une force ne peut être annihilée que par l'action d'une autre force, égale à la première en amplitude et de sens opposé. Dans le cas qui vient d'être évoqué, l'attraction des deux planètes croît continûment jusqu'au maximum, puis décroît symétriquement, mais jamais ne change de sens. Elle change de direction , la chose est certaine, mais c'est toujours une attraction. Il n'y a donc aucune raison valable, si on ne fait pas intervenir une autre donnée, pour que la modification de trajectoire soit compensée et ne s'ajoute pas à elle-même à chaque tour. Or l'observation prouve le contraire, chaque planète retrouve paisiblement, après cette brève et distante rencontre, son cours normal, comme si de rien n'était. Il y a problème.

En physique théorique, ce genre de situation appelle en général deux types d'approche. Ou bien on fait semblant de n'avoir rien remarqué, et le silence de tous vient recouvrir ce qu'on ne veut pas voir, ou bien on décrète que si une force voit son action annihilée, c'est parce qu'il existe une seconde force, d'origine mystérieuse mais dont la présence ne peut être mise en doute, et qui a accompli le même travail mais dans l'autre sens.

En physique rationnelle, on n'aime pas les mystères. On sait que si les planètes ont le mouvement qu'on leur connaît avec les trajectoires correspondantes, c'est parce qu'elles sont entraînées dans un tourbillon d'éther où elles ne jouent qu'un rôle de marqueur, la masse en mouvement n'étant pas la leur mais celle de l'espace tout entier qui les entraîne. Or cet espace est nécessairement le même que celui des pionniers de l'électrostatique et du magnétisme, parmi lesquels Maxwell et son mentor Faraday ont si bien su donner vie au milieu éthéré, théâtre des phénomènes invisibles, en le matérialisant

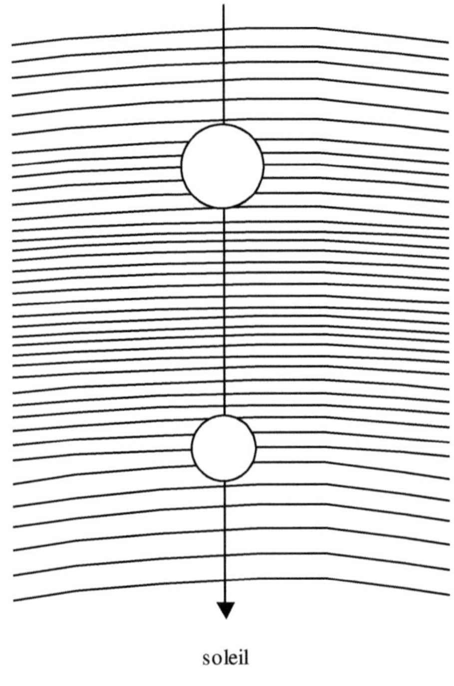

soleil

figure 2.4

par les lignes de force, appelées aussi lignes de Faraday en l'honneur de son inventeur. Ces lignes de force permettent de se faire une image sinon exacte, du moins persuasive, de ce que suggère la notion abstraite de champ de force, qu'il soit d'origine électrique ou magné-tique, en la remplaçant par des notions mécaniques de tension et de mouvement. En ce qui concerne le système solaire, on peut également-ment avoir recours à ce procédé qui a été d'une si grande utilité en électromagnétisme pour les deux physiciens cités plus haut, eux qui ont permis à cette science de démarrer.

En fait, il n'est pas très compliqué de trouver l'équivalent, en astronomie, des lignes de force de Faraday : il suffit de se représenter par l'imagination toutes les orbes tourbillonnaires qui se trouvent dans l'intervalle de celles de deux planètes consécutives et qui constituent ce ruban cosmique, d'une masse fantastique, qui glisse sur lui-même en les entraînant vers le soleil (figure 2.4). Maxwell pensait que l'éther était compressible et que son état de compression, ou éventuellement d'extension, se traduisait respectivement par plus ou moins de lignes dans un espace donné. Son éther étant le même que celui des astronomes, puisqu'il n'y en a qu'un, on peut supposer, dans une démarche globale, que le rapprochement gravitationnel de deux planètes en conjonction provoque une imperceptible compression des orbes situées entre elles, compression qui disparaît graduellement quand elles s'éloignent l'une de l'autre et qui explique à la fois la déviation momentanée et ensuite, et surtout, le retour aux trajectoires habituelles. Affirmer que cette représentation traduit exactement ce qui se passe réellement serait un peu rapide, mais ce ne serait pas plus scandaleux que les hypothèses de Faraday l'autodidacte et de Maxwell le mathématicien éclairé, qui d'ailleurs se sont bien gardés d'en faire publiquement état, se contentant de les réserver à leur usage personnel comme outil pédagogique, avec les résultats que l'on sait, et ceci sans les empêcher le moins du monde d'avoir quelques convictions.

Comme on le voit, la prise en compte de l'éther et le recadrage des connaissances soi-disant acquises dans leur milieu naturel font naître une quantité extraordinaire d'idées nouvelles et d'interprétations inédites, qui toutes concourent à une compréhension de l'Univers qui ne pouvait se faire au travers de formules mathématiques. C'est probablement ce que ressentait Maeterlinck quand il écrivait, comme lui seul sait le faire :

« ...les véritables pères de la gravitation, Newton et Laplace, ne nous donnent aucune explication sur ce qu'ils en pensent. Hormis

sa page finale, Principia Mathematica de même que la Mécanique Céleste de Laplace tout entière, n'est qu'une inextricable forêt de figures géométriques et d'équations sans une clairière où puisse se faire entendre la voix de l'homme ».

En revanche, il est bien évident que toutes les promesses contenues dans cette nouvelle physique, baptisée « rationnelle » faute de mieux, ne peuvent aboutir que si l'éther existe effectivement, lui que nos sens ne peuvent percevoir mais qui pourtant est là, partout, et il faudra le prouver de manière irréfutable. C'est la physique des hautes fréquences et une application particulière dans la technique des télécommunications qui permettront d'apporter cette preuve, dans le chapitre consacré au filtre « combline ».

2.5. Les lois de Kepler

On a beau chercher un peu partout, on ne trouve nulle part une vraie démonstration des lois de Kepler, même de la troisième qui s'exprime pourtant mathématiquement par la courte formule $T^2 = kR^3$, mais qui est peut-être justement trop simple et que l'on préfère généralement énoncer d'une manière moins lapidaire: « le carré de la période de révolution d'une planète est proportionnelle au cube de sa distance moyenne au Soleil ».

A la lumière de ce qui a été dévoilé précédemment sur l'espace, qui n'est pas vide mais plein et pourvu d'autant de tourbillons qu'il y a d'étoiles, il est inévitable de réinterpréter, voire de rectifier, ce qu'on peut trouver dans les manuels scolaires et ailleurs sur ces fameuses lois qui constituent, dit-on, une des bases les plus solides de l'astronomie, et de donner de nouvelles explications à la place de celles dont, désormais, on ne peut plus se contenter.

Première loi : les planètes décrivent des ellipses dont le Soleil occupe l'un des foyers. Il faut bien se rendre compte que, quand on dit que le système solaire est un tourbillon dont le Soleil est le moteur, il s'agit d'un tourbillon réel, qui tourne dans un fluide réel, et que nous ne sommes plus dans un modèle théorique. Il s'ensuit qu'il ne faut plus s'attendre à voir là quelque chose de parfait. Tout ce qui entoure notre système, bien qu'en majeure partie invisible, a une influence sur lui, en conséquence ses orbes n'ont aucune raison d'être parfaites, et de plus on sait très bien que les planètes ne sont pas rigoureusement, mais au contraire approximativement, dans un même plan. Les remous que l'on constate lors de la contemplation d'un tourbillon visible, comme par exemple celui qui voisine habituellement les portes d'une écluse, ont leur équivalent dans l'espace et dans tout système solaire, que ce soit dans le nôtre ou très loin ailleurs. Les orbes des planètes sont si extraordinairement serrées qu'on les a jusqu'à présent considérées comme des courbes fermées, mais ceci n'est dû qu'au caractère fugitif de tant d'années d'observation humaine comparée à l'échelle des temps des phénomènes cosmiques. Mais il est vrai qu'en première approximation, rien ne s'oppose vraiment à ce qu'on puisse les considérer comme étant des cercles. Quant à décréter que ce sont des ellipses, il n'est guère possible de le contester dans la mesure où un cercle imparfait, plus ou moins déformé comme le sont les trajectoires de toutes les planètes, même Mercure, pourra toujours être vu comme tel. Sur le fait apparemment admis par tous les astronomes que le Soleil occupe l'un des foyers de chacune de ces pseudo-ellipses, les mêmes réserves peuvent être faites sur la véracité de l'assertion, les mesures qui pourraient l'établir n'étant pas divulguées dans le grand public. Qu'on l'admette ou qu'on ne l'admette pas est d'ailleurs sans conséquence.

Deuxième loi, la loi des aires : le temps mis par la planète pour parcourir une certaine partie de sa trajectoire est proportionnelle à l'aire balayée. Il y a peu de choses à dire à ce sujet, tellement cette loi est inintéressante. Le seul point à souligner est que ce pourrait être un argument supplémentaire pour alimenter la thèse tourbillonnaire, dans laquelle on démontre la même loi sans dire que les trajectoires planétaires sont des ellipses, mais on se demande vainement quelle révélation pourrait en découler, à part la satisfaction morale d'ajouter une loi au catalogue. En fait une édiction de ce genre illustre bien le désir forcené de la part de certains de mettre la totalité des découvertes humaines sous forme d'équations et de formules. Le paroxysme de cette paranoïa fut probablement la loi de Bode, qui tentait d'établir une relation arithmétique entre les distances des planètes au Soleil. Heureusement la découverte de Neptune l'infirma définitivement, mais quand même après plusieurs décennies de crédit, ou disons de semi-crédit car les doutes étaient quand même sérieux. Les justifications théoriques de Kepler, puis de Newton, des observations de Tycho Brahe, passent pour avoir apporté la preuve, en ce qui concerne plus spécialement Newton, de la loi de la gravitation universelle appliquée au mouvement des planètes. C'est peut-être cohérent dans le courant de pensée de la physique théorique, qui confond en permanence démonstrations mathématiques et vérité, mais pas seulement : la thèse éthériste de la physique rationnelle y trouve elle aussi largement son compte. Oublions donc la deuxième loi de Kepler, elle ne sert à rien.

Troisième loi : le carré du temps de révolution est proportionnel au cube du demi-grand axe de l'ellipse. Plus simplement la période T de révolution d'une planète dépend de sa distance moyenne R au Soleil selon la formule $T^2 = kR^3$. Il existe maintenant deux démonstrations de cette loi. L'une est due à Newton, qui voit, comme Descartes, un équilibre cinétique entre la force d'attraction centrifuge et la force centripète due à l'accélération du même nom. L'autre fait partie des fondements de la physique rationnelle et traduit, en l'établissant à partir d'un modèle contradictoire, la nature tourbillonnaire des lois de Kepler. Il est dès lors facile et immédiat d'opposer les deux théories, venues chacune de modes de pensée totalement différents, et que par conséquent on aurait d'abord tendance à voir s'opposer l'une à l'autre, sans la moindre chance de rapprochement. En réalité, les choses sont à la fois moins évidentes et paradoxalement plus simples. Il se peut en effet, et cela arrive souvent, que plusieurs manières d'aborder un problème soient également recevables, à partir du moment où elles mènent à des conséquences qui ne sont pas en contradiction avec les faits. Simplement il y en a certaines qui sont apparemment plus directes, plus commodes, alors que d'autres au contraire sont moins évidentes mais plus fructueuses, mais toutes ont droit de cité pourvu qu'elles ne dérogent pas aux principes de la raison ordinaire. Toutes conduisent à définir un certain modèle, propre à chacune d'elle, et c'est sur ce modèle bien précis que l'on raisonne ensuite. Ce choix est exclusif, c'est-à-dire qu'il élimine les autres possibilités, mais en fait toutes les démarches logiques, tous les procédés utilisables pour étudier un phénomène donné doivent en principe mener au même résultat. Ensuite, c'est une question d'interprétation et de présentation de ce résultat, et c'est une fois que l'on est arrivé à ce dernier point qu'il faut choisir, entre les modèles disponibles, celui qui a le mieux décrit la réalité. En ce qui concerne le système solaire, il est évident que l'astronomie moderne est restée sur le choix de l'école newtonienne, qui ne voit là qu'un manège figé dans sa géométrie, suspendu dans le vide par l'effet de forces mystérieuses et dont le comportement semble échapper à la marche du temps. Il faudra bien qu'un jour, aux prises avec des contradictions de moins en moins défendables, elle reconsidère ce choix et accueille de nouveau l'éther, accompagné de ses bagages pleins de promesses, avec la considération qu'il mérite.

2.6. Le système solaire étendu

Le tourbillon solaire étant parfaitement invisible, on ne peut être absolument affirmatif sur le chemin que prend le fluide qui sort par les cheminées polaires. Si on imagine que la nappe prend sa nourriture dans son plan médian, aussi loin que l'on puisse l'imaginer, comme le tracé d'un champ électrostatique de Maxwell dont les lignes de force vont jusqu'à l'infini, on peut en revanche se demander si ce qui entre par le plan équatorial ressort totalement dans la direction perpendiculaire pour se perdre ensuite dans l'espace, ou bien s'il se passe autre chose. Or il ne faut jamais oublier, quand on parle de l'éther, qu'il s'agit d'un fluide réel, et que son comportement non seulement ne peut jamais être en contradiction avec la dynamique des fluides, mais doit en suivre scrupuleusement les règles, surtout que l'on a là la chance de travailler avec un fluide parfait, le seul fluide parfait. Il se trouve que, parmi celles-ci, il y en a une qui convient particulièrement au problème évoqué ci-dessus et qu'on peut définir d'une manière simple par le biais d'une comparaison avec un dispositif connu de tous : le haut-parleur. Quand la membrane d'un haut-parleur se déplace, elle pousse l'air d'un côté et l'aspire de l'autre. Il se produit donc une surpression vers l'avant et une dépression à l'arrière, et l'air a tendance, comme en météorologie, à aller directement de la zone où la pression est la plus forte à celle où elle l'est le moins. C'est ce qu'on appelle un court-circuit acoustique, phénomène bien connu des spécialistes, qui diminue le rendement du haut-parleur et que l'on essaie habituellement de supprimer à l'aide d'une enceinte, qui rallonge le trajet acoustique avant-arrière. Si on applique ce principe général au cas particulier de l'éther qui rentre et ressort de la zone solaire (figure 2.5), on est en droit de supposer qu'une partie au moins du flux sortant, qui crée une surpression, ira quelque part combler la zone dépressionnaire du flux entrant, et qu'en conséquence ce qu'on nomme ordinairement « système solaire », et qui est représenté dans l'illustration par le rectangle en pointillé, n'est que la partie connue d'un manège beaucoup plus imposant et dont on ne connaît pas exactement les limites, si limites il y a.

Ce qu'on connaît de notre proche environnement astronomique n'est donc rien si on le compare à l'énorme machine que la physique rationnelle nous a fait découvrir. Car il faut maintenant être clair et sans complexe : la vérité sur le système solaire, c'est le modèle tourbillonnaire, le seul qui donne réponse à toutes les questions qu'on peut se poser sur son mécanisme, ses lois, sa structure intime, ses dimensions, ainsi qu'à toutes celles qu'on ne pose jamais parce la science officielle n'en possède pas les réponses : pourquoi le Soleil et les planètes sont-ils sphériques ? Pourquoi le Soleil et les planètes sont-ils dans un même plan ? Pourquoi les planètes sont-elles si différentes les unes des autres ? Pourquoi l'axe de rotation du Soleil est-il perpendiculaire au plan des planètes ? Le modèle tourbillonnaire lève tous les mystères que les lois de Kepler, enfin physiquement justifiées mais dont on montre maintenant qu'elles ne sont pas valables partout, n'ont jamais dissipés malgré leur aspect rigoureux suggéré par leur formulation mathématique apparemment sans appel.

Quand on jette un objet flottant à proximité d'un tourbillon d'écluse, même assez loin de l'endroit où ce dernier est visible grâce au trou central d'aspiration, il s'approche petit à petit du centre en

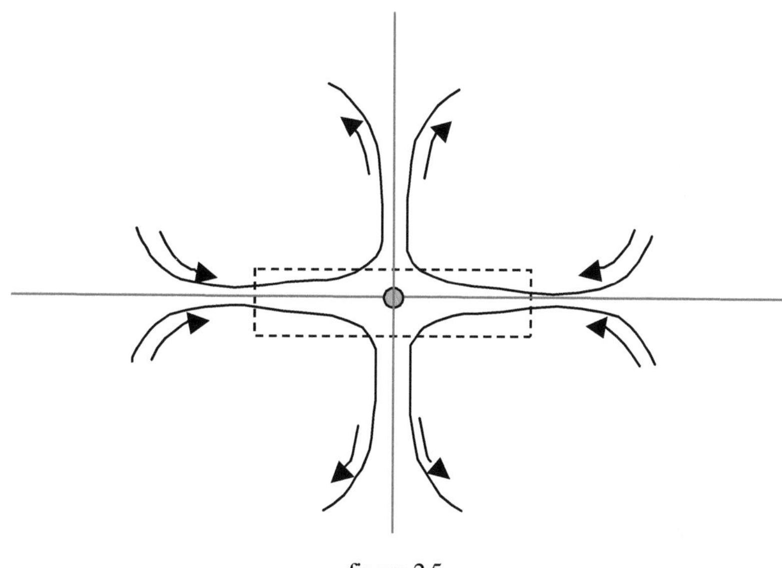

figure 2.5

suivant le mouvement général du vortex et finit par y être englouti. C'est un spectacle que des milliers de rêveurs du bord de l'eau ont déjà contemplé, avec la même fascination atavique qui fait que notre regard est comme aimanté chaque fois qu'on se trouve au bord d'un torrent et que, fixant un rebond fantasque de l'eau sur une pierre affleurante, on laisse son esprit travailler en roue libre et se soumettre à son subconscient. Le système solaire, le vrai, le tourbillon cosmique qui ne veut pas se faire voir sauf de ceux qui le devinent, se comporte de la même manière : c'est un piège à planètes, un piège qui ressemble un peu à celui du fourmilion qui creuse un entonnoir dans la terre et se cache au milieu, mais qui en plus tourne. Ce piège tournant a tout ce qu'il faut pour capturer n'importe quel objet erratique qui se trouve à un moment donné dans sa zone d'influence, et parmi ces objets se trouvent des planètes qui vont ensuite se retrouver ordonnées, chacune avec son numéro de capture, dans le tourbillon solaire où elles tourneront longuement, éternellement pour nous humains, en obéissant loyalement aux lois de Kepler qu'elles suivront jusqu'à l'issue finale, c'est-à-dire l'engloutissement dans la fournaise centrale. Inutile de leur chercher une possible origine dans un avatar du système local, leur diversité montre qu'elles viennent de l'extérieur. Les divers scenarii sur la formation du système solaire que nous proposent les astronomes ne sont soit que d'aimables plaisanteries, soit les efforts pathétiques de savants déboussolés qui veulent essayer de comprendre mais n'ont pas les idées de base pour ce faire, et s'entêtent dans des voies sans issues.

Se représenter le système solaire dans sa nouvelle intégralité n'est pas chose facile et demande un long entraînement. On ne peut pas assimiler du jour au lendemain la forme compliquée que prend un tourbillon partiellement rebouclé sur lui-même, invisible de surcroît et qui de plus contient l'observateur, mais le bouleversement qu'apporte cette nouvelle vision du monde est un énorme pas en avant dans la compréhension de son fonctionnement, et cette avancée doit se mériter. Il est nécessaire de consentir à un minimum d'effort pour l'assimiler, il faut surtout avoir l'esprit suffisamment ouvert pour reconnaître qu'il est possible que la science se soit fourvoyée depuis quelque temps, disons un siècle pour fixer les idées, et qu'il serait peut-être bon pour tout le monde de faire une pause dans la fuite en avant où nous entraîne la folie relativiste où il est normal, entre autre exemple, de grouper l'espace et le temps dans un même

« continuum » et de croire que le vide, qui n'est rien, puisse se déformer.

Le moment est maintenant venu de faire le bilan des avantages du nouveau modèle par rapport à l'ancien. Il explique d'abord parfaitement la géométrie du système solaire, en particulier pourquoi le plan où tournent les planètes est perpendiculaire à l'axe de rotation solaire. Dans l'explication newtonienne, basée sur l'action exclusive des forces de gravitation, l'orientation de l'axe solaire n'a aucune importance car le Soleil n'intervient que par sa masse. D'autre part l'origine éthérique (ou éthérienne si certains préfèrent) de la gravitation explique pourquoi la masse fluide du Soleil garde sa forme sphérique, alors que la force centrifuge devrait d'abord l'étaler avant de le transformer en anneau sans cesse grandissant, avec le scénario catastrophe que cela entraînerait pour les planètes et qui de fait ne s'est heureusement jamais produit. Ensuite le modèle tourbillonnaire fournit à l'établissement rigoureux des lois de Kepler les éléments qui sont totalement absents du modèle classique dans le vide. En supplément, les trajectoires des comètes trouvent naturellement leur place dans ce système étendu et lui procurent, en s'intégrant dans le volume dévoilé par le dessin du vortex total, de nouveaux repères qui permettent à celui-ci de se laisser deviner plus facilement, pourvu qu'on y prête un minimum de réflexion. L'explication proposée plus haut relativement au fait, sur lequel on passe volontiers dans les ouvrages d'astronomie, que les planètes présentent des aspects aussi variés, avec l'absence complète, malgré la tentative avortée de Bode, d'une loi qui relirait leurs distances respectives au Soleil, lesquelles sont visiblement le fait du hasard, devrait finir de convaincre les récalcitrants. Ou au moins, n'en demandons pas trop à la fois, de les inciter respectueusement à débrancher un petit moment leurs ordinateurs pour vérifier que leur cerveau fonctionne encore et qu'ils sont capables de l'utiliser de nouveau normalement, c'est-à-dire comme un outil de réflexion. Ce dont il ne faut douter.

2.7. Système solaire et cosmos

Après avoir fourni une description nouvelle de l'éther qui le rend enfin compatible, physiquement parlant, avec ce que nous savons de notre environnement spatial, proche ou lointain, la physique rationnelle a montré au cours des paragraphes précédents que la prise en compte de son existence effective modifie complètement, d'une part la vision d'un Monde qui devient ou redevient cohérent, d'autre part les méthodes d'investigation scientifiques. L'éther est le support incontournable de tout ce qui se passe dans l'Univers, que ce soit dans le royaume des galaxies lointaines, dans celui tout aussi impressionnant des sous-sols de l'atome, ou tout simplement sous nos yeux et dans la vie de tous les jours. Pourquoi, alors, se morfond-t-il dans les oubliettes de la physique depuis tant d'années ? Parce que les physiciens, et leurs censeurs les philosophes, ont décidé qu'ils n'en avaient pas besoin, confortés dans leur position solide mais quelque peu obtuse par les succès que la physique théorique a accumulés depuis le début de l'ère industrielle. Cependant, la complexité croissante de cette physique commence à poser problème dans le corps enseignant, qui continue à exercer fidèlement et consciencieusement la tâche formatrice qui lui incombe, mais qui commence à se sentir très mal à l'aise dès que les étudiants commencent à poser des questions « hors mathématiques ». De fait, on a le droit de se demander pourquoi les choses se compliquent constamment au fil du temps, en physique, alors qu'en première analyse on s'attendrait plutôt à ce qu'elles se simplifient au fur et à mesure que la connaissance progresse. C'est en tous cas ce qu'on attend du progrès, en principe. Mais le problème est peut-être justement là où on pense qu'il n'y en a pas: est-ce que la connaissance progresse vraiment, ou est-ce au contraire que le rideau de fumée des mathématiques nous masque une vérité moins confortable ? Lors d'une séance publique de l'Académie des Sciences, en décembre 1906, Henri Poincaré fit la déclaration suivante, qui l'honore :

« Les mathématiques sont quelques fois une gène, ou même un danger quand, par la précision même de leur langage, elles nous amènent à affirmer plus que nous ne savons ».

Venant de notre plus grand mathématicien, cette phrase aurait du rester gravée quelque part en un lieu bien choisi, là où les chercheurs de toutes les époques auraient été dans l'obligation de la voir en se rendant à leur laboratoire, et de la méditer chaque jour. On sait ce qu'il en est. Certains également se souviendront peut-être de cette déclaration de Jack Lang, lorsqu'il était ministre de l'éducation, suggérant qu'il faudrait peut-être un jour se défaire de la « dictature des mathématiques ». Parole de ministre ?

On dira peut-être que la critique est chose facile et qu'il ne faut pas en abuser. C'est sûrement vrai, mais c'est aussi une chose nécessaire et en général fructueuse, si elle est à la fois bien conduite et bien acceptée. Il faut simplement ne pas la confondre avec la contradiction, qui est malheureusement un acte réflexe trop répandu, pas si facile à expliquer mais qui masque souvent une plus ou moins grande incompétence, ou encore un esprit de domination induit par la nécessité hiérarchique : n'importe qui n'a pas le droit de critiquer n'importe qui, surtout dans les pays comme le nôtre où la notion de chef est restée socialement aussi importante que dans les tribus primitives. Les discussions qu'on pourrait avoir sur l'existence de l'éther, pourtant réservées à un auditoire normalement plus averti que la moyenne, subissent cet état de fait au même titre que d'autres sujets de conversation dont l'intérêt n'est pas toujours d'une franche évidence. Ce n'est pas une raison pour baisser les bras, et il faut pour défendre une cause rechercher tous les arguments qui peuvent convaincre. Et plus il y en a, mieux cela vaut.

Ceux qui ont déjà été présentés ici jusqu'à présent, dans ce plaidoyer en faveur de l'éther, sont des arguments de poids, mais qui ne concernent essentiellement que l'astronomie, dont Bouasse disait, dans l'introduction de l'ouvrage qu'il lui avait consacré dans sa Bibliothèque Scientifique de l'Ingénieur et du Physicien, qu'il s'agissait d'une « science inutile ». C'était bien sûr une boutade, qui voulait simplement dire que ce domaine scientifique particulier ne débouchait pas sur des applications pratiques dont tout le monde pourrait bénéficier. Si Bouasse vivait encore, les débuts de la conquête spatiale lui auraient donné tort et l'auraient probablement dissuadé d'émettre un tel jugement. Mais si l'astronomie peut effectivement passer pour inutile aux yeux de personnes pragmatiques à l'excès, ne voyant dans la science que les prémices de l'industrie, il faut lui reconnaître une qualité qui provient précisément de ce qu'elle est libérée de toute contrainte commerciale, et qui consiste à fournir à l'homme un champ de réflexion illimité, qui appartient à tout le monde et qui reste peut-être le seul espace intellectuel où les individus sont égaux devant l'inconnu. Cela n'empêche personne de vouloir en percer les mystères, bien au contraire.

Le cosmos a toujours été le lieu sans frontière où l'esprit humain aime se perdre et où il espère trouver la vérité, ce mot qui possède tant de significations qu'il ne veut plus dire grand-chose. Il vaut mieux parler de mystère et laisser la science, aux méthodes certes imparfaites mais également les moins imparfaites de l'activité humaine, s'en occuper. La physique rationnelle en autorise l'accès avec peu de mathématiques mais avec l'arme absolue, le fidèle éther omniprésent, la seule entité douée d'ubiquité et la seule capable de tout expliquer. Quand l'occasion se présentera de sortir du champ de l'astronomie et d'aborder d'autres spécialités toutes livrées à la dictature des mathématiques, comme le rappelait sans espoir le ministre de l'éducation déjà cité, on verra avec quelle facilité on peut expliquer simplement des phénomènes jusqu'alors seulement connus sous la forme d'équations et de formules, comme par exemple la capillarité. Mais le cosmos et les « merveilles du ciel » restent ce qu'il y a de plus universel pour l'homme qui a envie de rêver. Soit, regardant le ciel étoilé, qu'il se laisse traverser par l'image à la fois tranquille et puissante de son univers, soit encore qu'il capte cette image comme le rappel de sa petitesse dans le temps et dans l'espace. S'il a appris ce qu'est l'éther et qu'il a bien pris conscience de sa présence et de son rôle, le spectacle qui le fascine depuis la nuit des temps prendra tout son sens et lui révélera ce qu'il est réellement dans ce contexte grandiose : le spectateur de quelque chose qui le dépassera toujours.

La vision exacte du système solaire et de son fonctionnement tels qu'ils sont décrits plus haut débouchent sur une compréhension du cosmos qui n'existait pas auparavant, car il n'est rien qui se passe ailleurs qui ne ressemble à notre galaxie, et quand on connaît celle-ci on connaît tout l'univers. L'égarement des astrophysiciens perdus à quinze milliards d'années-lumière de notre sol et le fait qu'il leur a fallu parcourir cette distance pour découvrir la matière noire sont les signes qu'ils ne comprennent plus rien à leur sujet d'étude. Les photographies qu'ils prétendent nous donner comme authentiques de ces régions du passé, car n'oublions pas que quinze années-lumière d'éloignement, c'est aussi quinze milliards d'années dans le passé, ne sont que des représentations hypothétiques d'une région de l'espace qui doit certainement ressembler comme deux gouttes d'eau à notre alentour. Ces images nous montrent le fond de l'univers connu à une époque où non seulement il n'y avait aucun signe d'une présence de la race humaine, mais où la Terre elle-même, à qui géologues et cosmologistes prêtent une existence d'environ cinq milliards d'années, ne faisait pas encore partie du système solaire, et peut-être n'existait même pas. Ces images fabriquées par ordinateur à partir des données spectroscopiques ont d'autant moins de sens que si un cataclysme s'est produit entre-temps à cette distance et dirige vers nous sa force destructrice, nous n'en savons rien et sommes déjà morts sans préavis. Tout ceci est surréaliste

Nous sommes situés presque à la périphérie d'une galaxie que nous appelons « Voie Lactée », dont nous ne connaissons pas les détails parce que nous sommes très mal placés pour l'observer, étant donné que nous sommes dedans, assez près du bord et que nous sommes condamnés à l'observer par la tranche. Mais faute d'information contraire et selon toute probabilité, nous l'imaginons semblable à celles que nous voyons ailleurs, et rien ne nous incite à croire qu'il puisse y avoir en plus, très loin de notre soleil, quelque chose d'extraordinaire qui ne ressemble pas à ce que nous connaissons déjà. Dans sa remarquable diversité, le ciel nous paraît d'une homogénéité sans faille et semblable à lui-même à toutes les distances. L'éther étant d'une très faible compressibilité, bien que non nulle, on ne peut l'imaginer en expansion, d'autant plus que, comme le fait remarquer notre auteur favori, pour que l'Univers se dilate il faut qu'il ait des limites et que derrière ces limites il y ait de la place à combler pour que cette dilatation puisse s'accomplir. On commence à comprendre pourquoi les chercheurs de l'infini ne veulent pas entendre parler de l'éther : avec lui, plus de Big Bang, plus de Relativité, plus de vide qui se déforme, c'est tout leur monde qui s'envole en fumée et qui emporte avec lui, dans le néant qui leur sert de demeure, tous leurs rêves et tous leurs fantasmes.

Il n'est pas possible de croire qu'un certain nombre d'astronomes n'ait jamais pensé à des choses aussi simples, mais renoncer à un édifice où ils ont installé leur confort est une volonté qu'aucun d'eux ne possède. Il n'est pas question d'avouer publiquement, bien qu'ils en aient peut-être envie par moments, que les milliers d'heures qu'ils ont passées à construire le roman de leur profession, celui dont le grand public commence à se détourner parce qu'il n'y croit plus, n'est qu'une énorme supercherie. Il faut absolument que se produise, dans ce métier qui est l'un des plus singuliers du monde, une prise de conscience et de responsabilité et qu'une génération nouvelle ose prendre le taureau par les cornes, et sonner la révolte pour rebâtir sur des fondations assainies leur profession sinistrée.

L'espoir fait vivre.

Chapitre 3 : la vision

3.1. L'œil

L'œil est notre capteur dominant, le plus précieux, celui dont on se séparerait en dernier si on devait se trouver devant un choix aussi cruel. Pour autant, ce n'est pas le plus perfectionné. On a depuis longtemps percé les mystères de sa constitution, de sa structure et de son fonctionnement du strict point de vue de l'optique, alors que, comparativement, l'extraordinaire architecture de l'oreille est encore une source d'interrogations multiples : quel est le rôle exact du pavillon, dont on pourrait se demander s'il est vraiment indispensable tel qu'il se présente, mais dont le dessin est extraordinaire, quelles sont les attributions précises des éléments hétéroclites de l'oreille interne dans son fonctionnement détaillé, voilà le genre de questions qui n'ont toujours pas de réponse mais qu'on ne se pose plus à propos de l'œil. En ce qui concerne la vision, en revanche, il reste beaucoup de zones d'ombre, si on veut bien nous pardonner ce jeu de mots trop facile.

Il semble que le cerveau humain, plus que celui des animaux semble-t-il, soit en permanence ou presque submergé par une quantité pléthorique d'informations liée à la finesse de l'image rétinienne et qu'en conséquence il éprouve quelque difficulté à exploiter celle-ci comme il conviendrait. Il est un peu comme un individu attablé devant trop de victuailles et qui de ce fait, inhibé par le nombre de choix possibles, n'arriverait pas à prendre une décision. Un âne est mort de faim de cette manière. De plus, la vision entraîne souvent une action délibérée et se trouve en interaction quasi-permanente avec la pensée consciente, contrairement aux autres sens qui déclenchent plutôt des réflexes, bien que cette différence soit difficile à mettre en évidence, tant il est facile de trouver l'exemple contraire. Mais on ne peut nier que la première action du cerveau à qui parvient une image est de choisir d'abord, consciemment ou pas selon les circonstances, l'ouverture du champ de vision, et de travailler ensuite en fonction de ce paramètre. Celui-ci est lui-même lié à l'attention, à une certaine intensité de l'état de veille de celui ou celle qui regarde et de son intérêt envers telle ou telle partie de l'image finale formée à partir de l'image rétinienne. Cette ouverture du champ visuel peut varier de presque 180° pour le promeneur qui regarde un paysage à un cône aigu d'une poignée de degrés pour la dentellière qui concentre son attention sur le point qu'il ne faut pas manquer.

L'œil lui-même est avec le cœur l'organe auquel on est le plus attaché, et il faut remarquer que les deux sont les plus simples de l'anatomie humaine puisque l'on a trouvé pour eux des artefacts qui fonctionnent selon leur modèle avec la même efficacité : l'appareil photographique pour l'un, la pompe électrique pour l'autre. Mais copier la nature est infiniment plus simple que d'en comprendre les mécanismes, et ceux qui résident dans les interconnexions entre les organes sensitifs, le cerveau et le système nerveux central ne sont pas, pour le moment, à notre portée. Quoi qu'il en soit, l'optique de Gauss et l'optique physiologique nous donnent aujourd'hui pratiquement tout ce qu'on doit savoir sur l'œil lui-même, considéré tel quel en tant que capteur d'image.

Puisque l'on parle d'image, arrêtons-nous quelques instants sur les performances de la rétine. On compare souvent cette dernière à la pellicule d'un appareil photo argentique, ou maintenant à la matrice de transduction, ou plus simplement capteur, d'un appareil numérique, mais il faut reconnaître le talent du copieur : l'homme, dans ce domaine précis, fait aussi bien que la Nature. La vision de détail et la perception des couleurs se fait sur la macula par l'intermédiaire des cellules en cônes, au nombre d'environ 5 millions sur une surface de l'ordre de 4mm², et les appareils modernes affichent sans problème ce genre de performance, les cônes devenant pour la circonstance des pixels. La vision nocturne, qui ne connaît, elle, que le noir et blanc, est l'affaire des cellules en bâtonnets, disposées autour des cônes et vingt fois plus nombreux qu'eux. L'image qui est traitée par ces deux types de cellules est fabriquée par une lentille convergente et déformable appelée cristallin dont le foyer image se règle automatiquement sur la tâche jaune et permet ainsi la mise au point. Le dispositif est complété par un diaphragme muni d'une ouverture circulaire centrale de diamètre variable appelé iris, qui régule plus ou moins la quantité de lumière qui entre et qui détermine la profondeur de champ. On reconnaît bien là toute l'architecture d'un appareil photo, et il faut admettre que le travail de copie qui a permis la naissance de l'industrie photographique a été bien fait.

La partie optique de l'œil est donc sans mystère, il en est tout autrement de la vision.

3.2. Photographie et vision

Pour parvenir à convaincre un individu de l'existence d'un fluide qui est à la fois noir, dense et transparent, ce qui est incompréhensible formulé de cette manière, la première tâche à accomplir est de démonter une somme considérable de malentendus qui encombrent notre langage et faussent notre jugement. Faire une comparaison entre vision et photographie est un élément pédagogique primordial dans cette démarche.

Tout le monde sait qu'une photographie dite « argentique » en noir et blanc a deux aspects possibles, le négatif et le positif, qui correspondent à deux étapes successives du traitement de la pellicule. La transformation qui permet de passer de la valeur de gris d'un pixel du négatif à celle du même pixel sur le positif est des plus simples du point de vue graphique (figure 3.1). Si on trace un abaque comprenant deux axes verticaux gradués de 0 à 100 en échelle de gris, l'un sous le négatif à gauche et l'autre sous le positif à droite, et si on fait passer une droite par un point situé au milieu de l'épure, cette droite coupe les deux axes aux deux points transformés. S'il coupe l'axe de gauche à 5%, il coupe l'axe de droite à 95%. S'il coupe l'axe de gauche à 62%, il coupe l'axe de droite à 38%, etc.

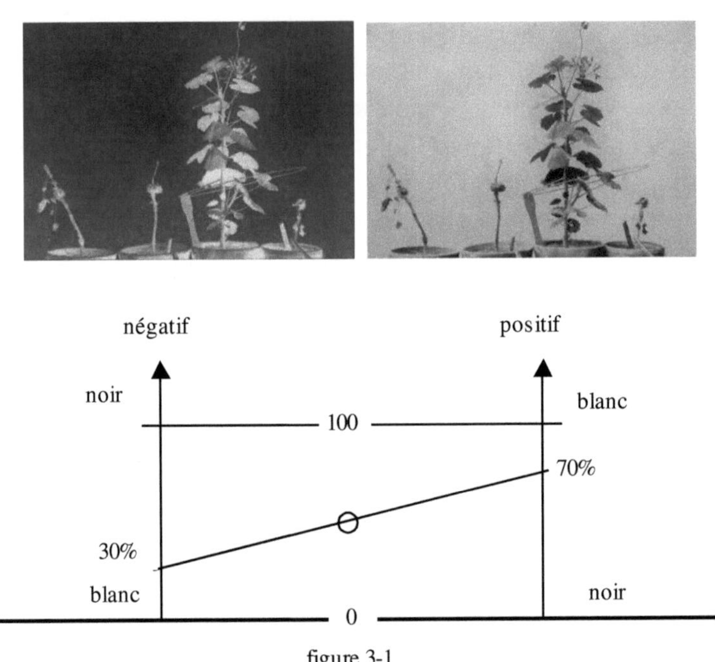

figure 3-1

Chaque valeur de niveau de gris d'un côté est le complément à 100 de la valeur de l'autre côté. Il est donc évident qu'un négatif contient exactement la même somme d'informations picturales que le positif correspondant, ce ne sont là que deux aspects équivalents d'une même image. Mais nous n'en reconnaissons qu'une pour être la reproduction de la réalité.

Aujourd'hui, l'ordinateur permet de passer instantanément de l'un à l'autre, mais il faut se rappeler que dans le passé encore proche de la technique photographique dont nous parlons, le négatif était la première étape du développement de la pellicule. C'était par conséquent l'image la plus proche de la réalité, si l'on s'en tient aux formes en faisant abstraction des couleurs ou des niveaux de gris, le cliché final ne pouvant qu'être dégradé par les traitements chimiques successifs et le tirage sur papier. Nous, humains, avons décidé que le cliché final est la reproduction la plus fidèle possible de la réalité, parce que c'est cette image-là et pas l'autre qui se rapproche le plus de ce que l'œil transmet au cerveau. Tout ceci est très bien, cela dit qu'est-ce qui nous permet de dire qu'une photo représente la vérité et que son négatif n'est qu'un intermédiaire sans autre valeur que technique ? Et si justement c'était le contraire ?

Si on demande à quelqu'un, petit ou grand, jeune ou vieux, de fermer les yeux et de dire ce qu'il voit, la réponse est faite d'avance : rien. Si on pose à la même personne la même question alors que, les yeux ouverts, elle se trouve prise en automne dans un lieu où le brouillard est intense, elle répondra de la même manière. Si elle se trouve momentanément en panne d'éclairage dans sa cave, elle dira encore la même chose. Pourtant, une brume épaisse n'est pas l'obscurité, elle laisse passer de la lumière et si, quand on s'y trouve piégé et que plus rien n'existe alentour, on ne voit que ses mains mais rien d'autre au loin, on pourra malgré tout faire admettre sans trop de discussion à celui ou celle qui prétend ne rien voir qu'en fait il voit quelque chose, et que cette chose n'est que le brouillard lui-même. Mais le brouillard n'est pas un objet, il n'a pas de contour et ne peut de ce fait entrer dans la catégorie des choses visibles, ou du moins identifiables. Il y a donc dans tout cela un flou du langage qui s'ajoute à celui de la vision et qui révèle une absence totale de ré-flexion et d'éducation au sujet du premier de nos sens.

Le noir n'est pas rien, de même que l'espace n'est pas le vide. La peinture noire existe, on en trouve partout et aucun vendeur ne vous fera la remarque que le noir n'existe pas en tant que couleur.

C'est une vraie couleur, présente en tant que telle dans tous les nuanciers du monde, en compagnie de toutes les nuances de gris et de toutes les couleurs de l'arc-en-ciel. Quand on ferme les yeux, il ne faut donc pas dire « je ne vois rien », mais « je ne vois que du noir ». Et quand on a bien lu et bien assimilé tous les paragraphes précédents, on sait très bien où mène ce qui, à première vue, pourrait ressembler à couper des cheveux en quatre ou même prendre les gens pour des imbéciles. En fait tout ceci est très sérieux et doit être, de la part du lecteur, le début d'une prise de conscience profonde et réfléchie sur cette révélation qui n'en n'est plus une: le noir de l'obscurité est celui de l'éther, et nous le voyons.

L'acte parfaitement anodin qui consiste à « fermer les yeux », encore une expression malvenue, peut s'analyser d'une manière plus scientifique. Fermer les yeux, pour tout un chacun, cela signifie interposer devant la pupille une petite membrane d'à peine un millimètre d'épaisseur appelée paupière et qui, en ce qui concerne la vision, a le même effet qu'un mur de béton. Quand ce rideau dérisoire s'abaisse, le monde visible disparaît et ne devient plus que le souvenir immédiat d'une sensation soudain disparue. Peut-on sérieusement croire que l'œil ne voit plus rien, plus rien du tout, quand si peu de matière s'interpose devant lui ? Les radiations visibles occupent dans le spectre électromagnétique une place pathétiquement minuscule, se résumant à moins d'une octave entre 0,4 et 0,8µ de longueur d'onde. Et le reste du spectre ? Quelles autres radiations peuvent-elles être arrêtées par une aussi fine membrane de chair humaine ? Est-il possible que les cônes et les bâtonnets soient complètement insensibles aux milliards de photons du spectre non visible, c'est-à-dire pratiquement de la totalité du spectre des ondes électromagnétiques ?

Arrive maintenant la question cruciale : si l'œil ou un type quelconque de ses cellules spécialisées réagit d'une manière ou d'une autre aux radiations non visibles, quelle sensation transmettent-ils au cerveau ? Une couleur ? Du blanc ? Du noir ? La transparence ? Que ce soit une couleur est par définition impossible puisque chacune d'elles est liée au spectre visible et en est l'un des constituants. Si c'était le blanc, celui-ci constituerait également l'aspect du fond du ciel, où toutes les fréquences d'ondes sont présentes puisque l'espace infini est leur milieu de propagation. Or le fond du ciel est noir. Il faut donc se rendre non pas à l'évidence, car la chose est tout sauf évidente, mais à la raison pure qui en toutes circonstances la remplace avantageusement : le noir, celui que l'on voit en fermant les yeux, c'est l'éther, et ce n'est pas une simple formule. Chaque fois que l'on voit du noir immatériel, ombre ou obscurité, il s'agit de l'éther, et seule une absence totale de curiosité et d'analyse rationnelle nous a jusqu'à présent empêché d'en prendre conscience.

On remarquera que ce noir d'éther a été qualifié quelques lignes plus haut d'immatériel. Cette précision est indispensable et souligne la difficulté de faire passer une idée nouvelle, quelle qu'elle soit et dans quelque domaine que ce soit, surtout quand elle va à l'encontre de la pensée réflexe. Pourquoi immatériel ? Tout simplement pour faire l'indispensable distinction entre la « couleur » noire, celle d'une peinture ou d'un morceau de charbon, celle qui nous permet de mieux décrire un objet, et le noir éthérique que l'œil perçoit sans qu'il y ait un support, dans une zone du champ de vision où il n'y a pas assez d'éclairement et où l'éther réapparaît dès que le visible disparaît.

Imaginons un individu que l'on a introduit sournoisement dans une pièce sans éclairage où on a disposé au préalable, sur une table, des pots de peinture ouverts et de teintes différentes, au milieu d'autres récipients similaires contenant d'autres liquides, et demandons au cobaye volontaire de décrire le mieux possible, en plongeant un doigt successivement dans ces boîtes, les différentes substances. Que peut-il faire, privé de la vue ? Il va d'abord dire qu'il ne peut pas faire grand-chose parce qu'il ne voit rien, et on va lui faire remarquer qu'il ne voit pas « rien » mais « du noir », et seulement du noir, car l'éther est partout, et quand il n'y a pas de lumière on ne voit que lui. Mais on le voit. Ensuite, si le volontaire accepte de prolonger cette angoissante expérience, il va se retrouver dans la même situation que celle d'un aveugle, mais sans en avoir ni la culture, ni les réflexes, ni l'habitude. Autrement dit il sera complètement perdu car son toucher rudimentaire et son odorat sous-entraîné, à la différence de ceux d'un non-voyant de naissance, ne pourront suppléer à sa vision disparue. Même si son index peut éventuellement différencier les peintures des autres liquides, ses sensations n'iront guère plus loin et il va prendre soudain conscience, car il ne s'était jamais posé la question auparavant, qu'il n'y a pas de couleur sans lumière. Ensuite, pour atténuer la souffrance de l'intéressé avant de le libérer, il va lui être fourni un éclairage, mais celui-ci sera monochrome. Alors, en éclairant la pièce successivement avec une lumière bleue, puis une rouge, puis une ultra-violette, on lui demandera si maintenant il est capable de dire quelle est la couleur des peintures, et il ne saura pas mieux que dans l'obscurité parce que les couleurs ne sont définies que par rapport à un éclairage en lumière blanche.

Cette expérience a-t-elle eu lieu réellement, on ne sait pas ; ce n'est pas impossible, mais cela n'a aucune importance : la règle du jeu est de prendre momentanément, par la pensée, la place du cobaye, et d'imaginer en balayant tout à-priori comment nous réagirions dans une situation identique. Il faut alors, pour cela, faire appel à sa mémoire profonde et faire une sorte de bilan de son expérience personnelle puis essayer de réfléchir en se concentrant sur le phénomène de la vision avec, qu'on nous pardonne une seconde fois, un œil nouveau.

Le but final de toutes ces expériences par la pensée, de tous ces détours dialectiques, qui peuvent paraître un peu longs mais qui sont cependant nécessaires, ainsi que nous l'ont appris maintes discussions sans fin, faute d'arguments qui portent, est de placer celui qui en accepte la règle du jeu devant des problèmes qui ne se sont jamais posés à lui. Celui-là doit bien sûr aimer la physique, sinon c'est peine perdue.

3.3. Ombre et lumière

Les prémisses sont maintenant clairement exprimées sur l'existence de l'éther et son rôle primordial dans les phénomènes naturels, ainsi que dans les grandes lois que la physique a découvert péniblement en regardant à travers la fenêtre étroite des mathématiques. C'est la raison pour laquelle il a été nécessaire de définir cette « autre » physique baptisée ici physique rationnelle, basée sur une image du Monde où l'éther est présent partout, accompagné de sa masse et de son énergie vibratoire, et grâce auquel on peut revisiter tous les acquis, ou supposés acquis, en ajoutant aux formules ce qui manquait jusqu'alors et qui est l'âme et le but de la physique : la compréhension des phénomènes, au-delà des mises en équations.

Comprendre les lois de la Nature constitue l'enjeu de la race humaine et conditionne son avenir lointain, quand il faudra pour nos descendants quitter une Terre devenue invivable à la fois par les méfaits de leurs ancêtres et par son rapprochement du Soleil, et recommencer sur Mars une autre odyssée. Car il ne faut jamais oublier, et ce sera répété ici à l'envi, que notre vaisseau spatial est entraîné vers le Soleil par un implacable tourbillon qui précipite une à une les planètes dans le feu central et qui ne nous laisse que quelques dizaines de millénaires pour nous préparer à l'exode. On a beau dire qu'il n'y a aucun signe précurseur, encore que nous ignorons si un astronome un peu plus curieux que les autres n'a pas déjà enregistré quelque observation dans ce sens, c'est la vérité raisonnée et seule notre microscopique et dérisoire échelle des temps empêche que la chose soit mesurable. Quant aux relativistes, ils n'y pensent même pas, car leur espace aussi vide que leur théorie ne contient rien d'imaginable qui puisse les mettre sur la voie.

L'éther est donc noir. Mais il est transparent. Comment faire admettre cette apparente contradiction à quelqu'un pour qui la vue ne peut montrer autre chose que la réalité et nous affirme avec une force incoercible qu'entre soi et l'objet qu'on regarde il n'y a rien d'autre que l'air qu'on respire ? Et pourquoi certains d'entre nous, heureusement fort peu nombreux, se posent-ils ce genre de question au lieu de vivre simplement et de se contenter d'accomplir correctement les obligations quotidiennes, sans chercher à savoir si la réalité des choses ne cacherait pas quelque fourberie de la Nature ? A moins que celle-ci, connaissant la nature humaine et son extraordinaire pouvoir de nuisance, ne nous ait doté à notre naissance d'une telle confiance dans la valeur de nos sensations et d'une telle crédulité qu'il ne puisse se faire que nous doutions, ne serait-ce qu'un instant, de l'authenticité de ce que nous ressentons, préservant ainsi ses secrets d'une curiosité dangereuse ?

On dit que l'homme est la seule espèce capable d'étudier le fonctionnement de son cerveau, alors que les autres animaux semblent se contenter d'une vie simple et sans problème, consistant essentiellement à manger pour vivre et à procréer quand le signal est donné. C'est à moitié vrai. L'homme moderne, coincé dès sa naissance dans l'habit trop étroit que lui attribue la société de consommation, et ce n'est qu'un moindre mal si on pense aux sociétés purement religieuses, n'a pratiquement aucune occasion de mettre en pratique la faculté d'auto-analyse qu'il possède au titre de son appartenance à l'espèce qu'il a lui-même qualifiée de supérieure, celle d'homo sapiens-sapiens (sapiens deux fois, s'il vous plaît !). Cette particularité, qui le distingue des autres espèces du règne animal vertébré et mammifère, n'est mise en pratique que très rarement, chez quelques individus qu'à la fois des dispositions personnelles atypiques et des circonstances particulières ont pu aider à se démarquer du monde commercial, lequel constitue pour la plupart d'entre nous le berceau, l'abri existentiel et le cercueil de notre court passage sur terre. Le raccourci est peut-être abrupt, mais il se défend de n'être que l'expression d'un brusque accès de morosité : l'humeur collective, qui transparaît dans le sourire enjoué et l'exubérance des gens qui prennent les transports en commun, n'est pas à l'optimisme. Il ne faut donc pas s'étonner outre mesure que le problème de l'éther, dans ce contexte-là, n'intéresse qu'un très petit nombre d'entre nous, probablement des anormaux qui ont déjà bien du mal à se faire entendre rien que dans le microcosme scientifique dont ils font partie, du moins le revendiquent-ils.

Cette petite digression socio-anthropologique ne doit pas être prise pour un mouvement d'humeur. Elle est là pour rappeler que notre libre-arbitre en matière de culture scientifique est réduit à la portion congrue par une éducation dont la force d'enracinement dans les jeunes têtes est toujours sous-estimée, ce qui devient de ce fait un handicap aux conséquences dramatiques quand l'homme se trompe et transmet ses erreurs aux nouvelles générations. C'est tout le problème de l'éducation : ce qu'on apprend aux jeunes, vérité ou erreur, reste dans leur mémoire pour toujours.

Toutes ces mises en garde, toutes ces précautions oratoires qui peuvent peut-être paraître superflues, n'ont pour but que de préparer le chemin à une nouvelle approche du sujet central, l'éther, en insistant bien lourdement sur la nécessité absolue de se débarrasser de toute idée préconçue si on veut vraiment se lancer dans l'aventure excitante d'une relecture complète de la physique.

Faisons maintenant comme si la chose était entendue, et installons confortablement un quidam dans un fauteuil, dans une petite pièce aux murs couverts de bibliothèques où le regard peut avec facilité, soit se fixer sur le dos des livres pour y rechercher un ouvrage dont on a besoin, soit se perdre au-delà pour trouver dans l'infini le cadre serein d'une réflexion métaphysique. Il faut pour cela être seul, c'est indispensable. Personne pour vous perturber, rien qui vous relie au monde extérieur. L'unique fenêtre laisse passer la lumière du soleil qui, pendant cet après-midi d'été, illumine l'ensemble du petit décor avec une telle force qu'il n'y a nulle part une zone d'ombre, tout au plus une légère atténuation, disons un éclairage plus doux, dans les anfractuosités qui ne sont pas touchées directement par les rayons lumineux. Après quelques heures partagées entre travail et méditation, le soleil qui s'approche de l'horizon commence à dispenser plus chichement sa lumière encore blanche, les pupilles de l'occupant augmentent leur diamètre et l'ombre s'installe doucement dans les coins de la pièce et au-dessus des livres, là où la poussière aime à s'insinuer rien que pour embêter les femmes de ménage. Puis le soir tombe, comme on dit, et l'ombre prend petit à petit possession du domaine où le visible s'efface au même rythme. La personne dans le fauteuil a décidé d'assister au spectacle jusqu'au bout et, stoïque sur son siège, voit la nuit parachever le travail et installer le noir absolu dans son espace cubique où plus rien n'existe. Seul le fauteuil assure le lien avec le monde solide.

Le lendemain de cette histoire où il ne se passe rien, nous demandons à un autre volontaire de se présenter pour vivre la même non-expérience. Mais cette nouvelle personne, au contraire de la précédente, connaît la physique rationnelle et sait que sous la lumière, qui empêche de le voir, se cache l'éther ubiquiste. Pour elle seule il est là, devant elle, derrière elle, à l'intérieur d'elle, ainsi qu'au-delà des murs qu'il imbibe comme il le fait avec le reste des objets présents dans la pièce. Mais la lumière est là, qui pour l'instant impose au cerveau la tâche de voir, et il faut attendre qu'elle quitte les lieux. Dans le fauteuil qui devient place de théâtre, ne perdant aucune minute de la pièce muette qu'elle a déjà vue des centaines de fois et que toujours elle savoure, elle attend calmement que la lumière se fatigue et que, sans se faire remarquer au début, avec une force tranquille que rien ne peut contrarier, sans dire encore son nom, l'ombre reprenne progressivement son royaume à la lumière éphémère et usurpatrice. L'éther est de nouveau visible, il est là, il est noir. L'œil privé de ses signaux ne sert plus à rien, le cerveau reposé peut enfin voir l'espace infini.

L'ombre n'est pas plus matérielle que la lumière, mais pas moins non plus. Quand on parle d'ombre, il y a en général deux images qui viennent immédiatement à l'esprit : d'abord cette ombre qui vous précède, qui vous singe et fait partie de vous-même quand vous marchez soleil au dos, et qu'on appelle ombre portée. Et puis il y a celle que vous recherchez pour vous y cacher et qui n'est qu'un morceau de nuit accroché quelque part, sans que l'absence de contour puisse permette qu'on puisse la dessiner. C'est notre cerveau et l'œil, son fidèle mais stupide collaborateur, qui ont façonné à l'intérieur de nous ces certitudes fragiles qui constituent le monde visible, notre monde. L'ombre portée s'accroche aux objets et les complète, elle est l'accessoire obligatoire de la matière, elle n'a pas de mystère, elle se calcule, se dessine, se photographie, se prévoit. L'autre, celle qui pour notre bonheur et notre confort se laisse recouvrir par la lumière, comme un chat qu'on laisse s'installer sur nos genoux, sait se faire discrète quand il le faut, forte de son importance et de sa totale ubiquité.

Les gens qui possèdent un ordinateur et qui utilisent le système Windows, c'est-à-dire presque tout le monde aujourd'hui, devraient avoir des facilités pour assimiler cette nouvelle vision de leur univers, car ce qui se passe sur leur écran est très semblable à ce qui vient d'être décrit. Ils savent très bien que sous la fenêtre qu'ils regardent s'en trouve une autre, invisible sous la première mais qui apparaît dès que l'autre s'efface. Mais il y a bien mieux à faire, c'est d'éteindre l'ordinateur et de regarder l'écran LCD, qui est résolument noir mais qui quelques secondes auparavant portait une image toute en couleurs et en mouvement, ce qui ne l'empêchait pas de rester intrinsèquement noir. On a ainsi devant les yeux un magnifique parallèle que nous offre la technicité moderne pour mieux s'imaginer la réalité, en passant de deux à trois dimensions, avec l'éther comme fond d'écran. On a aussi, pour le même prix, toute l'équivoque de la vision humaine à qui nous faisons pourtant tellement confiance.

Il serait vraiment décourageant que tous ces efforts déployés pour essayer de faire comprendre ce que c'est que l'éther ne finissent pas par porter leurs fruits, mais l'histoire des sciences montre hélas que les idées nouvelles ont toujours beaucoup de mal à creuser leur nid et à se faire une place dans l'acquis collectif. Mais comme le disait si bien Guillaume d'Orange, il n'est pas nécessaire d'espérer pour entreprendre, ni de réussir pour persévérer.

3.4. Matière et masse

Dans un sursaut d'optimisme, et après tous ces efforts dialectiques, il sera maintenant admis que l'idée de l'éther, de son existence et de son rôle en physique, ne sera plus systématiquement rejetée par quiconque. C'est tout ce qu'on peut exiger, en attendant qu'une autorité généreuse accepte de nouer le dialogue et même de prendre la chose à son compte, ce qu'elle fera peut-être un jour si elle y trouve avantage. En attendant cet instant magique, les partisans de l'éther se morfondent dans leur petit club privé, en pestant chaque fois que les média écrits ou télévisés annoncent que la dernière découverte scientifique vérifie une fois de plus la théorie de la Relativité ou qu'on est sur le point de réussir, c'est sûr pour demain, la fusion contrôlée. Mais si la science technologique du $21^{\text{ème}}$ siècle continue de laisser de côté le problème pourtant fondamental de l'éther, il y a aussi des questions connexes qui restent dans le même état d'abandon.

Jean Perrin n'a pas été le seul, ni le premier, à se poser des questions sur la nature exacte de la masse, et en désespoir de cause à ne la considérer que comme un simple objet mathématique, un coefficient commode qui relie la force et l'accélération comme il se plaisait à l'écrire. Descartes et surtout Newton, mais aussi Roberval et Huygens, ont aussi en leur temps été habités par le même questionnement intérieur, avant de jeter l'éponge. Aucun d'entre eux n'a eu l'intuition, même en se doutant plus ou moins que la matière était pleine d'espace, que la masse d'un corps quelconque ne lui appartenait pas, mais que cette masse était celle de l'éther qui l'imbibe. Car tous, même Perrin, sans compter une bonne centaine de chercheurs des siècles intermédiaires, gardaient dans leur vocabulaire de tous les jours le mot éther, qu'ils maniaient avec d'infinies précautions. Ils l'employaient avec une certaine gène, une certaine réticence, non pas pour en justifier l'existence mais plutôt pour désigner, en le nommant, une idée confuse dont ils remettaient toujours à plus tard les tentatives de définition. Quand quelques heures de réflexion sur les galaxies spirales vous conduisent à la conclusion que l'éther est un fluide lourd, capable d'entraîner dans un vortex lointain des milliards d'étoiles, et que ce fluide remplit complètement l'espace, il devient rapidement évident que la masse, n'importe quelle masse, c'est la sienne, et que tout objet matériel peut être vu, à l'endroit où il se trouve, un peu comme une éponge dans l'eau.

Mais quelle est donc la masse d'une éponge ? On ne peut répondre à cette question que si on précise : éponge sèche ou éponge mouillée. Mais qu'est-ce donc qu'une éponge sèche, dans une atmosphère qui contient toujours un certain taux d'humidité ? Il est presque impossible, dans les conditions normales d'un laboratoire, d'assécher complètement un corps spongieux. Si on se contente d'une précision de pesée simplement acceptable, il est évident que le problème ne se pose pas, et on considérera que l'éponge sera sèche quand elle ressemblera à une éponge sèche. Ceci n'est pas très scientifique. Si au contraire, pour une raison donnée, on doit faire une pesée ultra-précise, pour déceler par exemple une infime variation de masse, il faudra trouver une autre méthode. L'une d'elle, qui est à la fois la plus inattendue, la plus surprenante et la plus intelligente, est de peser l'éponge dans l'eau : un trébuchet ou une simple balance Roberval fonctionne parfaitement dans un aquarium. Il suffit alors de tenir compte de la poussée d'Archimède sur les poids de mesurage d'un côté et sur l'éponge elle-même de l'autre pour rectifier les mesures et obtenir la vraie valeur. Rappelons que la détermination de cette poussée ne demande que la connaissance du volume de fluide déplacé, c'est-à-dire celui des objets présents sur les plateaux de la balance, ce qui est peut-être long et fastidieux mais qui peut se faire rigoureusement, car il n'y a aucune équivoque sur la définition d'un volume, contrairement à la masse. Bref, on peut obtenir le poids de l'éponge sèche en la pesant dans l'eau. D'où par calcul sa masse intrinsèque, qui est celle de ses fibres et seulement celle de ses fibres. Mais, et c'est là qu'il fallait en venir, quelle est la masse de l'éponge dans l'eau ? Sa masse intrinsèque où celle de l'eau qu'elle contient ? Car si on retire précautionneusement l'éponge pleine d'eau, en la prenant doucement par en-dessous pour ne pas la presser, et qu'on la pèse maintenant dans l'air, et qu'on trouve un résultat environ 700 fois plus grand, que faut-il penser ? Que peut-on bien faire comme commentaire ?

Le mot « commentaire » peut être mis au pluriel parce qu'ils sont plusieurs à se présenter à l'esprit, et on va découvrir avec étonnement tout ce qu'une éponge peut nous apprendre. D'abord, il y a le fait qu'on puisse poser une éponge gorgée d'eau sur un plan de travail sans que la totalité du liquide qu'elle contient ne s'en échappe et ne se répande en fine couche tout autour, comme le voudraient les lois de la pesanteur. L'explication officielle fait intervenir les forces capillaires, mais il s'agit là, et c'est toute la théorie de la capillarité qui est concernée, de forces dont l'existence a pris naissance, non pas d'une évidence expérimentale, mais dans le cerveau à court d'idées d'un représentant de la physique théorique. Ce dernier n'est pas condamnable car il n'a fait qu'en appliquer la méthode institutionnelle, laquelle consiste, on l'a déjà dit à maintes occasions, chaque fois qu'elle se trouve en présence d'un phénomène qu'elle ne comprend pas et qui fait intervenir un équilibre de forces, à inventer celle ou celles qui manquent pour justifier un équilibre manifeste. Et de clamer aussitôt qu'il a découvert la force mystérieuse qui explique tout et à laquelle la communauté reconnaissante et respectueuse lui donnera peut-être un jour son nom (il s'agit en l'occurrence des lois de Jurin).

A propos de capillarité, une anecdote vient à propos illustrer les tendances grégariennes de la famille scientifique et ses petits défauts. En 2001, Pierre-Gilles de Gennes donnait une conférence sur cette matière (la capillarité) et, au détour d'une phrase et de manière anodine, fit remarquer que selon lui « il y avait tout » sur le sujet dans le volume y-consacré, parmi les 45 de la Bibliothèque Scientifique de l'Ingénieur et du Physicien, de Bouasse. Dans le mois qui suivit, tous les exemplaires encore disponibles (l'ouvrage date de 1924) se retrouvèrent soudain sur E-bay et partirent à n'importe quel prix. Ceux qui veulent aujourd'hui se constituer cette collection recherchée auront bien du mal à la compléter, sauf si une librairie spécialisée dans ce genre de rééditions y voit un intérêt. Qu'un Prix Nobel de physique mort au 21ème siècle avoue sans état d'âme que la science de la capillarité n'a pas avancé depuis 1924 est édifiant sur le dynamisme de cette discipline.

Mais revenons à notre éponge, sa masse et ses paradoxes. Supposons que, dans une fosse abyssale inconnue, se trouve une civilisation d'amphibiens évolués, vivant là depuis des millénaires dans l'ignorance du monde aérien et possédant un intellect égal au nôtre, ainsi qu'une culture scientifique et technologique avancée. Ils vivent dans l'eau à une pression inimaginable, mais ne le savent pas car leur organisme est en totale équipression, interne et externe. Un de leurs savants s'est mis en tête de calculer la masse d'une éponge en mesurant son poids. Que va-t-il trouver, lui qui ne sait ni ce que signifie le mot sec, puisque son univers est totalement humide, ni ce que signifie le mot humide lui-même qui n'a pas de sens chez lui puisque tout est humide ? A la correction près de l'altitude où il se trouve, c'est-à-dire légèrement inférieure à la nôtre, il trouvera pour la masse de l'éponge celle qui correspond à l'état que nous qualifions de « sec » : la masse des fibres. En revanche, quand il voudra par des méthodes dynamiques déterminer sa force d'inertie, par exemple en la projetant sur un obstacle, il trouvera une valeur qui correspondra pour nous à une éponge pleine d'eau, si nous faisons abstraction des détails pratiques qui rendraient l'expérience réelle problématique. Pour les amphibiens, la masse pesante ne serait donc pas égale à la masse inerte, contrairement à ce que nous avons décidé chez nous, sur terre. Et les valeurs de leurs constantes ne seraient pas les mêmes que les nôtres.

Cette petite fable n'a d'autre but que de montrer que la définition si embarrassante de la masse dépend directement de la manière dont on perçoit la nature de l'espace, vide ou éther, et qu'elle ne peut ressortir d'une simple observation. Les amphibiens ne peuvent pas plus imaginer que la masse réelle de l'éponge qu'ils pèsent est celle de l'eau qu'elle contient que nous ne pouvons nous rendre compte que notre masse à nous est celle de l'éther qui occupe notre volume. Il faut donc, pour apercevoir la vérité, commencer par établir l'existence de l'éther par une méthode appropriée dont on sait seulement qu'elle ne peut pas se faire par le biais de la masse, dont la notion n'en n'est qu'une conséquence directe mais pas la cause. Tout ce qu'on peut déduire des raisonnements faits précédemment, par exemple à partir de l'examen des galaxies spirales, ne sont que de fortes présomptions, d'une puissance et d'une logique incontestables, bien que certains ne puissent s'empêcher de les contester systématiquement. Mais la preuve indiscutable, même si certains refusent de l'admettre, viendra d'une manière surprenante de l'industrie des télécommunications mobiles et d'une technologie peu connue concernant les filtres « combline », sujet tout à fait pratique qui nous mettra les pieds bien à terre et qui fera l'objet du chapitre suivant.

Chapitre 4 : Le filtre combline

4.1. Le filtre passe-bande

Ce qui va suivre est un chapitre technique qui aura tendance, probablement, à rebuter ceux pour qui cet adjectif est synonyme de « prise de tête », comme on dit dans les banlieues. Il faut pourtant s'y accrocher car c'est ici que va apparaître la preuve de l'existence de l'éther, à travers une application pratique qui est devenue un procédé courant de réglage dans la profession du filtrage HF (hautes fréquences). Un effort particulier sera fait pour rendre plus digeste cette incursion indispensable dans l'une des spécialités les plus fermées des techniques liées aux radiocommunications, et il n'est pas exclu, c'est même à espérer, que ce soit pour certains une découverte pleine d'intérêt. Si malgré tout on ne se sent pas d'humeur, on peut passer directement à la conclusion du chapitre, ce serait dommage mais il ne faut pas non plus décourager le lecteur lambda pour qui ce genre d'exercice est superfétatoire.

Les réseaux de télécommunication mobile sont constitués d'une multitude de stations fixes qu'on appelle, selon leur importance, stations de base ou stations relais, et qui sont réparties sur un territoire de la manière la plus homogène possible afin d'assurer une couverture totale et des communications sans zone blanche. On a même équipé les endroits au début non couverts, comme les parkings ou les tunnels, de prolongements techniques adaptés, comme des dispositifs de réémission à câble rayonnant, de manière à ce que le propriétaire d'un portable puisse engager une conversation n'importe où sans avoir la hantise de soudain perdre contact par suite d'un « trou » dans la couverture. On peut discuter de la valeur sociale de la chose, mais techniquement parlant c'est un succès assez remarquable qui a changé notre vie de tous les jours, en bien ou en mal

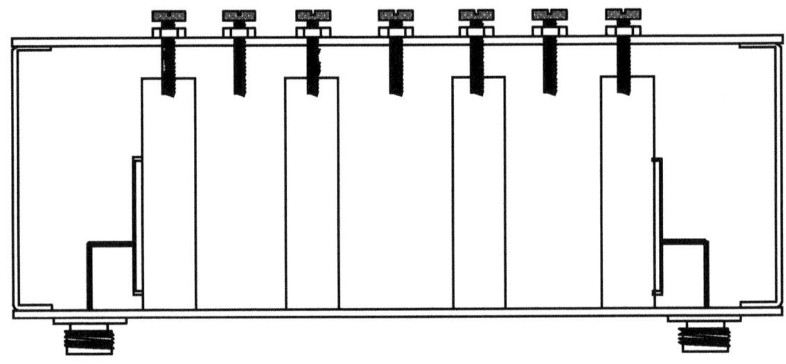

figure 4.1 filtre combline 4 pôles
coupe longitudinale

selon qu'on utilise ou qu'on subisse, mais ceci est une autre histoire.

Dans les stations, dont la plupart sont automatiques et donc sans personnel, se trouvent des équipements sophistiqués qui représentent le « must » de la technique radio. Parmi ceux-ci existent des filtres passifs, c'est-à-dire ne nécessitant pas d'être alimentés en courant électrique, dont le but est de laisser passer avec le minimum d'atténuation certaines fréquences qu'on a choisies, et d'en bloquer d'autres, également choisies et pour lesquelles l'atténuation sera tellement forte qu'il n'en restera pratiquement rien après la traversée du filtre. Selon le problème à traiter cette profession met à disposition des filtres passe-bande, ou coupe-bande, ou passe-bas, ou passe-haut, dont l'appellation décrit suffisamment bien la fonction sans qu'il soit besoin de s'étendre. Parmi tous ces accessoires indispensables figure un élément particulier qui sera l'objet de cette étude, c'est le filtre passe-bande du type « combline ».

Le mot combline explique en lui-même la manière dont le filtre est construit (figure 4.1) : « comb » signifie peigne en anglais, et « line » en ligne. C'est un peu un pléonasme en un seul mot, disons qu'une traduction à peu près correcte serait : en ligne comme sur un peigne. L'illustration montre la coupe d'un combline à 4 pôles, c'est-à-dire à 4 résonateurs qui sont constitués par 4 tubes argentés alignés sur la platine et fixés sur elle. Le nombre de résonateurs est choisi en fonction des caractéristiques qu'on veut donner au filtre en matière de réponse en fréquence, c'est-à-dire plus simplement quelle bande de fréquences on veut qu'il passe, en éliminant toutes les autres. A partir de ces données, on calcule toutes les dimensions du filtre qui sera définitivement dédié à une seule bande. Le combline est le filtre passe-bande dont la construction est la plus simple, car il n'y a pas de cloison interne entre deux résonateurs consécutifs. Ceux-ci consistent en des portions de tubes en cuivre argenté fixés sur une platine commune. L'argenture assure la conductivité la plus grande possible, qualité requise pour des performances maximales. On peut voir à la partie supérieure 7 vis de réglage, 4 pour le réglage fin de la fréquence individuelle des résonateurs et 3 pour le couplage entre eux, qui ne dépend que de la distance qui les sépare.

On voit sur le schéma qu'il y a sur la face inférieure deux connecteurs où seront branchés deux cordons coaxiaux, l'un pour l'entrée du signal, l'autre pour la sortie. Le système est symétrique et réversible : on peut permuter entrée et sortie. Question dimensions, un filtre dessiné pour le réseau GSM à 900 MHz a des résonateurs d'environ 6 cm de haut, qui sont censés être des quarts d'onde mais qui n'en sont jamais, on verra pourquoi un peu plus loin. On en déduit qu'un exemplaire comme celui qui est schématiquement représenté a un volume compris entre un et deux dm^3 , mais les filtres de puissance qu'on trouve dans les stations émettrices de la télévision peuvent flirter avec le mètre cube et supporter des puissances traversantes de 50 kW et plus.

Ce qui nous intéresse au premier chef dans ce filtre, c'est la liaison entre les connecteurs d'entrée ou de sortie (l'appareil est symétrique) et le tube résonateur le plus proche. Il s'agit d'un simple « strap » en fil de cuivre, argenté comme tout ce qui se trouve à l'intérieur du boîtier, et qu'on appelle « tap » dans le jargon professionnel (figure 4.1). Ce tap forme, avec la portion de tube située en-dessous du point de jonction, une boucle reliée à la masse, et c'est cette boucle qui recèle tout le mystère de l'adaptation du filtre et qui sera par la suite assimilée à un vortex dans l'équivalence fournie par la physique rationnelle. En électromagnétisme classique, cette boucle est considérée comme un « excitateur » du filtre, c'est-à-dire le dispositif qui permet au signal entrant de provoquer la résonance du filtre et sa mise en action. Il est extrêmement difficile d'expliquer avec clarté le fonctionnement d'un objet dont l'aspect est aussi aride qu'un squelette de chèvre dans un désert, et qui pourtant réclame pour son étude un niveau théorique correspondant ou équivalent à celui du 3ème cycle d'une Université spécialisée dans les hyperfréquences. Combien de fois n'avons-nous pas entendu cette question embarrassée (et embarrassante), venant pourtant de techniciens possédant le niveau requis, mais révélatrice de la nature beaucoup trop théorique et trop simpliste de leur formation : « *mais monsieur, en fait, comment ça marche ?* ».

Un objet comme le filtre dont nous parlons et qui comporte un connecteur d'entrée et un connecteur de sortie s'appelle un « quadripôle », qui peut être qualifié soit d'actif quand il a besoin d'une alimentation, soit passif dans le cas contraire. Mais de quelque modèle qu'il soit, il doit être « adapté ». L'adaptation signifie que son impédance d'entrée est la même que celle du générateur qui lui fournit le signal, et que son impédance de sortie a elle aussi la même valeur, ainsi que le dispositif suivant, etc, afin que la puissance transmise soit maximale. L'impédance se définit mathématiquement comme le rapport entre la tension et le courant. C'est une notion aussi difficile à bien comprendre qu'elle est facile à écrire, mais ce qui compte ici est simplement de savoir qu'elle se règle, dans le combline, en ajustant par déformation la surface de la boucle du tap. C'est la raison pour laquelle le tap lui-même est fait d'un fil assez mince, de manière à ce qu'on puisse le déformer de l'extérieur, à l'aide d'un tournevis qu'on passe par un petit trou ménagé dans l'enveloppe à cet effet.

Plus la bande est large, car on peut régler ce paramètre, plus la boucle doit être grande. On positionne donc le « tapping », l'endroit où on soude le fil sur le tube, d'autant plus haut que la bande est large. Mais on comprend bien qu'on est limité par la hauteur même du tube, et que ceci constitue un obstacle à l'augmentation de la bande passante, alors que les autres réglages permettraient d'aller plus loin. C'est là qu'intervient le procédé dit des « boucles multiples », qui consiste à souder sur la boucle d'origine une, ou deux, ou trois ou même quatre boucles supplémentaires, dont chacune permet par son addition de faire reculer les limites de réglage et qui ne peut se justifier que par une nouvelle théorie qui fait intervenir l'éther comme élément déterminant. Auparavant, il est indispensable de dire un mot des cavités résonantes à air, qui sont la base incontournable du filtrage à hautes performances.

4.2. Les cavités coaxiales à air

A l'Université Pierre et Marie Curie, à Paris, ainsi que dans toutes ses consœurs dédiées aux hyperfréquences, on ne dit que quelques mots sur la cavité coaxiale en licence. On commence à en parler plus en détail en maîtrise, mais c'est en DEA ou en DESS, c'est-à-dire en troisième et dernier cycle, juste avant le doctorat, qu'on l'étudie de manière approfondie. C'est tout dire du niveau requis. On va pourtant découvrir, mais cela commence à ne plus être une surprise, que la physique rationnelle et son ami l'éther en offrent une interprétation d'une incroyable simplicité, qui a de plus l'avantage d'en expliquer le fonctionnement avec des mots de tous les jours et sans passer obligatoirement par l'outillage mathématique traditionnel de l'électromagnétisme de Maxwell. Mais surtout, quand on présente la chose aux techniciens en leur disant prudemment, et peut-être un peu hypocritement, qu'il s'agit d'un modèle mécanique

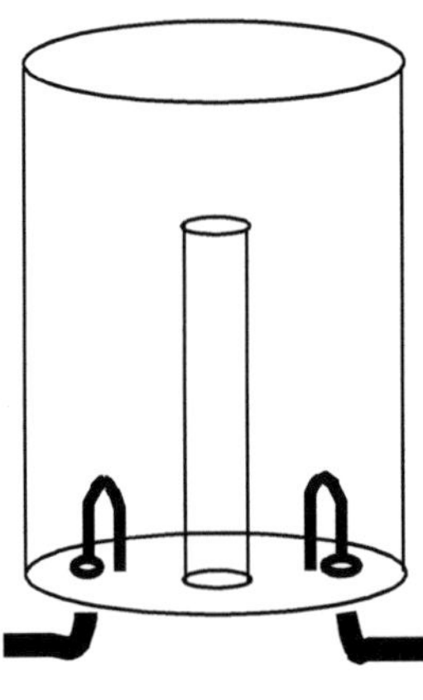

figure 4.2
cavité coaxiale

équivalent, et seulement d'un modèle, ils comprennent. Après, les convaincre qu'il s'agit de quelque chose de plus qu'un modèle est une autre histoire : ils ne sont pas tout à fait prêts, mais on les sent réceptifs : c'est bon signe.

Il n'y a rien de plus simple à concevoir qu'une cavité coaxiale à air (figure 4.2) : une portion de cylindre fermée aux deux bouts, un autre cylindre plus petit soudé au milieu du fond, et deux boucles d'excitation, reliées d'un côté à la masse et de l'autre aux deux connecteurs d'entrée et de sortie. L'ensemble est complètement argenté à l'intérieur pour obtenir la meilleure sélectivité. Le grand cylindre, qui constitue le corps de cavité, est le conducteur extérieur, le petit est le conducteur intérieur et sa longueur théorique est d'un quart de longueur d'onde, ce qu'on note habituellement $\lambda/4$. Pourquoi un quart d'onde ? Parce que c'est la condition pour qu'il y ait résonance, c'est-à-dire pour que le volume interne de la cavité vibre, au sens électromagnétique du terme, en accord avec l'onde incidente, et crée ainsi une surtension qui n'est limitée que par la taille de la cavité et sa résistance de surface (on dit « résistance de peau »). Ce système, malgré l'emploi du terme « surtension », n'amplifie pas ; il permet seulement à une fréquence particulière de le traverser sans atténuation notable, c'est un passe-bande extrêmement étroit dont le coefficient de qualité en fait un accessoire indispensable dans le domaine de la radio. Ceci étant dit, comment fonctionne physiquement le dispositif ?

Voilà un sujet qui est soigneusement contourné par les professeurs qui, ayant pour mission d'apprendre à leurs étudiants que les ondes EM se propagent dans le vide, ne peuvent faire autrement que de se retrancher d'une manière systématique derrière le rempart des équations de Maxwell et de tout l'arsenal mathématique qui en découle : champs, potentiels, vecteurs, rotationnels, ainsi se nomment les objets et les concepts qui constituent le vocabulaire en usage dans le domaine des hautes fréquences et qui permettent de ne pas répondre. Il y a dès le départ une confusion totale dans la manière de présenter le phénomène de résonance dans la cavité, à commencer par l'occultation complète d'une description physique de ce qui s'y passe. On se contente de dire qu'il y a « propagation d'une onde TEM » (transverse électromagnétique), ensuite réflexion avec changement de signe, puis déphasage nul entre onde incidente et onde réfléchie, d'où résonance. Ensuite on met tout cela en équations et on calcule, on calcule, on calcule, en abandonnant tout effort de compréhension et en laissant de côté toutes les questions existentielles qui pourraient donner vie au phénomène. Mais que peut-on faire sans l'éther, qui est le milieu de propagation des ondes EM et sans qui, cela va de soi, les ondes EM n'existeraient pas ? On dit aussi que le conducteur central est un résonateur quart-d'onde, ce qui est archi-faux : jamais il n'atteint cette longueur, qui varie en réalité, selon que la cavité est étroite ou large, de 89 à 42° respectivement ($\lambda/4$ correspond à une longueur électrique de 90°). Si on lui donne une pichenette, il émettra un son qui lui, en revanche, correspondra exactement à une résonance en quart d'onde, mais dans le domaine acoustique exclusivement, car dans ce cas il vibre mécaniquement et c'est effec-

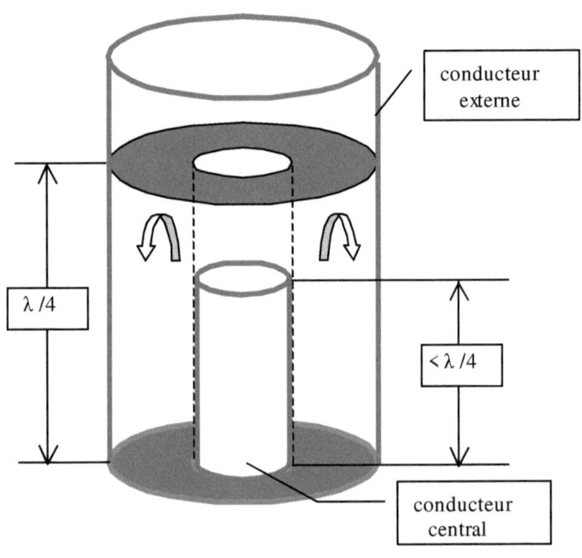

figure 4.3

tivement une verge encastrée quart d'onde en langage d'acousticien. En aucun cas il ne peut être le siège d'une propagation d'ondes EM. Celles-ci ne peuvent se propager qu'entre le conducteur extérieur et le conducteur intérieur, là où les spécialistes ne voient que du vide. Mais comment quelqu'un de sérieux peut-il expliquer qu'il y a dans ce vide, à un endroit que seul le Grand Esprit connaît, et encore, quelque chose qui fait soudain rebrousser chemin à l'onde venue de la boucle d'excitation pour lui donner la bonne phase et la faire résonner ? On nage en plein délire onirique.

La figure 4.3 montre ce qu'il faut deviner dans l'invisible, et ce qui se passe réellement dans la cavité. La boucle d'entrée, qui n'est pas représentée mais qui est placée conformément à la figure 4.2, est parcourue par un courant alternatif haute fréquence qui excite par le bas le volume d'éther compris entre le conducteur central et l'enveloppe. Ce volume, où se propage l'onde EM créée par le signal qui arrive de l'extérieur par le cordon d'entrée, est un cylindre creux dont la longueur est exactement d'un quart d'onde, ce quart d'onde correspondant à la fréquence du signal et à une vitesse de propagation $c_0 = \dfrac{1}{\sqrt{\mu_0 \varepsilon_0}}$, qualifiée de vitesse de la lumière dans le vide.

C'est uniquement de cette manière que la condition de phase qui accompagne la résonance peut se réaliser. Ni la hauteur de la cavité, ni celle du conducteur central, dont la valeur dépend du rapport de leurs deux diamètres, n'entre en ligne de compte. En revanche, on peut immédiatement objecter qu'au-dessus de ce cylindre creux qui est représenté sur la figure il y a encore de l'éther, puisqu'il est partout, et qu'il n'y a pas dans le volume d'éther pris dans son ensemble d'obstacle qui puisse donner lieu à une réflexion. Il faut donc prendre le schéma comme un modèle équivalent, et imaginer soit qu'il y ait dans la partie supérieure une portion d'éther immobile, qui crée une solution de continuité et provoque ainsi une réflexion avec changement de signe, soit une géométrie un peu plus compliquée, en accord avec le dessin des lignes de Faraday (voir « multicoupleurs et filtres VHF/UHF », du même auteur, Hermes 2007). Mais il est certain, et ceci est expérimentalement vérifié, que la mise en évidence du fonctionnement réel de la cavité amène à des relations jusqu'alors inconnues dans la technologie combline et qui permettent, par exemple, de calculer exactement la longueur du conducteur central, ce qui ne pouvait se faire auparavant.

4.3. Retour sur les filtres

A la lumière de ce qui vient d'être dit sur la cavité coaxiale, on peut maintenant se faire une représentation entièrement mécanique d'un filtre HF tridimensionnel. Le combline peut être considéré comme le cas limite d'un filtre constitué par des cavités coaxiales juxtaposées, dispositif classique qui existe dans le catalogue général du filtrage HF, et couplées électriquement entre elles par des lumières pratiquées dans leurs cloisons communes, écartées progressivement les unes des autres jusqu'à ce qu'elles disparaissent complètement, le couplage étant alors assuré par une certaine distance, précise et bien déterminée, entre deux résonateurs consécutifs. Nous pouvons donc voir dorénavant le fonctionnement du filtre du premier

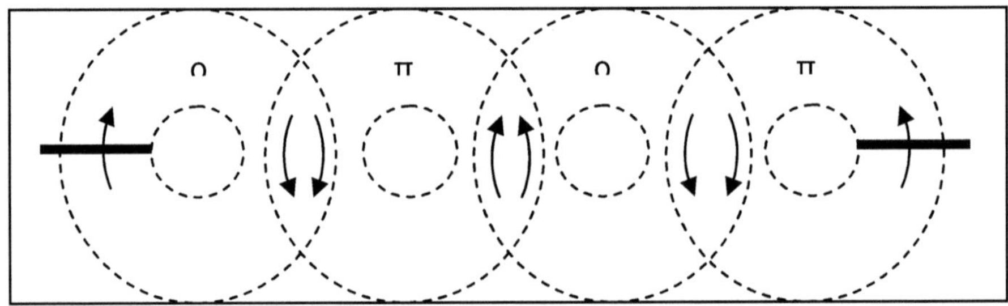

figure 4.4

paragraphe comme la vibration entretenue de 4 cylindres creux d'éther, éventuellement aplatis pour se conformer à la géométrie de l'enveloppe et tangents l'un à l'autre (figure 4.4), ou même s'interpénétrant légèrement pour être solidaires afin que la vibration se transmette. Cette vibration se fait en torsion, c'est-à-dire qu'il faut considérer chaque volume vibrant comme formé d'une sorte de gelée cylindrique de hauteur égale à un quart d'onde et se déformant en torsion au rythme du signal et avec une amplitude de plus en plus grande au fur et à mesure qu'on va vers une extrémité, que ce soit en haut ou en bas. Il est évident, d'après ce schéma, que deux résonateurs consécutifs sont en opposition de phase, ce qui est connu depuis longtemps mais au travers de détours théoriques infiniment plus complexes. Ici, si on utilise la comparaison avec des roues dentées, la chose est tellement flagrante qu'il n'y a pas besoin de discours, la seule chose qu'il faut se demander est de savoir s'il s'agit d'un modèle particulièrement bien adapté, ou s'il y a quelque chose de plus : est-ce que par hasard, ce serait carrément la réalité et ce qui se passe vraiment dans le filtre, hypothèse qui ouvrirait la voie à une conception du monde entièrement mécanique, où l'électromagnétisme ne serait plus la grande découverte que l'on croit mais simplement une tentative désespérée de comprendre ce que nos yeux ne voient pas, et ne verrons jamais ? Toujours est-il que cette vision mécanique du filtre HF, si simple et si efficace, donne pour l'instant autant de résultats pratiques que la méthode traditionnelle, mais sans aucun effort d'interprétation et sans faire appel aux outils sophistiqués de l'électromagnétisme. Mais elle va donner encore plus.

Tout cela peut d'abord sembler improbable, mais de fait il n'était pas possible de parler des boucles d'adaptation sans le support technologique apporté par tout ce qui précède. Considérons qu'il y a là le minimum de ce qu'il faut savoir pour pouvoir assimiler correctement et pleinement la suite. Mais nous pouvons également, histoire de reprendre un peu notre souffle après ce flot technologique, revenir sur l'opinion méprisante des physiciens français du 19ème et du 20ème siècles sur leurs collègues anglais, et particulièrement sur l'école écossaise. Celle-ci, selon un principe énoncé par Lord Kelvin et plusieurs de ses collègues contemporains, considérait qu'on ne pouvait prétendre comprendre correctement un phénomène qu'à travers un modèle mécanique. De fait, on peut constater un peu partout, là où il y a besoin d'expliquer un phénomène qui n'est pas évident, que c'est en le présentant sous la forme d'un « mécanisme », et le terme lui-même dit tout, que la compréhension se fait.

Mais ici, dans ces pages, on va s'aventurer beaucoup plus loin que l'idée d'une simple commodité, en prétendant que si un modèle mécanique décrit correctement la vérité, si sa capacité d'explication engendre de cette manière une sensation d'évidence logique, il y a une bonne chance pour que ce soit la vérité vraie, ou du moins quelque chose qui ne soit pas loin de la vérité. Il est bien entendu qu'avant d'en arriver là, il est indispensable de se poser des questions

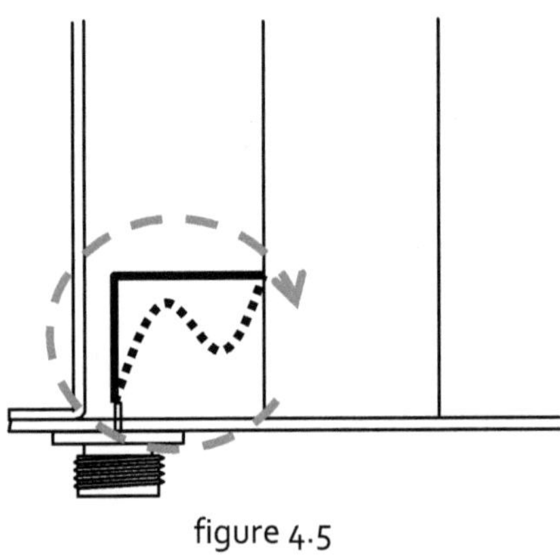

figure 4.5

sur la nature réelle de l'électromagnétisme, son historique, la manière dont il s'est développé, et surtout sur ses débuts. Il faut bien se persuader que c'était, en l'absence de l'idée d'éther, le seul moyen de cerner ce domaine étonnant et déconcertant où des forces se manifestent sur des objets sans liaison apparente, en faisant fi du principe si naturel et si évident de la continuité matérielle de propagation de l'effort. Il faut donc bien se mettre en tête qu'on ne peut pas faire sereinement route vers l'éther et sa réalité si on n'a pas bien assimilé les raisons pour lesquelles l'électromagnétisme a pris la forme qu'on lui connaît. Il faut ensuite accepter l'idée de l'existence de l'éther, qui seule permet de parvenir à une interprétation mécanique.

Nous reviendrons abondamment sur ce sujet d'une importance capitale, pour l'instant retournons sur les boucles d'adaptation des filtres combline. La figure 4.5 montre le détail du « tap », cette connexion directe entre l'âme du connecteur d'entrée ou de sortie et le tube le plus proche, c'est-à-dire soit le premier soit le dernier, et en pointillé noir une déformation possible correspondant au réglage final de l'adaptation à partir d'une boucle volontairement trop grande. Le pointillé gris avec une flèche montre ce qu'on entend par « boucle » du point de vue électrique : c'est le chemin supposé que suit le signal d'entrée, idéalisé pour lui donner la forme convenue d'une boucle d'induction où passe un champ électromagnétique perpendiculaire à son plan. C'est ce champ alternatif qui est habituellement considéré comme l'excitation du filtre.

Plus la bande passante du filtre est large, plus la surface de la boucle doit être grande et, dans l'interprétation classique, plus le flux EM doit être important puisqu'il est proportionnel à la surface de la boucle. Si un filtre a été calculé pour une certaine bande passante et qu'on désire augmenter cette bande, il faudra donc augmenter la surface de la boucle, en utilisant au maximum l'espace disponible entre le tube d'extrémité et la cloison. On comprend bien que l'entreprise est limitée par des considérations dimensionnelles, alors que faire quand il faut encore augmenter la bande et que le tap a atteint sa taille maximale ? On peut avoir l'idée d'installer carrément une spire à la place de la liaison directe, mais alors on introduit une self-inductance qui, en hautes fréquences, introduit une composante rédhibitoire et qui empêche à tout jamais l'adaptation : le résultat est catastrophique. La situation est donc bloquée en électromagnétisme classique, mais pas en physique rationnelle.

Il faut donc repasser maintenant à la vision mécanique du fonctionnement du filtre, en précisant bien qu'il ne s'agit pas d'un modèle équivalent, mais bel et bien de la réalité. La figure 4.6 montre et rend visible ce qui est invisible, c'est-à-dire le cylindre creux où se fait la propagation des ondes dans le milieu ordinairement et faussement appelé le vide. La hauteur de ce cylindre est **toujours** supérieure à celle du tube central qui lui sert de guide intérieur. On peut éventuellement se le représenter comme un tore d'une matière lourde et élastique comme du silastène chargé au plomb, objet qu'on pourrait aisément fabriquer pour donner vie à ce qui demande un constant effort d'imagination, et qui rendrait assez bien compte de ce qu'est le

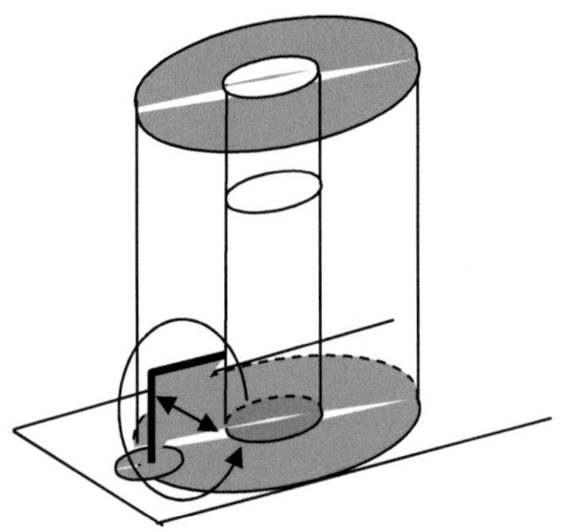

figure 4.6

volume résonnant, avec une forte masse volumique et une faible élasticité. La boucle « électromagnétique » d'excitation, le tap, devient la nappe d'un vortex dont le filament perpendiculaire est représenté par le petit segment à deux flèches qui, dans l'explication classique, figure le champ magnétique alternatif créé par le signal HF. Cette fois, on ne parle plus de champ, mais d'une vibration, et qui plus est d'une vibration mécanique, ce qui est familier à tous et beaucoup moins mystérieux qu'un champ. Le processus de mise en branle, pour parler comme Descartes, de la colonne creuse d'éther est le suivant : le signal HF qui est présent dans la boucle du tap communique aux électrons qui s'y trouvent un mouvement alternatif qui entraîne la nappe d'éther qui se situe dans le même plan et qui provoque un filament vorticiel alternatif perpendiculaire au même rythme que celui du signal. Car il s'agit évidemment d'un tourbillon.

La question est maintenant de savoir à quelle propriété du vortex d'entrée on va faire correspondre la notion habituelle de flux EM, celui qui, selon la théorie classique, traverse perpendiculairement la boucle et qui excite le volume d'éther où va se propager la vibration ainsi créée par le signal. Or il semble que l'on n'ait guère le choix : le flux correspond à une certaine quantité d'énergie, ou dans l'interprétation mécanique à un certain débit massique, on est donc conduit à identifier l'efficacité du vortex à l'épaisseur de sa nappe, qui représente une masse en mouvement (plus précisément en vibration). La vibration du filament du vortex aura donc d'autant plus d'amplitude que la nappe sera épaisse. Il en résulte qu'augmenter la surface de la boucle pour augmenter le champ électromagnétique, comme le dit le langage conventionnel, c'est en fait augmenter la masse en mouvement du vortex, sauf qu'il y a deux actions possibles pour y parvenir : soit augmenter sa surface, soit augmenter son épaisseur. Et les deux sont cumulables.

Cette découverte, liée à une nouvelle conception du vide, change assez considérablement les choses du point de vue de l'ingénieur qui conçoit les filtres combline, en ce sens qu'il ne sera plus contraint de redessiner son projet et de refaire un dossier de fabrication quand on lui demandera d'augmenter encore sa largeur de bande. L'application du principe des « boucles multiples » permet pratiquement de doubler la bande passante de n'importe quel filtre. On peut ainsi aller jusqu'à 4 boucles mises en parallèle sur le tap initial qui relie le connecteur au tube d'entrée, en prenant bien garde de conserver la symétrie géométrique du filtre, c'est-à-dire en effectuant exactement la même chose en sortie. Le procédé fonctionne impeccablement, on peut ajouter autant de boucles qu'il est matériellement possible de le faire dans le petit espace où elles se trouvent, mais le principe lui-même a ses limites : quand on passe d'une boucle à deux on double l'effet, quand on passe de 2 à 3 on augmente de 50%, quand on passe de 4 à 5 on ne change plus que de 20%, c'est la raison pour laquelle, dans la pratique, on ne dépasse pas cette quantité. Mais il y a encore plus étonnant. S'il manque seulement quelques dB pour réaliser l'adaptation imposée par le cahier des charges, on peut rajouter au tap une boucle partielle, plus petite, qui fera le travail. Et c'est justement à cette occasion que le dernier doute qu'on pourrait avoir sur le bien-fondé du principe du procédé va être balayé.

Rappelons d'abord que rajouter une boucle sur une autre ne

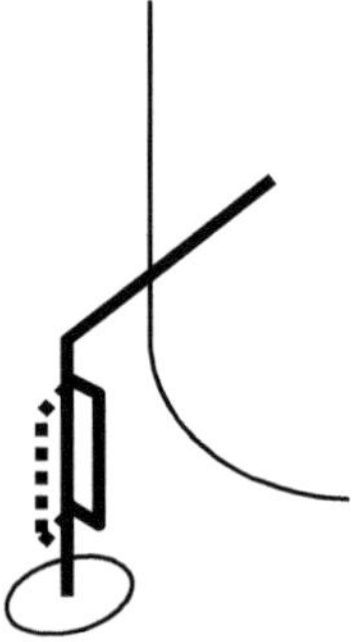

figure 4.7

change rien du point de vue du champ magnétique induit : c'est comme si on avait toujours une seule boucle, et réunir des boucles qui ont deux points de contact communs ne modifie pas le courant d'excitation : si celui-ci est d'une intensité donnée dans un tap unique, il se répartira d'une manière égale dans 5 taps en parallèle selon les lois classiques de Kirchhoff, mais l'intensité globale ne changera pas (la résistance mesurée en continu d'un tap est quasi-nulle, celle de 5 en parallèle aussi). Le champ induit est donc le même quel que soit le nombre de boucles, et on ne peut donc attribuer à une variation de celui-ci celle de l'adaptation. En revanche, une manipulation simple illustrée par la figure 4.7 va définitivement lever toute ambiguïté sur l'interprétation à donner à l'expérience. Il s'agit de la boucle partielle, comme nous l'avons appelée plus haut, et qu'on peut à priori souder sur le tap initial d'une manière quelconque semble-t-il. Or il n'en est rien : si cette boucle est perpendiculaire au plan du tap, il y a amélioration du ROS (Rapport d'Ondes Stationnaires), c'est-à-dire de l'adaptation; si au contraire elle est soudée dans le plan du tap (en pointillé sur la figure), il ne se passe rien, ce qui ne surprend pas le physicien rationnel qui sait que dans ce cas on n'augmente pas l'épaisseur de la nappe du vortex, alors que dans la position précédente on l'augmente. Voilà donc, au sens primaire du terme, une expérience cruciale qui, bien qu'elle n'ait fait l'objet d'aucun dépôt de brevet ni de publication tonitruante, ne peut s'expliquer que dans la vision mécanique du filtre et prouve ainsi l'existence de l'éther, qui était l'hypothèse de départ de cette série de manipulations de laboratoire.

On peut donc se passer complètement de l'électromagnétisme pour expliquer le fonctionnement d'un filtre qui pourtant, selon ce qu'on en pense habituellement, est une application directe du cours de $3^{\text{ème}}$ cycle d'une Université spécialisée dans les hautes fréquences, et dont l'étude ne pourrait être normalement confiée qu'à un ingénieur ayant suivi cette formation. Mais il ne s'agit pas d'une simple analogie. L'analogie mécanique d'un problème d'électricité ou de magnétisme, ou encore de thermodynamique, est un concept qui a été inventé par toute une génération de savants écossais, principalement au $19^{\text{ème}}$ siècle, pour faire passer dans un monde compréhensible des phénomènes qu'on ne pouvait décrire autrement, sauf en inventant des concepts nouveaux qui, comme le champ ou le potentiel, permirent aux théoriciens de bâtir l'électromagnétisme tel qu'on le connaît aujourd'hui. Il s'agit ici d'un modèle mécanique dont le rôle et l'ambition est de rendre compte de la réalité physique, réalité que seule la notion d'éther peut justifier.

Chapitre 5 : Apparences et réalités

5.1. L'illusion visuelle

Les chapitres précédents, tous les chapitres précédents, ont tenté de justifier une présentation du Monde jusque là inconnue, qui n'est professée nulle part et qui pour cette raison ne peut que susciter la méfiance en première analyse. Les arguments proposés ont été essentiellement de nature scientifique, pour assurer à une thèse nouvelle une assise solide et argumentée, mais il est bien certain qu'on n'est pas obligé d'être d'accord et que tout cela se discute, comme toute idée nouvelle. De plus, il faut présenter les choses de manière à ce qu'apparaissent des avantages pratiques, car une réaction courante à toute nouveauté peut se résumer dans la question maintes fois entendue : « peut-être bien, mais à quoi bon ? A quoi ça sert ? ». Maintenant donc, il faut convaincre. Expliquer le fonctionnement d'un système solaire en démontrant la nature tourbillonnaire des lois de Kepler ne suffit pas, même si la nouvelle théorie fait mieux que l'ancienne. Etablir que l'agitation des molécules gazeuses et le mouvement brownien ne sont pas des phénomènes indépendants, mais deux manifestations d'une même cause qui prend naissance dans un espace qui est le siège de vibrations permanentes, ne peut avoir de sens que si on a postulé au préalable l'existence de l'éther. Donner à ce « milieu diffus », comme le nommait Vallée pour ne pas choquer, des caractéristiques qui vont à l'encontre de ce que suggérait Descartes, quand il parlait de la « matière subtile », est un défi au sens commun. Et pourtant il va falloir mettre tout cela dans la tête des gens, car il n'y aura de vrai progrès en physique que le jour où les physiciens admettront l'existence de l'éther, l'étudieront sérieusement en tant que donnée physique au lieu de le ranger aux oubliettes ou de faire semblant de ne pas le voir, et lui donneront la place qu'il mérite dans la description des phénomènes, autant dire de tous les phénomènes puisqu'il est présent partout. Dans un livre de physique de 1922 (J.Tillieux) on trouve ceci dans l'introduction : « *Ces corps de dimensions si diverses (astres, corps terrestres, molécules, atomes, électrons) sont baignés dans un milieu qui les pénètre sans laisser aucun vide : c'est l'éther ; et les perturbations de ce dernier donnent lieu à un grand nombre de phénomènes qui demeurent inexplicables si on nie son existence* ». Pourquoi ces idées si communes au début du 20ème siècle ont-elles disparues complètement de nos jours?

Les tentatives forcenées des théoriciens pour trouver le boson de Higgs, ce qu'ils prétendent avoir fait en 2012 dans une expérience menée dans l'anneau du CERN, rappellent fortement l'histoire du neutrino, à propos duquel les mêmes se battent encore aujourd'hui, les uns pour soutenir qu'il a une masse, les autres pour prouver qu'il n'en a pas. Leur émotion quand, après avoir projeté matière contre matière avec une puissance colossale, ils ont constaté une trajectoire nouvelle et inconnue parmi la gerbe produite, n'était pas feinte : ce ne pouvait être que le boson cherché, puisqu'ils connaissaient toutes les autres particules ! Les scientifiques responsables de ces manipulations deviennent dangereux tellement ils sont enfoncés dans une démarche proche de celle d'une croyance. En dehors du fait qu'ils dilapident sans souci les milliards que le gouvernement essaie désespérément par ailleurs d'économiser sur les dépenses publiques, rien ne peut les faire douter de leur théorie, entièrement bâtie sur le vide, expression à prendre dans tous les sens du terme. On dit souvent que ce qui fait la différence entre les enfants et les adultes, c'est la taille des jouets. Celui du CERN, le gigantesque anneau où on fait se rencontrer des particules lancées à des vitesses luminiques, tout comme celui d'ITER, où on essaie de reproduire ce qui se passe dans le soleil, illustre bien la formule. Mais tous ceux qui travaillent sur ces engins de folie sont heureux et ne se soucient aucunement de ce qu'ils coûtent aux autres, persuadés qu'ils viennent de toucher le Graal des physiciens et que leur théorie est maintenant prouvée par l'expérience. Que vont-ils faire maintenant ? Que vont-ils faire de leur boson, si boson il y a ? Comment peut-on étudier une particule qui demande tant de moyens pour apparaître, et surtout pour disparaître aussitôt ? Et pourquoi disparaît-elle aussitôt ? Est-ce qu'elle se précipite dans un univers parallèle, ou est-ce qu'elle se transforme en autre chose ? Que de questions se posent alors que tout est si simple en physique rationnelle !

Revenons-y justement, à la physique rationnelle, et au rôle si fondamental de notre perception visuelle dans notre conception du Monde. Descartes aurait eu bien du mal, à son époque, à trouver dans les objets de la vie courante de quoi soutenir ses explications sur ce fluide magique qui entraînait les planètes et que pourtant on ne pouvait voir ni sentir. Aujourd'hui, c'est différent. Les extraordinaires développements conjugués de l'audiovisuel et de l'informatique nous offrent une palette de comparaisons didactiques qui valent d'être essayées dans la pédagogie de l'éther, et nous n'allons pas nous en priver.

De nos jours, presque tout le monde possède un ordinateur de bureau, et celui-ci est équipé d'un écran LCD, noir. Le fait qu'il soit noir est important. Quand on « allume » le PC, une image apparaît sur l'écran. La question est alors la suivante, qu'il ne faut surtout considérer ni comme une plaisanterie, ni comme une tentative de truandage intellectuel, mais comme un exercice de réflexion : quelle est maintenant la couleur de l'écran ? Est-il toujours noir, puisqu'il a été construit ainsi et que le fait est mentionné dans la notice descriptive, ou bien a-t-il pris soudain la couleur de l'image, et peut-on dire dans ce cas qu'il a changé de couleur ? Est-ce que la couleur de l'écran, objet palpable, est tout d'un coup devenue celle de l'image, entité impalpable qui vient soudain masquer le fond noir? Si l'image est complexe ou mouvante, on sera déjà bien embarrassé d'en définir la couleur, d'autant qu'elle en comporte généralement plusieurs dizaines de milliers. Mais en dehors de cette remarque technique, avouons quand même qu'il y a là matière à réflexion. La réponse n'est donc pas immédiate, mais si on éteint l'appareil, on pourra immédiatement vérifier que l'écran est toujours noir. L'écran, on peut le dire, est donc définitivement noir, mais ce noir ne se voit plus quand une image apparaît. L'image « s'appuie » sur le noir, elle s'en sert comme d'un support, elle se superpose à lui et le rend invisible et indétectable. Il n'empêche que quand l'ordinateur est de nouveau éteint, on voit bien qu'il est noir, il n'y a aucun doute là-dessus, et dans ce sens le noir est une couleur, parfaitement identifiable, mais qui disparaît sous une autre. On voit donc avec quelle prudence il faut procéder, de quel luxe de précautions il faut s'entourer, avant d'accorder crédit à ce qu'on voit, ou ce qu'on croit voir, et surtout se rendre compte que la vision, du point de vue psychophysiologique, est tout sauf évidente et simple.

Ce qui vient d'être évoqué se passe en deux dimensions, il faut et il suffit maintenant de passer en 3D pour nous ramener au grand problème qui nous intéresse tant : l'éther et nous, et la valeur du noir. La connaissance du monde cosmique que nous avons aujourd'hui nous a depuis longtemps conforté dans la certitude que la matière identifiée, celles des astres où elle est concentrée, occupe dans l'espace une place quasiment nulle. Certains ont également avancé l'idée que l'autre matière, celle dont nous sommes faits, possède une structure qui ressemble fortement, de ce seul point de vue du volume réel occupé par la masse, à la précédente. En fonction de cette importance du vide, le fond du ciel devrait donc être aussi transparent à nos télescopes que notre environnement astronomiquement plus proche, celui qui ne se compte qu'en milliers d'années-lumière, or pas de chance, il est noir. Et ce noir, ce fond noir en 3D, est comme celui de notre ordinateur en 2D: n'importe quel objet éclairé s'y révèle immédiatement à nos yeux, en s'imposant sur le fond comme une fenêtre Windows sur un PC qu'on vient d'allumer, mais on sait très bien que le noir réapparaîtra dès que les radiations lumineuses auront cessé de se propager et qu'il ne faudra plus dire : « je ne vois plus rien », mais « je ne vois plus que l'éther ».

Si on reste à l'intérieur d'un contexte purement scientifique, on ne peut pas faire plus, ni mieux, pour poser le problème de la subjectivité cachée de la vision, ce sens majeur qui paraît à priori, par sa puissance de suggestion et sa force, être la clé de la réalité, la fenêtre unique vers le Monde. Nos sens sont ce qu'ils sont, traitements de signaux complexes délivrés par des capteurs biologiques d'une technicité et d'une intelligence de conception remarquables, mais le cerveau en fait ce qu'il veut. Plus exactement, il en fait ce qu'il peut, en fonction de l'éducation qu'il a reçue : la même vision provoquera dix interprétations différentes dans dix cerveaux distincts, et la vérité sera probablement encore différente. Même dans le milieu scientifique, là où les individus sont censés maîtriser leurs instincts et juger des apparences en toute objectivité, les divergences d'appréciation des faits sont la règle, et les querelles d'opinions n'y sont pas plus fondées ni plus nobles que celles qui se pratiquent chez les automobilistes en colère. L'homme, c'est l'homme, quelle que soit son éducation. Et pourtant, voilà bien le mot-clé : l'éducation. Quand un petit catholique, un petit juif ou un petit musulman porte en lui l'existence de Dieu, c'est que son entourage l'a formaté à cette évidence au plus jeune âge, lorsque l'être nouveau au cerveau neuf est entièrement soumis à la volonté de ses parents, grands-parents, frères et sœurs, oncles et tantes, qui ont été élevés dans les mêmes convictions et avec la même irrésistible discipline à un moment de la vie où les premiers apprentissages s'inscrivent dans la mémoire d'une manière indélébile. Il en est exactement de même pour la physique, et si un professeur de cours élémentaire est relayé par un professeur de primaire, puis de secondaire, eux-mêmes confirmés ensuite dans leurs dires par un professeur de Faculté, pour expliquer à ses élèves qu'en dehors des corps matériels et entre eux il ne peut y avoir que le vide, sinon ça se saurait, alors ces élèves ne mettront jamais en doute ce que tant de cerveaux instruits leur ont appris, avec conscience et détermination. De là à comparer la physique théorique à une religion, il n'y a qu'un pas qui sera d'ailleurs franchi, sinon avec allégresse, du moins sans la moindre gêne tellement le parallèle vient avec facilité.

5.2. Les mythes scientifiques et la raison

L'histoire des sciences est remplie d'erreurs, de falsifications et de mensonges, à l'instar de toutes les activités humaines. On se demande même, certains jours, comment elle fait pour progresser, tellement l'homme se construit d'obstacles entre lui et la vérité. Même ce mot de vérité est galvaudé et utilisé n'importe comment, que ce soit dans le domaine scientifique ou ailleurs. C'est probablement les religions qui en ont fait le meilleur usage, tel le titre de l'ouvrage le plus connu de Malebranche, le Grand Oratorien, disciple admiratif et néanmoins affranchi de Descartes et physicien au service de Dieu : « la recherche de la Vérité » est une œuvre majeure de la physique et une leçon de logique, malheureusement prisonnière d'une époque où la croyance en Dieu était obligatoire et où la peine capitale était l'épée de Damoclès suspendue au-dessus des têtes mécréantes. Aujourd'hui encore, quand un témoin de Jéhovah en rencontre un autre pour la première fois, il lui demande toujours comment et où il a « connu la Vérité » ! Mais dans le fond, quand on y réfléchit bien, est-ce si différent de ce que peuvent se raconter deux scientifiques de « haut niveau » dont l'un se dit l'élève de tel maître à penser et l'autre d'une autre école, mais qui tous deux pensent détenir « la » vérité ?

La physique, la vraie, celle qui nous grandit, n'est pas affaire de prétentieux. Ce n'est pas Einstein le génie, c'est Marie Curie la besogneuse. Ce n'est pas celui dont la vie consiste à élaborer des théories, aussi sophistiquées soient-elles, mais celui ou celle qui passe son temps à triturer la matière dans un laboratoire, jour après jour, et qui ne quitte le four ou le moulin que pour consigner ses observations dans un grimoire. La physique, ce n'est pas une invention tous les jours, c'est le plus souvent l'obstination dans une voie qu'on s'est tracée à partir d'une idée, une seule, et qui ressemble à un sillon creusé à l'aide d'un soc fragile et cassant, dans un sol dur et plein de cailloux. Il faut se méfier comme de la peste des grandes théories et des grands théoriciens : l'histoire des sciences est remplie d'exemples qui devraient nous rendre prudents à leur égard, mais à chaque fois nous tombons dans le piège du sensationnel, de l'événement, immédiatement amplifié, d'une part par les média dont le scoop est le fond de commerce, et dans la profession même par tous ceux, et ils sont toujours aussi nombreux, qui veulent améliorer leur position personnelle en prenant le bon train en route. La théorie de l'émission de Newton, concernant la nature de la lumière, a été incontournable pendant plus d'un siècle avant qu'un anglais et un français n'y mettent un terme grâce à des expériences que chaque physicien pouvait reproduire dans son propre laboratoire et qui démontraient sans ambiguïté que la lumière était une onde.

Cet exemple n'est pas pris au hasard, car l'histoire de la lumière est loin d'être terminée. En effet, les photons, cela existe. Or, qu'est-ce donc que les photons, sinon des particules ? Il y a donc bien des particules dans la lumière, et l'étude de la physiologie de l'œil en vision liminaire, c'est-à-dire quand l'éclairement est si faible que l'on peut compter les photons, prouve que c'est bien eux qui excitent les bâtonnets de la rétine. Pourtant, les expériences de Young et Fresnel ne souffrent d'aucun doute : la lumière est bien une onde électromagnétique. Alors, quel est ce nouveau mystère ? Est-ce que l'onde est « accompagnée » de particules, qui voyageraient dans ce cas aussi vite qu'elle, ou est-ce qu'il faut admettre, contre toute raison et bien que la physique quantique nous ait habitués à ce genre de fantaisies, que la lumière est à la fois une onde et un ensemble de particules se déplaçant à la vitesse c_0 ? C'est seulement dans la Théorie Synergétique de René-Louis Vallée que l'on trouve la bonne explication, la seule : le photon n'est ni une onde pure ni une particule, mais un phénomène où l'énergie lumineuse, tout au long de sa progression, passe alternativement de la nature ondulatoire à la nature corpusculaire selon une loi bien établie. Mais il y a une condition préalable à la validité de cette théorie, c'est d'admettre l'existence de l'éther, ce qui suppose encore aujourd'hui d'admettre une hypothèse qu'une majorité n'est pas prête à accepter. On voit aussi, à travers cet exemple, avec quelle rapidité les opinions basculent à un moment donné (on parle toujours de la théorie de l'émission), et avec quel empressement la communauté scientifique jette aux orties ce qu'elle a adoré si longtemps, pour soudainement défendre jusqu'à la mort la théorie opposée. C'est ce qu'on appelle les « Ecoles », groupements d'individus de haute culture qui n'adorent qu'un dieu à la fois et rejettent simultanément les autres, tous les autres.

Quand on essaye de porter un regard d'anthropologue sur les scientifiques, et plus particulièrement sur la curieuse famille des chercheurs, et en faisant un instant abstraction du message qu'ils portent et des théories qu'ils véhiculent, pour se limiter à leur comportement en tant qu'hommes et femmes appartenant à l'espèce humaine, on ne peut qu'éprouver une énorme déception, tant ils sont pareils à tous les autres et pourvus de la même intelligence ordinaire. On pourrait croire, à priori, que la sélection par les études doive faire émerger de notre société des gens supérieurement doués, capables de mieux comprendre que nous les mystères du Monde et que nous pourrions considérer comme nos émissaires dans l'inconnu, avec pour mission de nous révéler, pour notre profit, les mécanismes secrets de l'Univers. Si on en croit les média, c'est comme cela que les choses se passent, et les revues scientifiques ne manquent jamais d'encenser le « génial » untel, dont la découverte démontre une fois de plus, s'il en était besoin, le bien-fondé de la Théorie de la Relativité. Car il y a pour les relativistes un devoir à accomplir, c'est d'aider la théorie moribonde à tenir debout en lui attribuant systématiquement le mérite sous-jacent de toute nouveauté apparaissant dans le ciel brumeux de la physique théorique, en ce début de troisième millénaire. Mais en fait les chercheurs sont tellement encadrés et soumis dans leur activité aux lois de la société dite de consommation, tellement spécialisés dans des tâches d'une rigidité telle qu'elle ne leur permet aucune réflexion critique, aucune réelle liberté de penser, que leur discours n'est perçu par le public, qui est quand même leur principal client, que comme une suite de rapports techniques, émanant de fonctionnaires zélés et écrits dans une autre langue que la leur.

Le mal est profond, mais accuser la physique elle-même n'aurait pas de sens : elle est ce que nous en faisons, et si nous ne lui concédons pas la place qu'elle mérite, c'est uniquement notre faute. La physique est malade parce que nous sommes malades. On a vu quelques lignes plus haut quelle inertie caractérise les mouvements de pensée dans le domaine de la physique : il faut un siècle ou plus pour qu'une théorie se construise, et notons qu'elle est toujours « confirmée » par les faits, et il en faut autant pour la détruire à l'aide d'une autre, qui sera elle aussi, à la surprise générale, confirmée par les faits. Finalement toutes les théories sont confirmées par les faits, sinon on ne les édite pas, mais ce qu'on ne dit jamais, et c'est valable en particulier pour la Relativité, c'est que la théorie opposée peut l'être aussi, en même temps. Cela signifie simplement que l'on a foi en des principes fallacieux et que le jugement humain est d'une dangereuse fragilité. Mais au-delà de cette opinion lapidaire et peu constructive, il faut bien se rendre compte que la science, en tant qu'activité n'appartenant qu'à l'homme, souffre tout naturellement des défauts inhérents à l'espèce : la jalousie, la suffisance, la bêtise, voilà quelques exemples d'une longue liste qui permet à l'être humain d'empoisonner la vie de ses contemporains et où l'arrivisme se taille la part du lion, en science comme ailleurs. Mais à cela qui est réel et qui concerne uniquement les rapports entre individus, il faut ajouter, et c'est encore plus important dans tous les domaines où la réflexion joue un rôle fondamental, la trop grande confiance que nous avons dans notre perception du monde extérieur, celui précisément qui est l'objet de notre étude.

On a vu au troisième chapitre quelle méfiance on doit apporter aux jugements qui dépendent directement de la vision. Dans les métiers de l'audiovisuel, on utilise même en toute conscience et d'une manière organisée les défauts de notre sens privilégié, que ce soit pour permettre le développement de techniques télévisuelles ou pour celui de ses applications commerciales, moins louables mais plus profitables. Mais n'oublions pas que derrière l'œil il y a le cerveau, et cet organe-là n'est pas non plus sans reproche. On peut dire que l'œil est un capteur trop perfectionné pour le système qui exploite ses informations, ou encore, de la même manière, que ces informations sont trop nombreuses et trop rapides pour que le cerveau soit capable d'en enregistrer instantanément la totalité. Le cerveau a besoin d'être éduqué pour pouvoir juger correctement, mais il n'existe actuellement aucun cours officiel de l'enseignement public dans ce domaine. « L'éducation du jugement » n'est pour l'instant que le titre d'un ouvrage de Marcel Boll, physicien prolixe du début du 20ème siècle, formé à l'école mathématicienne et à qui on doit un nombre impressionnant d'ouvrages de vulgarisation en physique mais qui, à la fin de sa vie, s'est efforcé d'appliquer à l'intelligence humaine les recettes de la physique théorique en vue d'augmenter la sûreté de son raisonnement. Tâche ambitieuse, trop sans doute et probablement sans fin, mais la tentative est intéressante et le livre assez remarquable. On pourrait aussi croire, à priori, que c'est dans l'enseignement des sciences exactes qu'on soit susceptible d'apprendre ce genre de choses, mais les élucubrations des théoriciens prouvent tous les jours le contraire.

La physique théorique, incarnée par le physicien Pierre Duhem et le mathématicien Henri Poincaré, s'est appuyée sur la rigueur des mathématiques pour faire de la physique une science rigoureuse, postulant que le caractère incontestable et universel du raisonnement mathématique était la clé de la vérité et que cette clé serait la même pour les physiciens. C'était négliger une étape fondamentale de la théorie physique qui s'appelle la modélisation. Quand on étudie un phénomène et qu'on veut le réduire à un ensemble d'équations pour en tirer des lois, on est obligé, au préalable, d'en faire un modèle théorique, que l'on peut définir d'une part comme quelque chose qu'il est possible de dessiner et d'autre part comme la représentation du mécanisme équivalent. On voit donc qu'il y a au départ deux conditions qui peuvent s'avérer restrictives : on ne peut dessiner que ce qu'on peut imaginer, et la définition du mécanisme équivalent (qui peut être d'ailleurs, par le plus grand des hasards, le mécanisme réel) est affaire d'appréciation de la part de celui qui théorise le modèle. C'est donc, en tant que facteur humain, le point faible de la méthode et la source de toutes les erreurs, puisque par la suite il n'est plus question que de calcul, donc de certitude, nous sommes d'accord là-dessus. En plus de cela la physique théorique se dote, de temps à autre, d'hypothèses générales censées couvrir tous les phénomènes et susceptibles, de par cette universalité, d'entraîner si elles sont mal fondées l'ensemble de l'activité dans des voies tortueuses, voir sans issue. On peut ranger dans cette catégorie l'hypothèse qui consacre l'existence de constantes universelles, et plus particulièrement celle qui concerne la vitesse de la lumière décrétée comme telle depuis plus d'un siècle alors qu'elle est tout ce qu'on veut sauf constante. Encore faudra-t-il du temps avant que les scientifiques s'en aperçoivent et en conviennent.

Cette histoire tragi-comique de la vitesse de la lumière, que les scientifiques persistent donc à considérer comme une constante universelle, est tout à fait caractéristique de la posture des physiciens, de leur incroyable prétention dissimulée sous des airs de fausse-modestie et de l'absence d'autocritique au niveau général, c'est-à-dire quand on considère cette corporation dans son ensemble, en tant que famille. Comme on l'a fait remarquer plus haut, choisir la théorie ondulatoire à la place de la théorie de l'émission ne résout pas du tout les problèmes qu'on est en droit de se poser sur la nature de la lumière puisque celle-ci présente simultanément les deux aspects. Mais on a tranché net : si il est maintenant prouvé, et c'est vrai, que la lumière est une onde, c'est que ce n'est pas une émission de particules ; c'est l'un ou l'autre, et on ne discute pas. Malheureusement on fait toujours appel aux photons pour expliquer (très bien d'ailleurs) certains phénomènes, ce qui tendrait à faire croire que la théorie de l'émission n'est pas aussi morte qu'on voudrait le faire croire. Alors, onde ou particule ? Seul un physicien du CEA a pu expliquer la dualité onde-particule du photon, mais ses collègues n'ont pas voulu d'une théorie qui ne venait pas de leur nomenklatura, et le malheureux René-Louis Vallée, qui aurait du recevoir le prix Nobel rien que pour son génial modèle, a fini sur le bûcher en compagnie de son œuvre. Ceci pour ce qui concerne la nature de la lumière.

En ce qui concerne sa vitesse, Einstein est le grand responsable de la théorie actuelle, mais il n'est pas le seul. Le sont également tous ceux qui se sont précipités derrière lui pour défendre des idées qui, à défaut d'être claires, avaient comme seul attrait, mais ce n'est pas rien, d'être nouvelles et inédites. Leurs formulations, par leur côté nébuleux, donnaient par ailleurs toute latitude en ce qui concernait leur interprétation et ouvraient largement la voie aux polémiques, chacun y trouvant un terrain propice à l'éclosion de ses propres fantasmes. Les théories trop nettes ne font pas recette, il faut à l'homme du mystère, quitte à le créer quand il n'existe pas. De ce point de vue, Einstein a parfaitement réussi, et la pagaille et la stérilité qui caractérisent la physique moderne lui sont largement redevables. Si cette situation ne concernait que le cercle relativement restreint des théoriciens, ce ne serait, après tout, pas si gênant que cela, et on aurait même le droit d'en sourire. Mais il y a beaucoup plus grave. Il y a en France deux établissements, fréquentés par le grand public et les scolaires, où on peut découvrir ou redécouvrir la physique. Ce sont le Palais de la Découverte et la Cité des Sciences. Le premier, né en 1937 de la volonté du prix Nobel Jean Perrin, est un extraordinaire aide-mémoire vivant que les ingénieurs devraient fréquenter plus souvent, le second est une vitrine de la technologie et concerne peut-être plus les applications de la science que la science elle-même, mais disons que les deux institutions sont complémentaires et qu'il est profitable de les visiter souvent toutes les deux, tant il y a de choses à l'intérieur. Or, dans ces lieux surtout fréquentés par les élèves de primaire et de secondaire, c'est-à-dire des jeunes qui n'ont pas encore développé leur esprit critique, au sens épistémologique du terme bien entendu, et qui sont prêts à retenir par cœur et en confiance tout ce qui est exposé, on trouve maintenant, et en bonne place, les mythes scientifiques les plus dangereux. En ce qui concerne le Palais de la Découverte, il s'agit du Big Bang, à qui on a réservé depuis 2011 une longue coursive à proximité du Planétarium et où on a cru bon d'illustrer par un grand dessin d'une dizaine de mètres le fantasme, mis au goût du jour, de son créateur le révérend Lemaître. Dans le cas de la Cité des Sciences c'est l'hébergement, heureusement caché dans une niche du niveau 3, de tout un dispositif didactique à base de clips « expliquant » les idées folles de la physique quantique, en gratifiant les curieux, pour que ça fasse plus vrai, du miaulement désespéré du chat de Schrödinger enfermé dans sa boîte fatale quelques mètres plus loin. On peut en particulier écouter et regarder un petit film d'introduction du physicien Etienne Klein, qui nous explique qu'en physique quantique un objet (une particule en l'occurrence) peut passer au même instant par deux orifices distincts et que le chat cité plus haut peut être simultanément mort et vivant, mais qu'il faut s'habituer à ce genre de choses si on veut comprendre les objets quantiques.

Mais il n'y a pas que cela. D'autres clips expliquent la création du Monde vue par les relativistes, ces derniers ayant aujourd'hui l'exclusivité dans ce domaine, et où on apprend comment les choses ont surgi à partir de rien. Les dissertations filmées sur la gravitation revue par Einstein et l'affirmation que les corps s'attirent, malgré la mise en garde de Newton lui-même, complètent un tableau ahurissant d'une physique où tout est permis, même ce qui défie la raison la plus ordinaire, et qui tente de communiquer sa folie aux jeunes cerveaux sans défense. Comment lutter contre cette démence ? Quelle oreille est-elle prête à écouter les doutes qui prennent forme dans les quelques têtes, trop peu nombreuses malheureusement, qui refusent d'avaler toutes ces couleuvres ? Avec qui dialoguer pour reprendre contact avec la réalité ? Il faut absolument que les gens se réveillent, à commencer par ceux qui sont chargés d'enseigner aux autres et dont le devoir est de vérifier avec la plus grande application ce qu'on les oblige à transmettre à leurs élèves. Il faut que les professeurs soient capables de répondre de manière claire et satisfaisante aux questions que les étudiants n'osent même plus poser, tant ils redoutent de se trouver ridicules aux yeux de leurs camarades pour avoir osé laissé entendre qu'il y avait dans le cours quelque chose qui n'allait pas. Mais comment faire ?

Il n'y a pas de solution immédiate. La situation est parfaitement verrouillée, et la transmission des idées fausses se fait avec la même efficacité que les vraies, en précisant que ces dernières sont toujours, il ne faut pas l'oublier, seulement « provisoirement vraies » : une loi physique est une chose fragile qui peut disparaître du jour au lendemain, à l'occasion de la découverte d'une « exception ». Et c'est bien là tout le problème de la physique. Une théorie, quelle qu'elle soit, ne peut être détruite que par les faits, mais à l'inverse ces derniers peuvent faire bon ménage avec plusieurs théories à la fois. Il faut donc se méfier comme de la peste d'une théorie unique, qui ressemble toujours à une sorte de dictature, et dans le même temps prendre garde aux idées qui vont à l'encontre de la logique courante, comme celles qui sont avancées en physique quantique. Contrairement à ce que dit Etienne Klein, il ne faut pas s'habituer aux objets quantiques mais au contraire les rejeter quand ils heurtent le bon sens. Ceux qui pensent qu'un chat peut être à la fois mort et vivant, ou qu'un corpuscule peut passer par deux trous distincts ou se trouver à deux endroits différents au même instant ne sont pas plus intelligents que les autres, ils sont tout simplement cinglés. Le grand malheur, c'est qu'en général ces gens-là, qui par ailleurs ne sont ni méchants ni habités par de mauvaises intentions, occupent très souvent des postes d'enseignants, et qu'ils bénéficient par conséquent de toutes les facilités pour propager leur folie dans des esprits dociles naturellement attirés par l'extraordinaire.

Il faut lutter de toute ses forces contre cette promotion de l'invraisemblable, contre cet insupportable snobisme de la science abstraite qui présente comme une suprême élégance intellectuelle le fait de proférer des théories qui vont à l'opposé de ce qu'on nous a appris à l'école. La physique ne sortira jamais ni grandie, ni plus forte, de cette accumulation de contradictions qui ne font que la fragiliser et la rendre suspecte. Mais le mal est profond, le vers est depuis longtemps dans le fruit et, non content de n'en point sortir, il s'y multiplie sans que quiconque s'en inquiète. Au contraire, les médias écrits propagent avec empressement et délectation les idées les plus farfelues, qui seraient sans doute les bienvenues dans des revues de science-fiction mais qui décrédibilisent la vraie science.

Les mythes de la science sont nombreux. Certains, comme celui des forces d'attraction, remontent à plusieurs siècles, d'autres comme le Big Bang sont au contraire beaucoup plus récents. Mais tous sont des enfants de la physique théorique, qui avance en créant des forces mystérieuses là où elle ne trouve pas l'explication immédiate d'un mécanisme. Ce mot de mécanisme est très important, car il est d'une portée absolument générale, voire universelle. Un mécanisme n'est pas une analogie pratique, comme voulait le faire croire les théoriciens français à propos de la science écossaise du $19^{\text{ème}}$ siècle, c'est beaucoup plus qu'un moyen commode et didactique de se représenter un phénomène, c'est souvent la réalité, la vraie réalité. Quand on replace un phénomène quelconque dans le contexte éthérique, la prise en compte de l'existence d'un milieu ambiant aux caractéristiques extrêmes amène toujours à une vision mécanique des choses qui, en général, dispense du besoin de créer, comme le fait systématiquement la physique théorique, des forces et des concepts dont la réalité n'est que supposée, et encore n'est-ce pas obligatoire. Ainsi ont été fabriqués tous les outils de l'électromagnétisme, science dont l'approche est l'une des plus sophistiquées mais qui n'est jamais que la mécanique de l'éther. L'Univers est mécanique, il ne peut être que mécanique parce que tout le reste n'est que vue de l'esprit et création intellectuelle de l'homme dans sa quête maladroite vers l'inconnu.

Le cas des forces d'attraction est la plus ancienne erreur de la physique, la plus représentative, la plus exemplaire, la plus tenace et, bien qu'également la plus pratique, la plus nuisible à la compréhension réelle de tous les phénomènes qu'elle régit. Il mérite donc, peut-être plus que d'autres, d'être décrypté et passé au filtre de la logique. Nous prendrons comme exemple-type un système solaire, le nôtre ou un autre, en fait n'importe lequel dans l'univers puisqu'ils fonctionnent tous selon le même principe. Le lecteur qui a assimilé tout ce qui se trouve dans les chapitres précédents est maintenant familiarisé avec la notion de tourbillon solaire et sait maintenant comment il faut deviner, avec les nouvelles données qu'apporte l'éther, ce qui restera toujours invisible à l'œil humain mais qui constitue le vrai moteur du système.

Le concept des forces d'attraction est précisément né de l'incapacité de Newton et de ses contemporains, pourtant tous pénétrés à cette époque de l'existence d'un éther mais en lui donnant des caractéristiques incompatibles ou pas de caractéristique du tout, de s'imaginer le système solaire tel qu'il a été décrit dans les pages précédentes. Tous, très probablement, avaient conscience du caractère totalement instable d'un manège de planètes suspendues miraculeusement dans le vide et que la moindre perturbation aurait dû depuis longtemps disperser dans l'espace. Ne sachant comment expliquer cet état de fait, Newton introduisit un « *Deus ex Machina* » physique en postulant l'existence de forces d'attraction qui empêchaient cet éclatement. Ainsi qu'il l'écrivit au révérend Bentley, son ami et confident scientifique, il ne croyait pas lui-même en l'existence de ces forces et pensait même qu'il était parfaitement stupide et insensé de croire à l'existence de quelque chose qui serait enfermée dans un corps avec le pouvoir d'en attirer un autre à distance, sans l'aide d'un moyen intermédiaire. Mais le subterfuge, car c'en est un, fonctionna si bien que la loi de l'attraction universelle vit le jour sans trop de problèmes, sinon sans la moindre objection et, l'espace d'une génération, s'établit comme une base indéfectible de la physique. A l'aide

la formule $f = \dfrac{m.m'}{d^2}$, on expliqua donc comment les forces

d'attraction compensaient exactement la force centrifuge et maintenaient les planètes sur des orbites stables, en oubliant de préciser qu'elles étaient également et surtout un artifice créé par les physiciens pour expliquer mathématiquement un mécanisme qu'ils ne comprenaient pas. Si le procédé a démontré une efficacité certaine, les inconvénients sont en revanche nombreux et pénalisants. D'abord, on ne comprend pas très bien comment, par le biais d'une simple formule mathématique qu'on habille pour l'occasion du titre prestigieux de loi universelle, on aurait soudain la révélation du fonctionnent réel du système solaire, alors que l'explication tourbillonnaire est d'une lumineuse simplicité et entraîne une compréhension totale et immédiate. Ensuite, et surtout, il ne faut pas s'étonner outre mesure que la loi s'accorde avec les faits puisqu'elle a été fabriquée pour cela, et il faut bien se mettre dans la tête que toute la physique théorique, celle qu'on nous enseigne sans partage, est construite selon le même procédé. Quand à la découverte d'une force proportionnelle à l'inverse du carré de la distance, il faut savoir qu'il y a une certaine quantité de phénomènes, en particulier dans le domaine de la mécanique des fluides, qui donne lieu à la même expression (voir « l'univers de Maxwell » ou « éther et espace »). Il faut donc, tout en respectant l'œuvre de Newton, se garder d'en faire un génie et relativiser la portée d'une découverte qui, en réalité, l'a fait passer à côté de la vérité en entraînant à sa suite tous ceux qui lui ont rendu hommage et fait allégeance.

Pour en revenir au système solaire, demandons-nous si quelqu'un de qualifié, ingénieur, astronome, physicien, quelqu'un que nous imaginons posséder la totalité des connaissances actuelles vues à travers le prisme de la physique théorique et de la loi de la gravitation, et à qui on donnerait tous les moyens qu'il souhaite, serait capable d'en réaliser un modèle réduit de seulement quelques mètres de diamètre et fonctionnant selon le même principe. Pour lui assurer les mêmes conditions que le vrai système, grandeur nature, on le transporterait dans une station orbitale à gravité zéro, de manière à l'affranchir de l'action de la pesanteur, qui rendrait l'expérience impossible sur Terre. Toutes les conditions matérielles et environnementales étant réunies, le pourrait-il ? Pas question, bien sûr, d'utiliser la moindre liaison matérielle entre les planètes miniatures, pas de tricherie. Etant en apesanteur, on pourrait lui accorder la possibilité de disposer de planètes miniatures, pourvues de la densité convenable, dans l'ordre où les vraies se trouvent au même moment, avec les mêmes distances relatives. Même s'il y parvenait, avec le concours indispensable d'une équipe de spécialistes particulièrement adroits, il se rendrait alors certainement compte de la fragilité de l'équilibre de son édifice, mais peu importe, laissons-lui le bénéfice du doute et supposons qu'il parvienne à ses fins. Et maintenant, comment lancer le système ? Comment lui communiquer le mouvement soi-disant prévu par la loi de la gravitation ? Comment faire, déjà, pour que le mouvement soit approximativement circulaire, étant bien entendu que les parois du lieu d'expérience sont suffisamment éloignées pour ne pas perturber les « forces d'attraction » ? Alors ? Est-ce seulement envisageable ? Bien sûr que non, sauf si notre savant a eu au préalable l'idée de fabriquer une sorte d'aquarium avec en son centre un générateur de vortex et qu'il y introduise des petites boules d'éponges, figurant les planètes et disposées l'une par rapport aux autres dans une géométrie similaire au modèle réel. L'expérience serait extrêmement délicate à réaliser mais, même si elle prend elle aussi l'allure d'une prouesse technologique, on la devine possible, cette fois-ci la raison ne s'y oppose pas. Mais alors, ce serait aussi la démonstration qu'elle ne peut se faire que dans un fluide, et encore au sein d'un tourbillon dont le dispositif de formation lui communiquerait en outre la même loi que celle qui nous régit, nous terriens, c'est-à-dire la troisième loi de Kepler. Là encore, il n'y a pas d'impossibilité de principe, même si on se doute que l'expérience doive être d'une grande délicatesse et d'une grande technicité, mais la question n'est pas là : la chose est possible, envisageable, alors que dans le vide elle ne l'est pas. L'esprit raisonnable en refuse l'éventualité, ne trouvant aucun autre moyen de résoudre le problème que de le situer dans un fluide. Alors pourquoi, dans ces conditions, admettre que le système solaire fonctionne selon un principe que l'on n'est pas capable de reproduire, même en pensée ?

Ce n'est pas tout. La théorie de la gravitation, telle qu'on la connaît, prend acte du fait que les planètes sont dans un même plan, mais cette constatation ne fait pas partie de ses hypothèses, pas plus que n'en fait partie celle que tous les systèmes solaires sont agencés de la même manière, avec un axe de rotation commun perpendiculaire au plan du système. Or il faut croire que ceci doit être d'une extrême importance, car à priori rien ne s'oppose à imaginer un autre système, lui aussi régi par la loi de Newton mais avec des planètes ayant chacune son orbite située dans un plan quelconque, ce qu'a dû supposer Rutherford quand il a imaginé l'atome construit de cette manière. Mais non, les astronomes semblent avoir d'autres chats à fouetter et ne se posent pas ce genre de questions, fort mal venues pour qui veut travailler l'esprit tranquille. On fera donc remarquer, une fois de plus, que la théorie tourbillonnaire éthérique répond de manière limpide à ce problème non posé et explique pourquoi un soleil tourne lui aussi autour de son axe, et s'il vous plait en suivant lui-même, à sa périphérie et dans le bon sens, la troisième loi de Kepler revue en physique rationnelle comme loi tourbillonnaire, alors que la loi de Newton ne l'y oblige d'aucune manière, et enfin pourquoi toutes les planètes tournent autour de lui dans un plan perpendiculaire à son axe de rotation.

La physique rationnelle apporte ainsi à la science, grâce à l'éther qu'elle vénère et qu'elle serre bien contre elle avec amour, des explications simples, lumineuses et prolifiques là où la physique théorique ne fait qu'étaler son immense désolation, son désert inhospitalier peuplé de cactus mathématiques et où seul l'ennui se met à la taille du cosmos. Il faut absolument réformer la physique, il faut lui redonner d'urgence son rôle formateur, son sens de cette mission si importante pour l'homme qui est de lui faire mieux connaître la Nature qui l'héberge, non pas à travers le prisme des théories, aussi élégantes soient-elles, mais en essayant, à chaque pas que l'on croît faire en avant, de bien vérifier qu'on ne s'éloigne pas du réel, que ce qu'on vient de trouver s'assimile facilement. Toutes les valeurs supposées de l'intelligence humaine, celles que les philosophes ont péniblement essayé, au cours des siècles, d'extraire de notre subconscient, tout ce qui nous fait différer de l'animal seulement préoccupé de nourriture et de procréation, sont aujourd'hui coiffées, dans les évaluations individuelles, par l'aptitude aux mathématiques, dont on a fait pour notre malheur le critère numéro un de la sélection sociale et intellectuelle. Tout au long des études et de l'apprentissage, le « fort en math » a toujours la cote dans l'appréciation des professeurs, et lui seul a des chances d'accéder aux métiers scientifiques au plus haut niveau, ce qui livre ces métiers aux mains d'une catégorie bien définie et bien connue d'individus, sûrs d'eux et malheureusement très souvent insensibles aux valeurs humaines.

Après les forces d'attraction, qui ne sont donc qu'une échappatoire pratique pour éluder les réflexions sur la vraie nature de l'espace, qu'on vide d'une manière absolue pour qu'on n'en parle plus, la physique théorique véhicule d'autres mythes qu'elle traîne comme des chaînes de forçats et où la Théorie de la Relativité se taille la meilleure part, si l'on peut dire, avec ces poisons violents qu'on appelle constantes universelles. Il n'y a pas de constantes universelles au sens strict du terme, il y a seulement des grandeurs et des quantités qui varient peu autour d'une valeur moyenne stable, ce qui n'est pas du tout la même chose. On a le droit, en raccourci et par habitude, de les appeler constantes parce qu'elles ne varient pas beaucoup, si peu dans certains cas qu'on pourrait effectivement les prendre pour de vraies constantes, mais en sachant bien qu'elles ne le sont pas au sens mathématique du terme, que par conséquent elles possèdent des dérivées et que le calcul différentiel peut leur être appliqué. C'est ce qu'avait fait René-Louis Vallée à propos de la vitesse de la lumière et dans le cadre de la Théorie Synergétique, avec les résultats que l'on sait (voir, pour plus de détails, « Ether et Espace », deuxième chapitre). Faire de la vitesse de la lumière une constante universelle, c'est réduire à néant toute possibilité de comprendre réellement ce que les théoriciens appellent un champ de gravitation, lequel est intimement lié aux variations de la vitesse de la lumière, dans une relation fondamentale qui échappe définitivement au physicien qui croît que cette vitesse est constante.

La détermination de la vitesse de la lumière, depuis la première tentative de Galilée mais surtout depuis les mesures plus sérieuses de Römer et de Cassini, a connu au cours des siècles des fortunes diverses, mais on a aujourd'hui oublié que les premiers résultats dignes de foi sont venus de l'espace, et étaient nettement supérieurs à la valeur maintenant officielle et qui compte 9 chiffres significatifs (299 792 458 m/s), ce qui est à la fois stupide et prétentieux. Stupide parce qu'il est impossible de mesurer quoi que ce soit avec une telle précision, tous les ingénieurs vous le diront, et prétentieux parce que, derrière cet acharnement à ajouter sans cesse une décimale dans la course à la perfection, se cache la volonté dérisoire de vouloir faire mieux que tout le monde. Il faut bien voir, en outre, et ce n'est pas le moins important, que depuis que c_0 est déclarée constante, il n'y a plus aucune raison d'utiliser des méthodes astronomiques, plus délicates et moins précises que ce qu'on peut réaliser sur Terre, où on bénéficie des conditions de mesure les plus confortables, et que les dernières valeurs qui ont été trouvées l'ont toutes été à très faible altitude, pratiquement au niveau de la mer. Avant que la théorie de la Relativité n'étende sa lourde cape de certitudes sur la physique, les mesures les plus récentes et les plus précises furent l'œuvre de Michelson, qui s'acharna à essayer de trouver un résultat à peu près constant. Ce fut successivement 299 910 m/s en1879, puis 299 853 en 1885, puis de nouveau 299 910 en 1902, puis 299 796 en1926 et pour finir, avec Pearce et Pearson, à 299 774 en 1933. On constate au vu de ces mesures, d'abord qu'il n'a jamais osé avancer un résultat à plus de 6 chiffres significatifs, et ensuite qu'il y a une incertitude sur les trois derniers, ce qui conforte l'idée déjà exprimée qu'une mesure absolue qu'on peut qualifier d'excellente, en physique, n'a plus de sens au-delà du quatrième chiffre, et qu'afficher un résultat à 9 chiffres est une supercherie, même si elle est commise de bonne foi. Mais c'est là l'exemple type des effets pervers qu'a engendré la théorie de la Relativité, avec son concept dogmatique infondé des constantes universelles.

Aujourd'hui, la valeur de la vitesse de propagation de la lumière, considérée précisément comme la principale de ces constantes universelles, est présente dans les logiciels de tous les systèmes de télémétrie, même en astronomie, de sorte que si on mesure la distance Terre-Lune ou Terre-Mars au radar, on ne peut plus détecter la moindre anomalie la concernant. Le système est par conséquent bouclé, et il le restera tant que les physiciens ne se seront pas remis en question, eux et leurs certitudes. Si on fouille un peu plus dans les annales de la science, on se rend compte qu'il y a quand même eu un certain nombre d'entre eux qui ont essayé de réagir à ces oukases des théoriciens, et qui, comme Vallée et avant lui, ont eu de sérieux doutes sur le bien-fondé de la soi-disant constance de la célérité lumineuse. Ainsi le physicien américain Dayton Miller, persuadé que la valeur de cette vitesse dépendait de l'altitude à laquelle elle était mesurée, conçut-il des appareils coûteux et impressionnants par leurs volumes pour vérifier ses doutes. Il semblerait qu'il ait effectivement démontré, en promenant ses appareils dans différents sites plus ou moins élevés, que la vitesse de la lumière diminuait au fur et à mesure qu'on la mesurait de plus en plus haut, mais en tant que contestataire il fut, à l'instar de René-Louis Vallée en France, très mal considéré par l'Establishment et ostracisé comme tel et comme bien d'autres fauteurs de trouble. La physique officielle ne souffre ni la contestation, ni les contestataires, et malgré le grand intérêt de ses expériences Dayton Miller est allé rejoindre le club fourni des savants maudits. Pour en terminer dans ce registre, il serait très intéressant de voir si les différences entre les résultats de toutes les mesures faites pour déterminer la vitesse de la lumière ne correspondraient pas, par un pur hasard, à des altitudes différentes : l'étude n'a pas été faite, et pour cause. On aurait ainsi l'occasion, peut-être, de fabriquer un nouveau type d'altimètre, certes coûteux mais fonctionnant selon un principe totalement universel. Ceci est évidemment à prendre comme une plaisanterie de mauvais goût, bien que le principe soit tout à fait valable du seul point de vue théorique.

On peut passer en revue tous les mythes sur lesquels s'appuie la physique actuelle, la théorie de la Relativité, le Big Bang, les forces d'attraction, la masse, la physique quantique et bien d'autres qui se cachent derrière les précédentes, on n'y changera rien dans l'immédiat, ils sont trop bien ancrés dans l'inconscient collectif et trop bien entretenus par les intéressés pour qu'il y ait quelque espoir, à court terme, d'une saine contestation. Le changement nécessaire viendra de deux directions possibles: d'abord de celle de la lassitude du grand public devant l'herméticité croissante de la physique, qui devra absolument se remettre en question si elle veut retrouver le crédit qu'on lui accordait jadis, ensuite d'un événement dont personne ne connaît la date mais qui sera probablement le fait d'un seul individu qui, refusant la vision du Monde que la Science lui propose et travaillant seul de son côté avec foi et détermination, à l'image des Curie, nous apportera soudain l'invention qui fera enfin jaillir la lumière aux yeux d'institutions intellectuellement moribondes. Ce sera probablement un appareil, pas forcément très compliqué, qui utilisera l'énergie diffuse présente partout dans l'espace en lui donnant une forme à nous utilisable, chaleur ou électricité. Reste à savoir comment cette invention, solution définitive de nos problèmes d'énergie mais aussi preuve éclatante de l'incompétence de nos guides, sera accueillie dans un monde social voué au commerce et à la finance.

5.3. Science et culture

Evaluer le niveau culturel d'une société donnée dépend avant tout des critères que l'on s'est fixés. Les aborigènes d'Australie, qui vivent en symbiose avec la nature, sont très fiers de leurs traditions et regardent d'un œil réprobateur la civilisation des blancs. Les européens citadins, qui ne savent plus ce que c'est que la nature, considèrent les aborigènes d'Australie, les Esquimaux, les Touareg et bien d'autres comme des populations retardées incapables d'accéder par eux-mêmes au progrès technologique. Chacun d'entre nous qui s'est un jour imaginé l'âge d'or l'a nécessairement fait selon des critères qui lui ont été inspirés par son éducation et son environnement. Pour certains, ce sera le temps des loisirs, pour vivre dans l'opulence sans avoir besoin de travailler, pour d'autres ce sera une société travailleuse où la notion de devoir social sera la notion-clé, pour d'autres ce sera le retour aux champs accompagné d'une technologie moderne et l'avènement d'une ère technico-pastorale... Autant d'individus, autant de rêves. Mais il est bien évident que se projeter dans un avenir lointain, où l'on verrait la réalisation de ses désirs les plus insensés, est plus facile dans une civilisation évolutive, où les fondations du passé constituent malgré tout un repère indispensable pour les réflexions sur l'avenir.

La culture peut donc se faire avec ou sans la science. Chez nous, européens, c'est avec. Chez beaucoup d'autres, où le mot « démocratie » n'a pas encore de sens, la religion constitue malheureusement la seule voie d'éducation, sans la connaissance des lois naturelles que seule la physique peut apporter et qui replace l'homme dans son contexte cosmique, ce qui est la condition et la garantie indispensables de la vraie culture. Seule la physique peut mener à l'émancipation du cerveau, mais la lutte permanente entre la science et la religion semble ne jamais devoir connaître de vainqueur. Le savant athée trouve sa complétude dans la découverte des lois naturelles, le croyant la trouve dans l'adoration d'un dieu qui n'existe que dans sa tête mais qu'il voit partout, contrairement au précédent qui ne le voit nulle part. Mais le cerveau de ce dernier est plein de mathématiques, qu'il voit partout alors que l'autre ne les voit nulle part. Au milieu des deux, le savant croyant se débrouille comme il peut entre l'appel rationnel de la science et son besoin de spiritualité.

Où se trouve la raison dans tout cela, elle qui devrait contrôler la totalité de nos actes et de nos pensées puisqu'elle est la caractéristique de notre espèce ? Elle est probablement enfouie quelque part dans nos circonvolutions cérébrales, mais il semblerait que nous ayons mal lu le mode d'emploi, ou même que nous ne l'ayons pas lu du tout. La raison, c'est la logique, et la logique c'est l'homme : c'est notre manière de raisonner, celle qui nous distingue des autres animaux, c'est l'ensemble des procédés intellectuels que nous mettons en œuvre quand nous avons à réfléchir, à résoudre un problème, à prendre une décision. C'est un ensemble de règles finalement assez simples, mais qui ne sont pas enseignées à l'école élémentaire, du moins systématiquement et dans un cours dédié, comme le sont les autres matières. C'est pourtant la base de ce que nous appelons l'intelligence, et ce devrait être un devoir pour l'Education Nationale que de veiller à son enseignement. Mais on se retrouve là devant le grand problème sociétal et identitaire de l'homme, à savoir le conflit permanent de la science et de la religion. Cette dernière, qui cultive une tradition à laquelle elle se cramponne car c'est son fond de commerce, a l'avantage de l'ancienneté, mais de son côté la première a un autre avantage qu'elle est la seule à posséder : elle progresse. Elle progresse irrégulièrement, mais avec obstination et constance, et notre connaissance du Monde avec, et donc notre culture. Ce mot de culture est d'ailleurs employé avec excès à propos de n'importe quoi, et il serait par exemple injuste de considérer de la même manière un docteur en théologie et un docteur es-sciences. Les deux ont certes accompli la même somme d'effort pour mériter leur titre, mais on ne peut mettre à la même hauteur une thèse qui vise à renforcer une croyance discutable et une autre qui fait avancer la science et donc la connaissance.

Tous les peuples, toutes les civilisations, même primaires, revendiquent une culture, leur culture. Derrière ce terme passe-partout se cachent souvent de simples rites, de simples manières de vivre, aussi bien que ce que nous pressentons être la vraie culture, celle qui fait progresser le savoir de génération en génération. Les gens qui se disent cultivés parce qu'ils connaissent tout sur la peinture ou la littérature, ceux qui nous écrasent de leurs connaissances encyclopédiques sur ces sujets, ne sont que prétentieux s'ils n'ajoutent pas à leur savoir l'assise scientifique que peuvent apporter la physique d'abord, mais aussi les sciences de la Nature et les mathématiques.

Alors, est-ce que le mot de culture convient tant que cela à notre propos, qui est de définir ce qui caractérise une société avancée, ou bien faut-il lui préférer celui de connaissance, avec un c majuscule qui lui donnerait obligatoirement une connotation scientifique ? On pourrait, si on veut absolument être rationnel jusqu'au bout, pencher effectivement pour cette deuxième option, plus en rapport avec la simple analyse logique des faits, mais d'un autre côté il ne serait peut-être pas non plus pertinent de céder à un rationalisme trop strict, où la froideur du raisonnement effacerait l'enrichissement qu'on attache généralement au mot culture, pris dans son sens traditionnel. Peut-être vaut-il mieux, finalement, garder dans notre vocabulaire les deux mots de culture et de connaissance en ne les considérant pas comme des synonymes, mais au contraire en leur attribuant à chacun un sens qui le distingue de l'autre, la culture représentant l'acquis d'une civilisation, sans chercher à mieux préciser une notion à propos de laquelle on veut garder une certaine souplesse, et le mot de connaissance étant, lui, spécialement réservé à la science. Le Dictionnaire n'est malheureusement pas suffisamment précis sur les définitions de ce genre pour permettre de faire la distinction entre elles, son rôle est au contraire de donner tous les sens possibles d'un mot, et toutes les interprétations sont donc envisageables, y compris l'option de les considérer comme équivalents. C'est pourquoi on confond souvent culture et connaissance. Ce pourrait n'être là que pinaillage stérile d'un coupeur de cheveux en quatre, mais il y a dans le domaine des sciences, et plus particulièrement dans celui des sciences dites « exactes », un besoin de précision en l'absence de laquelle les doutes et les incompréhensions arrivent très vite, accompagnés de leurs conséquences néfastes. Le langage est donc d'une extrême importance, et le bien posséder est la base de toute vraie connaissance, c'est-à-dire celle que l'on peut transmettre avec le maximum d'exactitude.

Ceci étant, comment définir la science d'un seul mot ? Et d'abord, cela semble-t-il possible ? Le mot science lui-même, déjà, se différencie de lui-même selon qu'il est utilisé au singulier ou au pluriel : au singulier, « la » science s'oppose à l'ignorance, bien que le mot « savoir » paraisse plus clair pour désigner la même chose. Au pluriel, « les » sciences désignent plutôt un catalogue d'activités où on distingue habituellement les sciences « exactes » et les autres, en précisant tout de suite que cette distinction est le plus souvent conventionnelle, car en fait une seule science mérite le qualificatif d' « exacte », ce sont les mathématiques, seul domaine où le mot « démonstration » existe, ce que nous contestons. En physique, que l'on qualifie parfois de science « dure » à cause de la rigueur dont elle s'est faite une valeur et une obligation, et aussi de l'emploi massif des mathématiques, la certitude ne se démontre pas, elle se prouve. Et nous arrivons là, après un large détour de philosophie syntaxique sans prétention, à cette notion de preuve qui est fermement attachée à la notion de connaissance, de culture et de savoir et qui, paradoxalement, en constitue la grande faiblesse, car si en mathématiques la démonstration permet d'arriver à un consensus, la preuve en physique (par exemple) ne peut faire de même, mais au contraire amène souvent à la polémique, la contestation et la discorde. Autrement dit, il s'agit là d'un mot prétentieux qu'il faut prendre soin de toujours relativiser, car une vraie preuve n'existe pas, et l'histoire des sciences est remplie de théories qui ont été dûment prouvées avant qu'une découverte impromptue ne les fasse soudain voler en éclats.

Ce constat étant fait, le problème de l'éther, dont traite l'essentiel de ce livre, constitue l'exemple parfait pour illustrer la fragilité du jugement humain, aussi incertain et peu fiable dans le domaine scientifique que dans la vie courante, et ceci contrairement à ce qu'on pourrait imaginer à priori, mais surtout contrairement à ce que les différents cycles de notre éducation veulent nous faire croire. Il faut bien voir que tous les grands thèmes de la physique actuelle, de la physique quantique au Big Bang en passant par la théorie de la Relativité, ne sont que des créations totalement artificielles uniquement issues du refus obstiné d'admettre l'existence de l'éther et, est-il besoin de l'ajouter, de l'absence de toute étude sérieuse à son sujet. Une physique qui comme la physique rationnelle, qui est ici proposée, s'appuie sur l'existence de l'éther, en lui donnant évidemment les propriétés et caractéristiques qui conviennent, n'a nul besoin de ces créations bancales que certains physiciens présentent comme la voie obligée de la progression dans notre quête de la clé des mystères du Monde. Même le modèle atomique de Bohr se discute, il est à ranger dans la copieuse série des mythes nuisibles qui empêchent la physique d'avancer, mais il est interdit de le faire : la culture scientifique n'admet pas que ses parents ou ses ancêtres puissent se tromper, malgré les multiples contre-exemples que fournit sa propre histoire.

Il y a donc, en somme, une culture scientifique qui se distingue de la connaissance proprement dite, cette dernière portant avec elle la notion d'acquis, de certitude, avec toute la prudence qui doit accompagner ce mot, alors que celui de culture, plus général et plus intuitif, se pare de toute l'imprécision qui accompagne le jugement humain, par opposition à la rectitude et le côté implacable des faits physiques. La culture scientifique décrit ce que l'on croit savoir, elle représente l'instantané de notre prétention, de son côté la connaissance est le but de la recherche, quête confuse et maladroite d'une vérité qui ne se refuse pas à nous mais que nous ne parvenons pas à bien voir. L'homme a ceci de différent d'avec les autres espèces animales, auxquelles il n'admet appartenir qu'à contrecœur, qu'il a commencé à saisir comment fonctionne son cerveau et qu'il se sert de son agencement pour en copier le mécanisme et l'aider ainsi à résoudre ses problèmes. C'est en fonction de cela qu'il a créé les mathématiques qui, comme Dieu, n'existent que dans sa tête mais qui lui fournissent les notions capitales de son raisonnement, tellement capitales qu'il ne peut plus s'en passer et qu'il a oublié une autre arme dont la Nature l'a doté, arme beaucoup moins facile à manier mais d'une puissance incomparable : l'intuition.

D'après Marcel Boll, l'intuition provient de la connaissance. C'est vrai, mais pas seulement. Il est évident qu'un individu qui possède un savoir étendu aura plus de facilité qu'un autre, moins cultivé, pour analyser un phénomène, une situation, un comportement, un caractère, et d'une manière générale tous les problèmes qui vont se présenter à lui dans la vie courante. Mais l'expérience que nous avons des autres nous montre aussi que, pour explorer l'inconnu, les idées prennent volontiers naissance dans des cerveaux simples, exempts d'érudition mais bien formés, qu'à priori on n'aurait pas eu l'envie de consulter. De plus l'intuition n'est pas limitée à la personne, elle peut être une action collective. Quand un homme est atteint d'un cancer de la prostate, que le diagnostic ne fait aucun doute et qu'il s'agit de déterminer quel traitement sera le mieux adapté, le sort du patient n'est pas décidé par le seul urologue, celui qui a défini le mal, mais par un triumvirat constitué de cet urologue, d'un radiothérapeute et d'un troisième médecin, celui-là non spécialiste et non concerné dans l'affaire, chargé uniquement d'apporter sa logique personnelle et son intuition, étayées habituellement par une expérience conséquente dans une autre branche de la médecine. C'est un peu l'équivalent de l'avocat du diable dans les procès de l'Inquisition, sauf qu'il n'est là question que d'éprouver par des questions de bon sens les arguments des spécialistes, en les obligeant pour convaincre à être d'une clarté totale et à aller jusqu'au bout de leur argumentation. C'est donc là un exemple, et le « brainstorming » en est un autre, de l'introduction dans une discussion de spécialistes d'un élément non-spécialiste qui apportera au groupe le lien intuitif qui lui faisait défaut. Cela lui permettra de se « déverrouiller » d'un éventuel blocage dû par exemple à un excès de technicité entre des spécialistes trop sûrs d'eux ou au contraire trop hésitants.

Culture et connaissance sont les deux fondements de ce qu'on appelle intelligence, au sens le plus commun de ce mot, et il est bon, en pratique, une fois que l'on a bien fait la distinction entre elles, de les posséder toutes les deux. La culture scientifique pourrait donc être un mélange de connaissance pure, si tant est que la connaissance puisse être pure, et de valeurs plus humaines que nous avons l'habitude de regrouper sous le vocable de philosophie, terme assez peu précis ce qui pour la circonstance nous arrange bien. C'est quand on possède un mélange harmonieux de ces qualités, car ce sont incontestablement des qualités, que l'on « intuite » correctement, mais sans oublier que l'intuition, contrairement à ce qu'affirme Marcell Boll, se nourrit également d'un acquis que nous ont communiqué les milliers de générations qui nous ont précédés et que nous reconnaissons sous le terme d' « inné ». L'inné, c'est ce qu'on sait quand on n'a encore rien appris, c'est ce qui reste enfoui dans le fond de l'inconscient collectif mais qui remonte de temps en temps à la surface, de manière incontrôlée, quand les connaissances acquises ne suffisent plus à résoudre un problème donné. Il se produit alors une sorte de miracle, le sauvetage inattendu d'une intelligence en panne, prise en flagrant délit d'insuffisance, et qui repart comme un moteur poussif dans lequel on injecte soudain un carburant plus fort. On arrive, avec un peu d'entraînement, non pas à contrôler cette force cachée, car elle échappe à la stricte volonté consciente, mais disons plutôt à l'apprivoiser et à pouvoir alors s'en servir, à la fois comme une amie et comme une arme secrète. On a alors en sa possession la totalité des trois éléments constitutifs de l'intuition, à savoir connaissance, culture et inné, encore faut-il savoir comment l'utiliser et, pour commencer, être déjà bien conscient de sa réalité. Heureux ceux qui ont cette chance.

Chapitre 6 : l'autre physique

6.1 : La réalité de l'éther

L'existence de l'éther, pour peu que l'on prenne le problème par le bon bout et qu'on laisse fonctionner librement l'énorme potentiel de logique qui réside en chacun de nous, ne devrait pas être contestée, tellement ses preuves sont simples et inattaquables. Mais c'est sans compter sur l'inertie de la pensée courante, collective, celle de l'homme de la rue, celle qui représente le niveau d'une société à un instant donné et qui, vu le nombre de participants, demande des siècles, quand il ne s'agit pas de millénaires quand on parle religion, pour abandonner une croyance ou pour adhérer à une autre. Il est peut-être curieux d'employer le mot « croyance » quand on a décidé de parler des sciences, mais on ne veut considérer par là que la partie théorique de celles-ci, c'est-à-dire l'ensemble scolastique de tous les efforts de réflexion que font ses pratiquants pour faire avancer, ou essayer de faire avancer leur discipline, autrement dit nous parlons des théories physiques en général. Et les théories ne sont pas toujours rationnelles, même si elles prétendent l'être. On peut même dire qu'elles ne le sont pas souvent, de sorte que le mot de croyance n'est pas forcément aussi inadapté qu'il pourrait paraître en première analyse. Surtout, le comportement grégaire des partisans d'une théorie physique ressemble si fortement à celui des défenseurs de telle ou telle église qu'on est bien obligé, un jour ou l'autre, de faire le rapprochement. L'histoire des sciences nous fournit maints exemples de ces polémiques, le plus souvent liées aux grandes théories, qui on vu le monde scientifique se déchirer entre les « pour » et les « contre », et qui se sont toujours terminées par l'élimination des uns ou des autres pour un temps qui se compte en centaines d'années, quitte à reprendre la bataille un siècle après, avec un autre vainqueur.

L'éther étant présent partout, il est évident qu'il doit intervenir dans tous les phénomènes de la Nature, soit simplement comme toile de fond, soit le plus souvent comme participant, et même comme acteur principal, comme c'est le cas pour la gravitation. La Physique Théorique, ne sachant pas le reconnaître et ne le voulant pas, l'a éliminé de ses hypothèses dès le départ pour laisser agir la puissance des mathématiques sur des modélisations qui sont en règle générale trop simplifiées. Il paraît donc légitime et important de montrer, sur quelques exemples judicieusement choisis, à quel point cette manière de faire peut nous cacher la réalité des faits et anéantir à cette occasion tout l'enrichissement que cette discipline devrait normalement nous apporter. Car enfin, le rôle de la physique est avant tout d'expliquer les choses, de montrer l'enchaînement des phénomènes, de déterminer avec exactitude la causalité de chacun d'entre eux et, pour employer un mot qui fait horreur aux théoriciens purs mais qui est la clé de la compréhension, d'en démonter le mécanisme. Car, il faut le dire et le répéter, l'Univers est mécanique, uniquement mécanique, et tout ce qui pourrait nous faire croire le contraire n'est dû qu'à notre faiblesse d'analyse, qui a fait que nous n'avons bâti certaines disciplines, comme l'électromagnétisme ou la physique quantique, qu'en conséquence de notre impuissance à appréhender correctement la réalité, par suite de l'absence de prise en compte du paramètre principal.

Les lois de Kepler et celle de l'attraction universelle, qui paraissaient avoir dissipé les mystères de la gravitation, n'expliquent en fait rien du tout. L'image que nous avons établie de notre environnement cosmique, celle que les générations se transmettent de l'une à l'autre sans modification majeure, n'est jamais qu'un schéma simplifié qui ne tient compte que du visible. C'est la prise en compte de l'éther, substance universelle qui constitue l'essentiel du monde cosmique réel, qui seule peut donner accès à la compréhension des processus réels qui interviennent dans la formation et le fonctionnement du système solaire. Mais il se passe exactement la même chose dans les autres domaines de la physique, y compris dans la mécanique qui constitue la discipline de base et fournit à la physique théorique la plupart de ses modèles et surtout de ses repères.

On pourrait donc passer en revue toutes les branches de la physique et les revisiter dans le contexte éthérique, ce sera en fait la tâche à accomplir pour la physique rationnelle, le jour où son existence deviendra officielle et où elle sera enseignée en même temps que la physique théorique. On se contentera ici de prendre quelques exemples, à charge pour le lecteur de s'exercer ensuite sur les sujets de son choix et d'apprécier ainsi, grâce à l'efficacité de ses nouveaux outils intellectuels, la profondeur des connaissances à venir.

6.2 : Les phénomènes capillaires

Revenons sur une anecdote déjà relatée page 104 mais qui prend ici son vrai sens. En 2001, Pierre-Gilles de Gennes donnait au Collège de France une conférence sur la capillarité, conférence pendant laquelle il dit soudain à son auditoire, comme une confession : « *Il y a tout dans Bouasse* ». Il faisait là allusion à l'un des 45 volumes de la Bibliothèque Scientifique de l'Ingénieur et du Physicien, œuvre majeure d'Henri Bouasse, professeur à l'Université de Toulouse et grand pourfendeur des théories d'Einstein et de l'Ecole Polytechnique. Le volume traitant de la capillarité a été édité chez Delagrave en 1924, c'est dire quels progrès on a réalisé depuis dans cette branche de la physique... Le premier résultat, à priori inattendu de cette déclaration publique fut, de la part de ceux qui essayaient de se constituer une collection complète de la Bibliothèque citée, dont l'auteur, une ruée fantastique vers les librairies spécialisées et sur Ebay, où pratiquement tous les exemplaires encore disponibles en France furent l'objet d'une chasse incroyable, de sorte que l'ouvrage en question est aujourd'hui pratiquement introuvable. La première question que doivent poser les chineurs de livres anciens à quiconque leur propose une collection complète de Bouasse est : « y-a-t-il bien le volume sur la capillarité ? », et dans ce cas il ne faut pas lésiner sur le prix d'achat : on ne discute pas !

Ceux qui possèdent ce trésor et qui, de surcroît, ont eu la chance de suivre les conférences de de Gennes sur la « matière molle », au Collège de France, savent très bien où il a trouvé une partie des idées qui lui ont valu un jour le Prix Nobel de physique. En particulier, le chapitre sur l'étalement des gouttes a dû rappeler certainement quelque chose à ceux de ses étudiants qui, en prolongement des cours donnés à l'Ecole de Physique et Chimie de Paris et de l'Ecole Normale Supérieure, venaient l'écouter dans la salle Margueritte de Navarre ou, à , dans la cour extérieure.

La capillarité, en tant que discipline de la physique, est définissable par l'étude d'un ensemble de phénomènes qui se produisent, d'une part dans les fluides liquides ou les étoffes, autant dire dans les corps non élastiques, et d'autre part dans des dispositions où ces derniers se trouvent en couches minces. Les forces dites capillaires qui sont en jeu sont très faibles, c'est probablement la raison principale qui a fait de cette branche de la statique une science particulière et relativement confidentielle. C'est en fait de Gennes qui en a trouvé des applications inattendues, comme par exemple celle d'augmenter la hauteur d'arrosage des lances des pompiers, et lui a donné grâce à ce genre d'application un regain d'intérêt. Ceci explique aussi qu'il ait fallu attendre trois quarts de siècle pour qu'il y ait du nouveau dans un créneau qu'on croyait complètement exploré, tout comme on considérait l'électromagnétisme juste après les expériences de Hertz.

Chronologiquement, la première étude capillaire a porté sur les membranes, où on a remarqué que, comme pour la gravitation, on pouvait rendre compte de certaines propriétés en éditant de nouvelles forces, spécialement adaptées à ce nouveau champ d'étude et, comme toutes les autres forces de la physique théorique, totalement imaginaires. La figure 6.1 montre le dispositif peut-être le plus représentatif de cette discipline. Elle a été prise page 30 du volume cité de Bouasse sur les phénomènes superficiels. Les tiges cylindriques minces AA et BB sont reliées par des fils légers de même longueur, qui permettront à la membrane de ne pas se déchirer par les bords, et qui pour cette raison sont indispensables. On se trouve alors en présence d'un rideau d'eau savonneuse qu'on a formé en retirant précautionneusement, après l'avoir plongée dedans, la tige supérieure de la vasque qui contient le mélange. Cette tige a entraîné, dans son lent mouvement vers le haut, le film mince de liquide visqueux qui se termine par la tige inférieure, dont le poids est connu. C'est

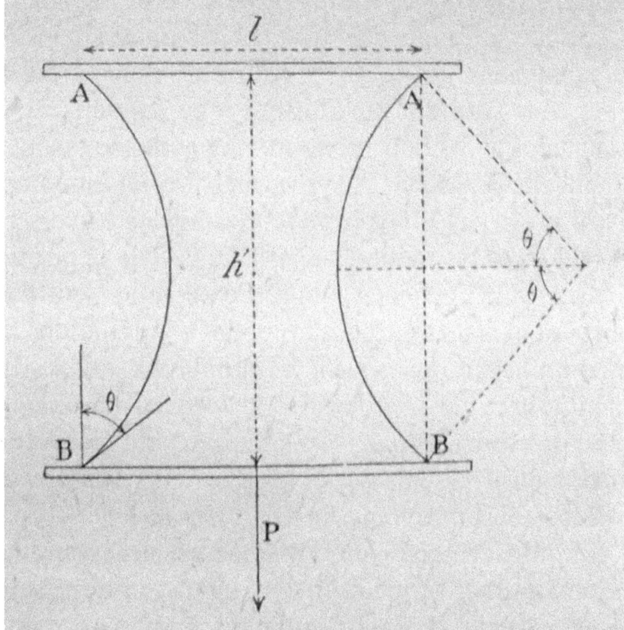

figure 6.1 : montage de Terquem

l'expérience de Terquem, qui met en évidence que le film prend la forme indiquée sur la figure, forme qui correspond à l'énergie potentielle minimale (les lignes courbes sont des portions de cercle). Le poids P de la tige inférieure est suffisamment réduit pour qu'il ne puisse arracher le film. Notons d'ailleurs qu'il y a à la Cité des Sciences un dispositif automatisé qui permet d'obtenir un film de plus d'un mètre carré, entre deux fils tendus, et on peut aussi réaliser l'expérience illustrée plus haut sans l'aide d'une liaison additionnelle entre les deux barres si on remplace celles-ci par des cercles. C'est beaucoup plus délicat, mais possible. A partir de cet équipage, Terquem et à sa suite Bouasse déterminent tous les paramètres accessibles et les combinent ensuite en une formule qui permet d'en déduire la valeur de la tension superficielle du liquide.

Si, comme il est indiqué plus haut, on veut remplacer les barreaux supérieur et inférieur par des cercles métalliques, que l'on plonge également dans un liquide glycérique, il se forme alors une sorte de gaine sous forme d'un film qui relie les deux et qui prend une courbure analogue, vers l'intérieur. L'expérience change alors de nom et devient celle de Mennsbrugghe, mais l'effet est comparable.

Mais là n'est pas notre propos. Il s'agit, à travers ce nouvel exemple, de dénoncer les méthodes pernicieuses de la physique théorique et d'insister sur l'absence totale d'explication qui les caractérise. On constate, exactement comme pour la gravitation, mais c'est peut-être encore plus frappant avec les nombreux cas de figure examinés en capillarité, que le physicien théoricien ne cherche même pas à savoir se qui se passe dans la matière, et surtout pas d'où viennent les forces qu'il a baptisées « forces capillaires ». Pour lui, l'existence d'une force provient automatiquement de la constatation d'un état d'équilibre, où une force donnée est nécessairement compensée par une autre, et on peut, disons même on doit, travailler en fonction de ce modèle sans qu'il soit nécessaire de rechercher la vraie cause de cet équilibre. En physique rationnelle, au contraire, on cherche d'abord l'origine de la force, et on modélise ensuite. Mais surtout, la physique rationnelle a en permanence sous la main la présence du précieux éther, avec sa pression de radiation due aux ondes électromagnétiques qui s'y propagent continuellement, et qui introduisent un élément extérieur à tout bilan de forces concernant n'importe quel phénomène, transformant ainsi tout système fermé en système ouvert : en physique rationnelle, il n'y a pas de système fermé.

Essayons donc maintenant de savoir ce qui se passe réelle-

Figure 6.2

ment quand on constate qu'un film liquide, c'est-à-dire un objet provenant d'un récipient contenant un mélange qui n'a aucune résistance à l'allongement, est capable de rester accroché à un barreau et de maintenir un objet pesant. Car il y a bien là quelque chose qui tient du miracle, une force qui n'est pas décelable dans le liquide au repos mais qui prend soudain naissance quand on l'oblige à se conformer en couche mince. Pourtant, la physique ne s'émeut pas de cet événement extraordinaire : on se contente d'appeler cette force « tension superficielle », de l'introduire ensuite dans une équation où elle gardera son mystère et ensuite de passer à une autre expérience, qui subira le même traitement. Mais qu'est-ce donc que la physique pour ces gens-là ? Quel intérêt y-a-t-il pour la connaissance à aligner des formules sans âme, qui rendent uniquement compte de relations quantitatives, si à la fin du compte on ne sait toujours pas ce qui se passe en réalité ? Est-ce que le rôle du physicien n'est pas, justement, d'essayer de comprendre autant que faire des mesures ?

Mais le physicien théoricien ne possède pas l'outil nécessaire pour faire cela, et de toute façon il n'en veut pas. En revanche, pour celui qui pratique la physique rationnelle, les choses sont claires : les forces qui donnent leurs propriétés aux films minces ne se situent pas à l'intérieur de ceux-ci, mais à l'extérieur. Elles ne se trouvent pas au cœur de la matière, mais dehors, dans l'éther omniprésent. Les spécialistes classiques de la capillarité se trouvent exactement dans la même situation que les myologues, qui cherchent vainement dans la constitution même du muscle l'origine de la force musculaire, alors que celle-ci se trouve dans l'énergie de l'espace qui vient l'irriguer dans son intérieur. Les forces capillaires, tout comme les forces gravitationnelles, proviennent de l'atténuation des ondes EM qui se produit normalement quand elles traversent la matière et qui provoque la pression de radiations MBL (Maxwell-Bartoli-Lebedev), qui a tendance à comprimer tout corps présent dans l'Univers : si le corps est déformable, il est déformé. Examinons la figure 6.2, qui représente une nouvelle fois le montage de Terquem. La flèche vide à gauche correspond aux vibrations qui arrivent de ce côté sur la membrane, elles ressortent à droite, atténuées par la traversée du film. Sur le côté droit, la petite flèche pleine est la résultante des ondes venues de la droite et qui se composent avec les précédentes, légèrement plus faibles, et ceci en tout point de la courbure. L'origine de la force qui donne cette courbure aux deux côtés de la membrane est donc évidente et ne souffre d'aucune contestation possible, on se retrouve là dans le terrain connu de la propagation des vibrations et de la composition vectorielle des forces. Celles-ci ont donc une origine extérieure à la matière, exactement comme pour la pesanteur, dont la capillarité n'est qu'une reproduction en miniature et seulement un autre aspect du même phénomène pour ce qui est du principe d'action. Ceci nous indique, en plus de nous fournir une explication mécanique simple, que le rêve d'unification des forces, qui taraude l'esprit des physiciens, ne se fera pas par la découverte d'un « champ universel » à la fois hypothétique et absurde, mais par le consentement, de la part des physiciens, à reconnaître que l'espace est énergétique et que c'est précisément cette énergie vibratoire qui est la cause réelle d'un grand nombre de phénomènes, que la physique théorique considère comme indépendants et étudie comme tels. Ainsi en est-il de la capillarité, de l'agitation perpétuelle des molécules gazeuses, de la force musculaire, du mouvement brownien et bien sûr de l'attraction universelle, cette liste n'étant pas limitative.

A part les propriétés des membranes, la capillarité est concernée par une certaine quantité d'autres phénomènes qui trouvent la justification de leur mécanisme dans l'action des rayonnements extérieurs, ceux qui se propagent continuellement dans l'espace environnant. On pourrait les passer tous en revue, car tous sont intéressants à des degrés divers, mais à force l'énumération deviendrait probablement fastidieuse ; c'est pourquoi on se contentera d'un second et dernier exemple, en invitant le lecteur à poursuivre lui-même l'investigation et à voir, à cette occasion, s'il a bien assimilé le principe suggéré, en l'appliquant aux phénomènes de son choix. L'expérience est à la fois motivante et enrichissante, il ne faut pas hésiter à s'y lancer avec enthousiasme et conviction. L'autre exemple choisi est celui des tubes minces ou des parois rapprochées, où apparaissent des phénomènes caractéristiques, dignes d'études et aptes à provoquer la réflexion.

Quand deux lames de verre verticales, parallèles et proches l'une de l'autre reposent sur le fond d'un récipient contenant du liquide, celui-ci atteint entre les lames un niveau supérieur à celui du restant du bac : il « monte » entre les lames. Plus les lames sont proches, plus le niveau est élevé. Si on souhaite avoir une explication du phénomène, il suffit de prendre en compte la pression MBL, et on voit immédiatement qu'il y a, du côté supérieur, un déficit vertical dû à l'absorption des ondes au cours de leur traversée oblique de la partie des lames de verre (ou d'autre matière) qui se trouve au-dessus de la surface libre. On peut sophistiquer le montage en faisant faire un angle aux deux lames, pour voir le niveau intérieur monter au fur et à mesure qu'on se rapproche du sommet du dièdre, en dessinant une hyperbole équilatère (figure 6.3). Cet étrange phénomène, que l'on se contente habituellement de mettre en équation, ne peut s'expliquer d'une manière claire et évidente, mécanique par conséquent, que par l'action des forces extérieures que nous avons maintenant définies tant de fois dans cet ouvrage. En physique théorique, la description

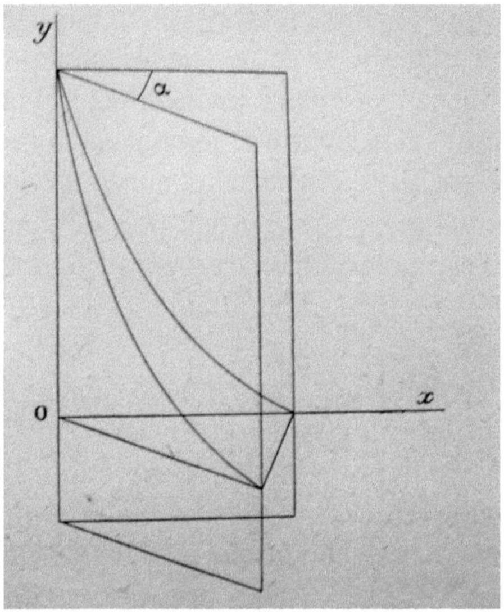

figure 6.3 : liquide dans un dièdre (Bouasse)

de l'équilibre de la configuration ne fait intervenir que la tension superficielle, force fictive qui joue ici le même rôle que les forces d'attraction pour d'autres disciplines qu'il est inutile de rappeler une nouvelle fois. Faisons néanmoins remarquer, c'est très important, qu'il est impossible de mettre en évidence cette tension quand le liquide est dans son récipient : elle n'apparaît que lorsque l'on a réussi à le mettre sous forme de film mince, elle n'est donc pas une caractéristique de la matière elle-même. Ceci devrait faire réfléchir certains, c'est de toutes façons un excellent exercice mental, apte pour chacun à évaluer ses capacités en logique.

La capillarité, en tant que branche un peu particulière de la statique des fluides, possède son lexique personnel où figure, en tête, la tension superficielle, notion majeure de la discipline, mais également d'autres appellations spécifiques, et parmi celles-ci celle de « mouillabilité ». Derrière ce mot se cachent un certain nombre de propriétés qui caractérisent l'interaction entre les solides et les liquides, et qui forment la base de l'étude de ce que Pierre Gilles de Gennes appelait la « matière molle ». Sans vouloir pénétrer tant soit peu dans le domaine réservé de notre grand savant, il n'est pas interdit de s'intéresser d'une manière scientifique à un phénomène que tout le monde connaît, mais qui recèle dans sa simplicité tous les secrets de la dynamique de l'éther. Quand on jette sur une table mouillée une feuille de buvard ou un linge sec, le liquide stagnant se précipite à l'intérieur, au mépris de la pesanteur qui le plaquait pourtant avec force, la seconde d'avant, sur la surface horizontale. On peut supposer qu'il s'agit là du même phénomène, multiplié par mille, que celui qui fait monter un liquide entre deux lames proches ou dans un tube mince. On imagine sans peine, en effet, que la structure microscopique d'un buvard puisse être faite d'une multitude de cheminements qui correspondent aux deux géométries décrites plus haut, avec des dimensions plus petites, donc encore plus efficaces, et alors l'action cachée de la pression MBL, qui est le vrai moteur du phénomène, n'en devient que plus évidente.

Quelle simplicité de vue! Peut-on imaginer explication plus claire que celle-là, dès lors que l'on veut bien admettre les principes fondateurs de la physique rationnelle : l'éther, présent partout, sans le moindre vide, et les ondes, également présentes partout et capables aussi bien d'entretenir le mouvement des molécules gazeuses que de faire pénétrer l'eau dans un buvard ? Un détail à ne pas négliger : il faut qu'il y ait contact pour que l'absorption se fasse, mais une fois qu'elle est faite et qu'on déplace le buvard maintenant plein d'eau, celle-ci demeure dans son nouvel habitacle, alors que la pesanteur devrait jouer son rôle et la faire rejoindre le sol. C'est bien beau de justifier cela par des forces hypothétiques créées pour la circonstance et résidant mystérieusement dans la matière elle-même, il est quand même beaucoup plus satisfaisant pour l'esprit de voir là la manifestation d'une pression homogène, qui s'exerce de manière égale sur chaque élément de surface du buvard, et qui vient nécessairement de l'extérieur, donc de l'espace.

On s'arrêtera là, provisoirement mais sans regret, dans la voie des exemples d'explications non conformistes, mais néanmoins d'une logique totale, des phénomènes traités habituellement sous la rubrique « capillarité ». C'est dans cette branche, peut-être, que la démonstration de l'efficacité de la physique rationnelle se fera jour de la meilleure manière, en levant le voile sur des phénomènes aussi mal appréhendés que le fonctionnement d'un système solaire, et qui perdent soudain tout leur mystère une fois que l'on a fait intervenir l'éther, dont la réalité se renforce chaque fois qu'il conduit à des explications mécaniques aussi simples.

6.3 : Les champs

Le mot de « champ », si souvent utilisé en physique, est à la fois l'un des plus communs et en même temps l'un des plus équivoques. On connaît par exemple le champ électrique, le champ magnétique, le champ gravitationnel, pour ce qui est de ceux dont tout le monde a au moins entendu parler, physicien ou pas physicien, en oubliant volontiers d'autres plus confidentiels, comme les champs quantiques, qui sont la propriété de spécialistes évoluant dans des domaines réservés, trop compliqués pour intéresser le grand public. René-Louis Vallée avait l'habitude, lors des conférences d'initiation à la Théorie Synergétique qu'il donnait dans les écoles d'ingénieurs, de commencer par une mise au point sur cette notion si importante de champ, en faisant remarquer que ce mot devait toujours être accompagné de celui de « force », même si on ne le prononce pas, car un champ est toujours, en physique du moins, un champ de forces. Et une force est « quelque chose » qui est capable, non seulement de faire simplement bouger, mais aussi de communiquer une accélération à un corps matériel.

On peut donc définir assez correctement un champ comme un endroit de l'espace où s'exerce des forces, en prenant soin de préciser immédiatement de quelles forces il s'agit, d'où les adjectifs qui suivent le mot et qui ont déjà été suggérés plus haut : électrique, électrostatique, gravitationnel, etc. Ensuite il s'agit de différencier ces champs qui, bien que tous différents, ont tous le même effet : faire en sorte de communiquer à un corps matériel une certaine accélération, autrement dit essayer de le mettre en mouvement. Pourquoi seulement essayer ? Tout simplement parce que le corps en question n'a pas forcément la possibilité de bouger. Si par exemple une masse est posée sur le sol, elle est soumise à la pesanteur terrestre, laquelle l'y maintient en essayant vainement mais constamment de l'envoyer vers le centre de la Terre. Si la même masse est tenue à la main, elle reste immobile jusqu'à ce qu'on la lâche, et alors elle accélère vers le bas jusqu'à ce qu'un obstacle l'arrête. Quand elle bouge, c'est une masse inerte, c'est-à-dire qu'elle manifeste des propriétés d'inertie. Quand elle ne bouge pas, c'est une masse pesante, et son poids, que l'on peut mesurer par comparaison avec un autre, révèle une propriété cachée : ce poids est une force, qui « dérive » d'un « potentiel ».

Que signifie qu'une force dérive d'un potentiel ? D'abord il faut dire qu'en utilisant ces mots on replonge là dans les mathématiques, seules détentrices des notions d'intégrales, de dérivées et de différentielles, et qui se posent comme le langage unique de la physique théorique. On sait donc déjà qu'il va être très difficile de s'évader de cette prison pour tenter de donner des champs une explication plus physique, mais il faut quand même essayer de le faire, en ne repoussant pas systématiquement les analogies mécaniques, surtout quand elles se présentent avec une telle présence qu'il serait malvenu de les ignorer. Ceci étant dit, pour bien comprendre la notion de potentiel de gravitation, qui est attaché à toute masse pesante, il est commode de s'imaginer le trajet et le comportement d'une masse, soumise comme toutes les autres à la pesanteur, mais qu'on n'empêcherait pas de tomber, en la lâchant par exemple au-dessus d'un trou fictif allant jusqu'au centre de la Terre, là où l'attraction terrestre est nulle. On verrait alors cette masse tomber jusqu'au centre avec une accélération décroissante, allant de « g », valeur à la surface, à zéro, percuter le fond du trou et y rester, sans poids, car soumise aux attractions contraires et exactement compensées de toutes les parties du globe terrestre. A ce moment-là, dans un système de coordonnées liées à la Terre, son potentiel est nul. On dit alors que l'énergie potentielle que possédait la masse à la surface de la Terre est égale au travail qu'il faudrait qu'elle effectue pour faire le trajet inverse. Pour Einstein, une masse possède une énergie interne intrinsèque, qui correspond à ce qu'on pourrait récupérer après désintégration totale, et qui est donnée par la célèbre formule :

$$W = mc^2.$$

Cette valeur ne tient donc pas compte, visiblement, de l'énergie potentielle de gravitation que nous venons tout juste de définir, pas plus que d'éventuelles autres énergies qui auraient pris part à l'historique personnel de la masse en question. C'est la raison pour laquelle Vallée avait proposé de remplacer cette formule par :

$$S = mc^2,$$

avec un « S » comme synergie, celle-ci étant définie comme la somme de toutes les énergies, connues ou inconnues, attachées à la masse considérée. D'où le nom de Théorie Synergétique. Derrière ce simple changement de lettre se cache en fait, comme on l'a vu, une physique totalement différente, puisque basée sur l'existence d'un éther constituant le milieu de propagation des ondes électromagnétiques, avec une accélération qui varie avec la pesanteur selon la formule :

$$\vec{\gamma} = -\overrightarrow{grad}\ c^2$$

Tout ceci est fort beau, mais n'explique pas pourquoi une pierre qu'on tient à la main et qu'on lâche se dirige vers le sol selon une verticale. Ni pourquoi une boule de papier tombe aussi vite qu'une boule de plomb, quand on fait l'expérience dans le vide pour éliminer la résistance de l'air. C'est pour cette raison qu'il faut aller au plus simple, au plus mécanique, et se rapprocher des anciens du 17ème siècle qui voyaient dans ces phénomènes la preuve qu'il y a dans l'espace un fluide invisible, nécessairement très dense puisqu'il ne fait aucune différence entre la plume et le plomb, qui se dirige comme la pluie vers le sol et veut entraîner toutes les masses. Voilà ce qu'est un « champ » de pesanteur. On aura beau inventer tous les concepts abstraits que l'on veut, ceux-ci ne pourront jamais que quantifier la chose, mais aucune description du phénomène appelé pesanteur ne sera jamais plus simple que celle-là, aucune explication ne sera plus claire.

Mais il y a d'autres champs en physique, tout aussi mysté-

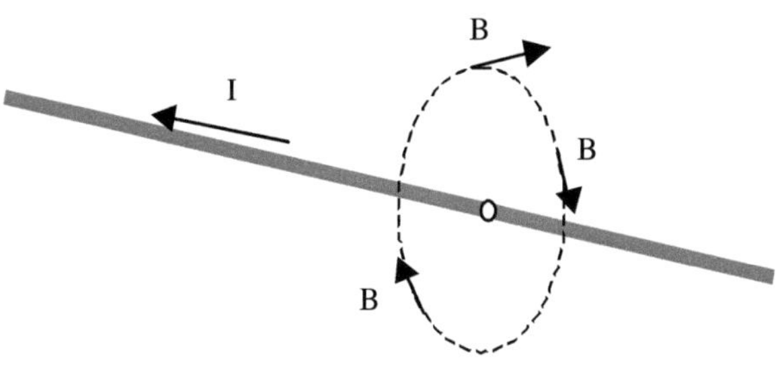

figure 6.4
Champ créé par un courant

rieux que le champ de pesanteur quand c'est la physique théorique qui nous les présente, et à qui l'éther rend évidente leur nature mécanique et la simplicité de leur fonctionnement. Ce sont essentiellement les champs électrique et magnétique, qu'on unifie en un seul champ baptisé électromagnétique lorsqu'ils se propagent simultanément dans l'éther et qu'ils montrent qu'ils ne sont que deux aspects d'un même phénomène. Mais leurs découvertes se sont faites de telle sorte qu'on les a très longtemps considérés en tant que des champs statiques, avant que Hertz n'apporte la preuve expérimentale de leur propagation, confirmant ainsi, par des expériences irréfutables, les prévisions de Maxwell. Parallèlement Ampère, Oersted et Laplace, entre autres, ont établi par l'observation qu'un courant électrique qui traverse un conducteur génère un champ magnétique tout autour de ce conducteur. Or un courant qui passe dans une portion élémentaire de fil électrique, en physique rationnelle, emporte obligatoirement sur son trajet un filament d'éther qui se nourrit d'une nappe tourbillonnaire perpendiculaire, tournant dans l'espace environnant et qui fournit au filament la masse que celui-ci entraîne avec les électrons dans le conducteur. Il est donc prévisible qu'une petite boussole que l'on place à proximité, se trouvant dans l'une de ces nappes élémentaires, va être soumise à la force d'entraînement du fluide en rotation de la nappe et va s'orienter dans le sens du mouvement. La figure 6.4 montre le vecteur champ magnétique B créé par un courant I. On l'a dessiné dans trois positions quelconques sur un cercle pointillé, perpendiculaire au conducteur, pour rappeler que sa valeur, sa force, ne dépend que de son éloignement, et qu'on peut donc la mesurer constante n'importe où sur ce cercle. Quand on examine le phénomène de cette manière, le doute n'est pas permis : à partir du moment où la présence de l'éther, en tant que fluide, ne se discute plus, on est obligé de voir dans ce schéma un vortex dont le filament est le conducteur et dont la nappe, relativement à un élément de longueur infinitésimal de ce conducteur, se déploie perpendiculairement à la ligne de courant. On se retrouve alors, sans grande surprise, dans un Univers mécanique où un champ, en l'occurrence le champ magnétique, est simplement la force d'entraînement de la matière par un fluide, à l'endroit que l'on a choisi. Et quand à cet endroit on fixe une petite boussole, celle-ci ne pouvant se déplacer s'oriente dans le sens du mouvement de la nappe. On notera d'autre part, et c'est peut-être le plus important, que seule cette représentation mécanique faisant intervenir un vortex fournit une explication au fait qu'un courant électrique génère un champ de forces qui ne soit pas colinéaire, mais perpendiculaire.

Si on décrète maintenant que tout champ est dû à la circulation d'un fluide invisible à un endroit donné, et on connaît évidemment le nom de ce fluide, on est dans l'obligation d'appliquer ce principe au champ électrique, réputé statique. Mais nous savons désormais qu'il n'y a rien de fixe dans l'Univers, et qu'une immobilité apparente cache toujours un mouvement qui, comme dans les gyrostats de Le Bon, se fait sur place avec une vitesse luminique, et qui nous indique que ce qu'on appelle habituellement potentiel statique est toujours, en réalité, de nature essentiellement dynamique. Les lignes de force d'un aimant, ou son champ magnétique si l'on préfère, que l'on matérialise par l'orientation de grains de limaille de fer placés tout autour sur un carton horizontal que l'on tapote, se referment sur elles-mêmes tout en traversant l'aimant suivant son axe. On ne peut pas se faire une représentation mécanique valable du phénomène si on a oublié que l'éther est énergétique et parcouru sans cesse par une double infinité d'ondes électromagnétiques. Si justement on ne l'a pas oublié, on peut imaginer qu'un aimant est un arrangement géométrique qui crée les conditions d'une résonance locale, et que les lignes de forces correspondent aux parcours des ondes qui effectuent cette résonance en se rebouclant sur elles-mêmes. Ensuite, les discontinuités qui se produisent quand elles pénètrent dans l'aimant et quand elles en sortent font, comme dans le cas de la pesanteur, qu'elles transforment la pression en mouvement et qu'elles génèrent un flux continu qui traverse l'aimant et lui donne sa polarité, et que ce qu'on appelle les pôles Nord et Sud sont en fait l'entrée et la sortie d'un flux éthérique. On ne sait pas à priori quel pôle correspond à l'entrée ou à la sortie, mais c'est sans importance, puisque pure convention. Ce qu'il faut retenir, c'est qu'en toutes circonstances un champ de force est un lieu où passe un flux d'éther.

Ceci nous amène directement à une notion qui est apparue avec la Relativité, plus exactement un peu après elle mais dans la même mouvance, quand les théoriciens se demandèrent s'il ne serait pas envisageable de concevoir un champ « universel » dont les différents champs connus ne seraient que les déclinaisons, adaptées chacune à une branche particulière de la physique. C'est encore le rêve des physiciens d'aujourd'hui, qui sentent confusément qu'il y a « quelque chose » au-delà de l'édifice théorique qu'ils ont construit péniblement à l'aide de concepts de plus en plus compliqués, sans se douter que le champ magique qu'ils subodorent sans pouvoir le définir plus précisément se trouve sous leur nez depuis le commencement des temps. On pourra peut-être dire qu'il est facile de se moquer, mais cette situation ubuesque fait irrésistiblement naître des caricatures plus ou moins méchantes de cette situation, comme par exemple celle qui imagine qu'on décide de dresser un échafaudage pour accéder au toit d'un immeuble apparemment sans accès, mais en fait pourvu par ailleurs d'un escalier et d'une trappe que personne n'a eu l'idée de chercher au préalable et qui, non seulement débouchent là où l'on veut aller, mais permet aussi de visiter commodément tout le bâtiment. Cette impuissance de la physique théorique à expliquer simplement les choses et sa complexité croissante sont la sanction de son renoncement à vouloir prolonger les réflexions visionnaires de Descartes sur la nature de l'espace et à empoigner comme il faut le problème de l'éther. Disons-le clairement : si l'éther existe, et il existe, le devoir du physicien est de l'étudier ainsi que de déterminer au moins ses caractéristiques principales, et les arguments qui ont été proposés dans les pages précédentes devraient largement ouvrir la voie à toutes les investigations dans ce sens.

6.4. La chaleur et l'entropie

Voici encore une notion qui a occasionné bien des maux de tête aux physiciens et aux philosophes, et ce n'est pas fini. De même que l'électricité, la chaleur se comporte parfois comme un fluide, que l'on a qualifié de « calorique » dans le passé, et qu'on voyait se propager comme tel dans les corps matériels, plus ou moins rapidement selon la structure intime de ceux-ci. Plus récemment, on a préféré la voir comme une agitation moléculaire, dont la lenteur de la propagation s'expliquait mieux ainsi, mais sans que cela élimine les autres conceptions. Toujours est-il que l'on faisait entrer des calories dans un corps comme on aurait versé un liquide dans un récipient, et que les mêmes calories s'échappaient de la matière comme l'eau d'un seau troué. La physique théorique, dans ce domaine comme dans les autres, préféra, comme elle en avait l'habitude, introduire des notions abstraites permettant une modélisation propice à l'action mathématique : on connaît bien, maintenant, les termes de la thermodynamique, où la notion d'énergie a pris une place importante, et qui permettent d'ériger des lois et des formules auxquelles le grand public n'a pas accès : la conductibilité thermique, la diathermie (ou diathermansie pour Tyndall), l'énergie interne, l'énergie utilisable, l'entropie...Cette dernière est l'une des notions les plus mystérieuses de la thermodynamique, et seul, comme maintenant nous en avons pris l'habitude, l'éther peut lui donner une signification pratique, un peu comme pour le neutrino : c'est dans les deux cas de l'énergie qui retourne dans l'espace et redonne au milieu ce qu'on lui a emprunté, mais amputé de toute forme et de toute structure, autrement dit sous forme d'onde. On dit que l'entropie maximale correspond à l'uniformité chaotique, ce qui n'est pas faux, mais on cherche vainement, parmi tous les articles qui lui sont consacrés, une définition plus physique, claire et sans ambiguïté : il n'y en a pas, et ceux qui prétendent le contraire sont en général bien en peine d'en faire la démonstration. Bien sûr, la définition mathématique est simple :

$$S = \int \frac{dQ}{T}$$

, on aurait du mal à imaginer plus concis. Quant à se représenter concrètement ce que cela signifie, c'est une autre affaire. A quoi correspondent exactement les éléments de chaleur dQ qui sont échangés entre la machine thermique et son environnement immédiat ? Et où, exactement, cet environnement s'arrête-t-il ? On peut toujours se contenter de la définition qu'en donne Yves Rocard dans son ouvrage sur le sujet, et admettre que S est négative sur un cycle fermé et nulle pour une transformation réversible, qu'est-ce que cela peut bien représenter concrètement ? On sait que S est une énergie, puisqu'une quantité de chaleur est équivalente à une énergie, mais il faut en fait sortir d'un contexte purement thermodynamique et lire Brillouin (Vie, Matière et Observation) pour élargir les débats et voir que sous l'appellation d'entropie se cache une notion réellement importante, mais dont la signification exacte ne peut se comprendre qu'en faisant état de l'éther, qui transforme tout système fermé en système ouvert. Pour Brillouin, un signal est une énergie, ce qui est vrai, mais le fait qu'il soit intelligible, c'est-à-dire qu'il obéisse à d'autres lois que celles du hasard, nous guide vers quelque chose qui dépasse largement la conception thermodynamique usuelle et qui fait entrer en ligne de compte la différence qui existe entre un artefact et, par exemple, un tas de pierres, ou si l'on préfère entre un volume construit et un volume quelconque, sans structure agencée. L'entropie serait alors en relation avec le degré d'organisation ou de désorganisation, l'entropie maximale correspondant au désordre total. On s'oriente donc vers une idée générale de « perte », qui pourrait alors s'appliquer à la fois à de l'énergie, puisque la première définition de l'entropie vient de l'étude des équilibres thermiques et des transformations au sens thermodynamique, mais aussi à n'importe quel produit de l'imagination dont on serait capable d'évaluer, même sans pouvoir le calculer, un certain degré de complexité dû à une construction intelligente, comme un signal radio ou une maison. Dans ces deux exemples totalement différents, l'augmentation de leur entropie serait une mesure, ou plus modestement une évaluation, de leurs dégradations respectives, amenant le signal au statut d'onde pure et la maison à celui d'un tas de pierres.

A partir du moment où on voit l'espace tel qu'il est, tel que la physique rationnelle le montre, la notion d'entropie s'éclaircit et devient le support des échanges énergétiques entre un système considéré comme fermé par la physique traditionnelle et le milieu dans lequel il baigne et qui le rend inévitablement ouvert. Est-ce que pour autant il faudrait maintenant prétendre qu'il n'y a plus de systèmes fermés ? Dans l'absolu oui, mais on a toujours le droit de considérer qu'un système est « instantanément » fermé si, pendant une durée suffisamment courte, on peut négliger les échanges énergétiques au-delà de ses limites. Simplement, il faut se méfier, ce faisant, de la restriction que l'on introduit obligatoirement, qui peut ne pas avoir de conséquence mais qui peut aussi occulter une propriété fondamentale : quand on considère un volume gazeux et qu'on suppose que les molécules rebondissent sur les parois sans perte d'énergie, on parvient aux lois des gaz parfaits tout en ignorant le mécanisme de ce mouvement perpétuel, sa cause première, et on passe ainsi, par négligence, à côté d'une preuve indiscutable de l'existence de l'éther et de ses ondes. Ceci parce qu'on a considéré le phénomène d'une manière instantanée, sans chercher à savoir ce qui se passait à plus long terme. Cet épisode de la découverte des lois des gaz parfaits illustre d'ailleurs à la perfection le danger qu'il y a à proclamer un résultat qui, bien qu'il ne soit pas contredit par les faits, transgresse un principe fondamental, en l'occurrence celui de l'impossibilité d'un mouvement perpétuel des molécules gazeuses sans l'apport d'une énergie extérieure. Dès que l'on regarde le même phénomène dans la durée, les insuffisances d'un premier regard trop rapide se font jour, et on trouve.

L'entropie a donc plusieurs visages, plusieurs significations selon le domaine où on essaye de l'appliquer, mais toujours avec cette idée sous-jacente de perte, de dégradation, de disparition irrémédiable de quelque chose qu'on peut toujours considérer comme une énergie, au sens le plus large du terme. Mais quand on considère un système fermé, bien délimité, comme la Terre, ou un laboratoire sur la Terre, ou un récipient dans ce laboratoire, ou un objet dans ce récipient, on se demande bien où peut aller ce qui s'échappe ainsi, sans qu'on puisse y faire quoi que ce soit, de l'un à l'autre et toujours dans le même sens : vers l'extérieur. Et si de l'énergie s'échappe de l'objet pour aller dans le récipient, puis du récipient dans le laboratoire, puis du laboratoire...au fait, où peut-elle aller, cette énergie qu'on ne peut retenir ? On ne peut imaginer pour cela, en physique théorique, qu'une fuite sous forme de rayonnement infrarouge, mais quel est alors le support de propagation, le milieu sans lequel ce rayonnement ne peut avoir lieu ? Quel que soit le côté par lequel on aborde ce genre de problème, la nécessité de la présence d'un milieu se campe devant nous, narguant les théoriciens et leur monde désertique, où ils n'ont gardé considération que pour le visible sans s'occuper de savoir si la Nature ne nous cachait pas quelque chose d'important.

Pour Brillouin, ce que Sadi Carnot appelait « calorique » n'était en fait rien d'autre que l'entropie, mais le simple échange d'un mot avec un autre ne résout ni même ne simplifie le problème : si le calorique était un fluide, alors l'entropie doit en être un aussi, et de plus le même, mais seulement sous un autre nom. Quelles seraient donc les caractéristiques d'un tel fluide ? Serait-il pesant, et dans ce cas l'entropie serait, dans un champ de pesanteur, une fuite de chaleur uniquement vers le bas, ou bien migrerait-il légèrement dans toutes les directions en traversant plus ou moins vite toutes les parois, en s'insinuant dans tous les corps qu'il rencontre ? Les études sur la propagation de la chaleur, et d'ailleurs le simple examen des phénomènes les plus courants, éliminent la thèse du fluide lourd. Si donc on tient absolument à considérer la chaleur comme un fluide, celui-ci est nécessairement d'une légèreté extrême, mais on peut alors se demander comment il fait pour véhiculer, comme dans la fournaise solaire, des flux caloriques aussi considérables. Aujourd'hui aucun physicien sérieux, depuis la découverte des rayons infrarouges, ne se hasarderait à soutenir que la chaleur est un fluide. Mais sans l'éther, toutes les hypothèses confirmées par une série quelconque d'observations peuvent donner lieu à une multitude de théories, toutes cohérentes mais toutes partielles, aucune d'entre elles ne pouvant donner la clé du mystère. En fait, tout le monde ou presque s'accorde aujourd'hui sur le principe que la chaleur correspond à une agitation intime de la matière, moléculaire ou atomique, ou les deux à la fois, et que la température est une mesure de cette agitation. Ceci étant admis, expliquer comment la chaleur se propage dans une barre de cuivre n'en devient pas tâche plus facile, ce qu'a parfaitement réalisé Joseph Fourier quand il décida, renonçant dès le départ à toute explication physique, d'utiliser pour traiter ce problème la méthode analytique dans ce qu'elle a de plus rigoureux. Ceux qui ont eu le courage et la constance de lire Sadi Carnot et Fourier savent qu'il n'y a pas plus aride que cette physique sans âme qui ne fait que préparer le chemin des mathématiques au prix d'incroyables souffrances, et pourtant, en ce qui concerne le Traité de la Chaleur du second nommé, il y a une récompense extraordinaire pour celui qui va jusqu'au bout : c'est là que se trouve la genèse de la Transformée de Fourier, qu'on nous sert habituellement, lors des études supérieures, comme un plat surgelé tout juste sorti du congélateur et réchauffé à la va-vite, et dont on voit là, dans cet ouvrage fondateur, toute la logique et, il faut l'avouer, tout le talent d'analyste et l'intuition de l'auteur. C'est là qu'on découvre avec étonnement comment une fonction continue peut s'exprimer par une combinaison de fonctions sinusoïdales.

En face de ces monuments, il y a une autre approche de la chaleur, complètement différente, celle de Tyndall. Tyndall, c'est selon nous le physicien par excellence, intelligent, modeste, inspiré, qui met sans cesse la main à la pâte sans avoir pour cela le moindre complexe d'infériorité et qui n'arrête son cours que quand il s'est assuré que tous ses élèves ont bien compris, quitte à répéter autant de fois que nécessaire. Il est, aussi bien que peuvent l'être Faraday et Maxwell, l'archétype de l'Ecole anglaise de la Physique (irlandaise en l'occurrence), celle qui a pris pour principe de s'appuyer constamment sur l'expérimentation et les analogies et qui, en partie pour cette raison, fut tant méprisée par les théoriciens de l'Ecole française du 19ème et du 20ème siècle. Au début de son ouvrage intitulé « la chaleur considérée comme un mode de mouvement », qui est en fait un ensemble de cours subtilement traduit par l'abbé Moigno, également spécialiste de Grove, Tyndall commence par exposer l'invention d'un détecteur de chaleur ultra-sensible dont il avait absolument besoin pour ses démonstrations, et qui n'existait pas auparavant. Imagine-t-on Fourier ou Poincaré pratiquer de la sorte ? Mais peu importe la prétention de leur attitude méprisante envers les anglais, on peut très bien lire tout le monde et faire ensuite des comparaisons, quitte à constater qu'il y a du profit à prendre des deux côtés. En revanche, en ce qui concerne la clarté des exposés, le respect du lecteur, l'esthétisme de l'expression, il n'y a pas photo : lire Tyndall est un plaisir, lire Fourier est une souffrance.

Que dit Tyndall ? Que la chaleur est une agitation. Une agitation de quoi ? Des molécules ? Des atomes ? En fait de tout ce qui est lié à la matière, de tous ses éléments constituants, de tout ce qui fait à la fois sa cohésion et sa souplesse, de ses briques élémentaires, donc à la fois des molécules et des atomes, mais pas seulement. Nous le savons maintenant, ces briques élémentaires ne sont pas suspendues dans le vide : elles sont pressées les unes contre les autres par une pression de radiations qui s'exerce dans ce milieu que nos anciens ont appelé éther et qui sert de liant à tout ce qui existe dans l'Univers, en même temps qu'il propage les ondes électromagnétiques, qui sont ses vibrations. On est donc à peu près certain, en ce qui concerne plus spécialement la chaleur, que celle-ci ne peut être uniquement due à une vibration de la matière seule : l'éther y participe obligatoirement, puisqu'il est partout. Mais surtout, il doit avoir un rôle fondamental, non pas dans le phénomène chaleur lui-même, mais dans sa propagation.

Si on apporte dans une pièce relativement hermétique différents objets de températures différentes, l'un à 50°C par exemple, un autre à −10°C, plus une cinquantaine d'autres à des températures quelconques uniquement bornées par les facilités de manipulation, et qu'on les laisse ensemble suffisamment longtemps, chacun sait qu'ils auront finalement tous, y compris la pièce elle-même, la même température, qui se situera quelque part entre la plus haute et la plus basse. C'est ce genre d'expérience qui a fait penser au début que la chaleur était un fluide, car on imagine très bien une chaleur coulant d'un objet à haute température dans un autre moins chaud pour refroidir le premier et réchauffer le second. Le fait que tout ce qui se trouve dans la pièce finit par avoir exactement la même température suggère pour celle-ci l'idée d'une sorte de lac poisseux retrouvant quoi qu'il arrive son horizontalité, malgré tous les efforts faits pour le creuser où le surélever localement. De plus, si on attend encore plus longtemps, cette température uniforme va évoluer, car la pièce où l'expérience a été faite ne peut être parfaitement isolée thermiquement et se situe dans un volume plus grand qui a lui-même une autre température, de sorte que le même phénomène qui se produisait entre les objets contenus dans la pièce va se reproduire entre la pièce et son environnement immédiat. De proche en proche on va finir, en agrandissant à chaque fois le champ de l'observation, par se retrouver dans le vide intersidéral, là où la température est nulle puisque celle-ci ne peut se concevoir en l'absence de matière. Cette continuité des échanges thermiques allant vers le zéro s'accommode parfaitement de l'idée d'une matière fluide sans structure particulière, se trouvant partout sans qu'il puisse y avoir en elle le moindre vide, qui lie tous les corps matériels qui s'y trouvent et qui est l'agent de propagation des vibrations thermiques. L'éther fournit le liant qui rend, sinon évident, du moins compréhensible l'action de proche en proche qui s'accomplit lors de l'homogénéisation des températures de corps rapprochés.

Tout ceci n'élimine en aucune façon la possibilité de transmission de chaleur par rayonnement, qui est mesurable et s'effectue par l'émission et la propagation dans l'éther des ondes électromagnétiques spécifiques du transport de l'énergie calorifique, c'est-à-dire les infrarouges. Celles-ci rendent compte des actions thermiques lointaines, comme par exemple la sensation que nous avons sur Terre de la chaleur du Soleil et que nous aurions du mal à considérer comme une transmission mécanique de proche en proche, mais leur seule action ne pourrait expliquer ce qui se passe quand, localement, la température s'uniformise entre des objets groupés dans un même local. La présence de l'éther apporte ce qui manquait, c'est-à-dire l'intermédiaire commun qui lie les objets l'un à l'autre et constitue la « passerelle » où la chaleur trouve le chemin qui, à partir d'un objet, mène à tous les autres. Qu'on soit satisfait ou pas de la présentation classique des échanges thermiques, il faut reconnaître que la présence de l'éther ajoute quelque chose de fondamental, sans laquelle on ne peut se faire une idée correcte du phénomène tel qu'il se passe en réalité et vers laquelle les seuls chiffres des bilans thermiques ne peuvent orienter. Et pourtant, la plupart des physiciens se contentent, en thermodynamique, de suivre avec opiniâtreté et renoncement les traces des maîtres théoriciens Fourier, Sadi Carnot, Clausius, Duhem, Mayer et les autres, dont les efforts et les résultats sont indéniables,

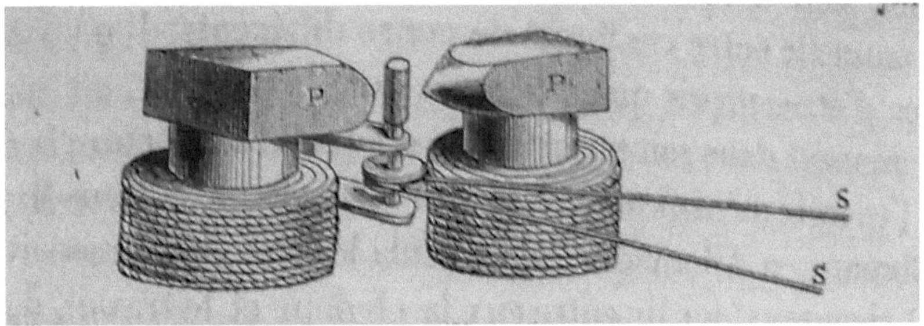

figure 6.5

mais qui ne fournissent pas l'ombre d'une explication sur ce qu'est au juste la chaleur. Surtout, ils ne risquent pas d'en trouver parce qu'ils n'en cherchent pas, et ne font qu'adopter la même méthode que Newton quand il a publié sa loi de l'attraction universelle, en écrivant en même temps à son confident le révérend Bentley, peut-être pour libérer sa conscience, qu'il ne croyait absolument pas aux forces d'attraction. Ce n'est pas, d'ailleurs, que Tyndall ait vraiment résolu le problème, qui est peut-être hors des possibilités humaines, mais on trouve chez lui le souci constant de rester accroché à la réalité tout en montrant, grâce à des expériences qu'on cherche en vain dans des livres modernes, que l'invisible recèle, non seulement tous les mystères de la science, mais aussi toutes les explications. La figure 6.5 illustre l'une de ces expériences, faite d'abord par Joule et reprise plus tard par Foucault, peut-être la plus significative de la manière dont il veut enseigner la physique, où il montre l'imbrication de la thermodynamique et de l'électromagnétisme. Entre les deux pôles d'un électro-aimant, il a disposé un petit tourniquet manœuvrable à distance et sur lequel est fixé un tube de cuivre rempli d'un alliage au point de fusion inférieur à celui du cuivre. Quand on alimente les électro-aimants sans faire tourner le tube, rien ne se passe. Quand on fait tourner le tube sans mettre les électro-aimants sous tension, rien ne se passe non plus. Mais quand on fait tourner le tube en présence du champ magnétique, il s'échauffe jusqu'à la fusion de l'alliage contenu dans le tube. Tyndall montre ainsi que le champ magnétostatique a agi comme un milieu matériel, apportant une résistance au mouvement du tube, autant dire comme un frottement, et que ce milieu ayant l'apparence du vide s'est ainsi révélé. Tyndall ne faisait que découvrir l'éther, dont il pressentait l'existence par d'autres voies, et les termes qu'il utilise ne laissent planer aucun doute :

*« Il s'agit presque de développer de la chaleur par le frottement **contre le pur espace**. Cette chaleur est due peut-être, ou mieux très probablement, à une sorte de frottement contre ce milieu intra stellaire auquel nous aurons à faire appel de plus en plus, à mesure que nous avancerons. »*

Cet hommage rendu à Tyndall ne doit pas faire penser qu'il n'y ait rien à contester dans ses idées, mais n'oublions pas que celles-ci sont exprimées dans un ouvrage édité en 1864 et que la physique, à cette époque, n'offrait pas les mêmes garde-fous qu'aujourd'hui et par conséquent ne permettait pas d'en arriver à certains débordements de l'imagination. Il nous appartient justement, à nous qui en savons plus, de faire le tri entre les intuitions géniales et les élucubrations, avec toute la prudence qui s'impose car, si nous en savons effectivement plus, nous savons en réalité fort peu : la folie relativiste et celle de la physique quantique nous ont masqué l'essentiel depuis maintenant plus d'un siècle, et seule la future prise en compte de l'éther remettra un peu de logique dans les esprits pervertis et fera repartir la machine. Malheureusement pour la science, les auteurs tels que Tyndall, Grove, Le Bon, Branly, Planté, tous ceux qui faisaient de la physique sans mathématiques, ont disparu des bibliothèques, et il faut une volonté forte et particulièrement motivée pour aller les rechercher dans les boutiques de livres rares. En revanche, quand on a le plaisir d'en trouver un et de le savourer comme un plat raffiné, c'est un vrai plaisir que de sentir se réveiller les neurones anesthésiés et de constater, ô surprise, que tous étaient éthéristes.

Une autre raison forte qui va étayer la présentation dynamique de la chaleur, en la présentant comme une vibration interne, est le phénomène de la dilatation. Plus un corps est chaud, plus il y a d'agitation des parties constituantes, et plus le volume augmente, pour tenir compte de leur amplitude croissante qui demande une expansion géométrique pour pouvoir se réaliser. Amplitude croissante signifie plus d'énergie cinétique, il y a donc là une évidence, une logique simple, et qui devient encore plus simple quand on imagine les molécules s'agitant dans leur placenta cosmique, au lieu de le faire dans le vide intramoléculaire que nous a légué l'avare physique théorique. Il est indéniable qu'on se représente mieux la transmission de chaleur d'un corps à un autre quand on sait qu'il existe un milieu qui les relie tous, et de la manière la plus intime qu'on puisse imaginer puisqu'ils baignent dedans, comme une éponge dans l'eau. C'est ce milieu qui constitue le pont invisible qui existe entre deux objets voisins et qui, en égalisant la vibration calorique partout dans un volume donné, fait en sorte que tous les objets qui s'y trouvent soient finalement à la même température, à condition d'attendre suffisamment longtemps, c'est-à-dire tout simplement le temps qu'il faut. La contemplation d'un feu de bois qui brûle dans une cheminée prend une tout autre dimension philosophique et physique quand on s'efforce d'imaginer, en dehors de l'image directe et fascinante des flammes qui dansent, le frémissement de la matière qu'on ne voit pas mais qui vibre en decrescendo du centre vers l'extérieur.

Ceci étant, il faut reconnaître honnêtement que l'existence de l'éther n'apporte ni n'appelle pour l'instant aucune loi thermodynamique supplémentaire, mais le fait de comprendre infiniment mieux un domaine particulièrement inféodé aux mathématiques n'a pas de prix. On peut en outre rêver que la nouvelle vision de l'entropie amènera quelques physiciens à retravailler sur son rôle exact.

6.5. La vie et la mort des planètes

La nouvelle vision du système solaire qu'apporte la physique rationnelle mérite, par le bouleversement qu'elle apporte sur les idées généralement véhiculées, que l'on aille un peu plus loin dans ce qu'elle sous-entend. Rappelons d'abord le cheminement qui conduit, dans le domaine de l'astronomie d'abord, à postuler l'existence de l'éther :

1- Les nébuleuses spirales sont des tourbillons. Leur forme caractéristique ne correspond à aucun autre phénomène, et il faut appeler un chat un chat. Quiconque veut nier cette évidence sera dans l'obligation de fournir une autre explication et dire à quel autre phénomène correspond cette forme : nous pouvons dormir tranquilles.

2- Le tourbillon n'existe que dans un fluide. Une nébuleuse spirale tourne donc dans un fluide. Ce fluide, à l'instar de tous les fluides connus, ne peut contenir de vide, qu'il remplirait immédiatement, il est donc partout.

3- Un fluide qui entraîne des milliards de soleils, accompagnés de leurs planètes, ne peut être léger. Il est nécessairement dense, très dense. Sa « subtilité », dont on le qualifiait du temps de Descartes, ne réside pas dans une supposée nature vaporeuse, mais simplement dans le fait qu'il est indécelable à nos sens.

4- L'éther est noir, comme l'indique le fond du ciel nocturne. C'est la « masse noire cachée ». Mais il est transparent aux ondes lumineuses pour l'œil, qui ne peut voir que la matière ordinaire lorsqu'elle est éclairée.

Le vide intersidéral est donc une appellation fausse, qui n'est justifiée que par l'habitude, mais qui est l'une des hypothèses suicidaires de la physique théorique. Nous devons tout à l'éther, à commencer par notre existence, ce qui ne nous empêche pas de l'ignorer superbement. Mais chaque nouveau pas de la physique traditionnelle dans le bourbier qu'elle s'est fabriqué elle-même nous rapproche, fort heureusement, du moment sublime et tant attendu où elle se rendra compte de l'erreur tragique qu'elle a commise en faisant fi de cette base incontournable. Les physiciens du futur ne seront pas ceux de la physique quantique, ni les relativistes, mais ceux de la physique rationnelle enfin reconnue, elle et son mentor omnipotent l'éther.

Le système solaire est donc, comme nous l'avons déjà démontré, un tourbillon parmi les tourbillons, un vortex solaire semblable à des milliards d'autres. Le soleil, qui est son moteur, aspire l'éther dans un plan qui est celui des planètes, qui sont entraînées selon des orbes quasi-circulaires en suivant les lois que l'on sait, de plus en plus rapidement au fur et à mesure qu'elles se rapprochent du centre, de l'axe de rotation solaire, axe qui est aussi celui de tout le système. Il est donc évident qu'à la place du système immuable que nous présentent les astronomes, il faut considérer tout système solaire, et surtout le nôtre en premier lieu, comme un système certes tournant sur lui-même, mais qui est en perpétuelle évolution, et cette évolution est prévisible dans sa forme puisque nous avons identifié le phénomène qui est à son origine. N'oublions jamais que les planètes ne sont, comme des morceaux de liège lancés sur un tourbillon tournant dans l'eau, que des repères, des marqueurs, qui dévoilent à notre intelligence la forme du tourbillon de la matière entraînante, de l'énorme masse d'éther qui constitue le vrai manège cosmique, celui qu'on ne voit pas et que l'on ne peut que deviner.

Il est quand même ahurissant que ce qui provient d'un raisonnement de simple logique ne provoque aucun mouvement chez les astronomes. Les arguments qui ont été exposés un peu plus haut sont d'une telle simplicité qu'ils sont réellement à la portée de n'importe qui sauf, apparemment, des spécialistes. Il est pourtant impossible que personne, dans un observatoire quelconque, en France ou ailleurs, ne se soit pas livré à cet exercice de pensée à un moment ou à un autre, et n'en ait pas discuté avec ses collègues. Que s'est-il passé alors ? Est-ce la peur du ridicule pour avoir osé avancer une idée tellement simple qu'on ne pouvait imaginer être le premier à l'avoir ? Est-ce qu'il y a dans les observatoires une sorte d'omerta qui interdirait de s'écarter du troupeau et qui punirait les divagants ? Combien de temps va-t-il falloir aux astrophysiciens pour se rendre enfin compte qu'ils nagent dans cette fabuleuse masse noire cachée qu'ils cherchent aux confins de l'Univers observable ? Il faut croire que la société scientifique est bien plus malade encore que certains peuvent croire, et que les mathématiques, si efficaces pour résoudre les problèmes bien posés, conduisent au précipice quand au contraire ils le sont mal. Et c'est le cas de la cosmologie.

Le modèle de système solaire que propose la physique rationnelle est cent fois plus productif que le modèle classique. Il explique tout et répond à toutes les questions, y compris celles que l'on ne pose jamais, par manque de curiosité peut-être, par découragement sans doute, et aussi pour certains par prudence. Mais surtout, du point de vue philosophique, il permet des excursions dans le passé et dans le futur qui sont liées au fonctionnement même du système et à sa nature tourbillonnaire. En effet, on a maintenant à notre disposition un mécanisme qui fonctionnera tant que le Soleil existera, ce qui n'est pas nouveau, mais surtout dont le Soleil est le moteur, ce qui est en revanche totalement nouveau. Le système solaire devient tout à coup vivant.

La course d'une planète ne se fait plus selon une courbe fermée mais, comme le pressentait Maeterlinck, selon une orbe de spirale qui n'est pas refermée sur elle-même et qui, à chaque révolution, rapproche un tout petit peu, d'une manière indétectable tellement ce rapprochement est faible, la planète du centre du système, dont l'axe de rotation est le même que celui du Soleil. L'éther ayant une masse volumique considérable, bien plus grande que celle de l'élément chimique connu le plus lourd, on devine que la masse réelle en rotation, celle que l'on ne voit pas mais que les planètes nous indiquent avec précision, échappe à notre imagination. La tonne est une unité beaucoup trop petite pour en donner une évaluation chiffrée que, par ailleurs, nous ne sommes pas capables de faire, ne connaissant pas la densité exacte. Mais il est clair que dans les observatoires, tous les appareils de mesure et toutes les connaissances nécessaires s'y trouvent pour appuyer ou contraire infirmer cette proposition, à condition de ne pas la balayer d'un revers de main comme ce fut toujours le cas.

Ce qui est le plus étonnant, dans cette application de la physique rationnelle à la cosmologie, c'est le nombre d'hypothèses nouvelles qui surgissent, comme des volcans qui surgissent soudain dans une région plate où on ne les attendait pas, dans le champ pourtant tellement exploité de l'histoire possible, future et passée, de notre système solaire, thème où presque tous les savants de renom se sont un jour essayés, sans compter les ouvrages parfois alimentaires de certains astronomes fatigués ou en mal de perspectives. Dans le système figé de la physique classique, où on imagine la mort des planètes comme liées à celle d'un soleil qui, à force de se tasser sur lui-même, à moins que ce ne soit le contraire, disparaîtrait un jour dans une effroyable explosion, il y aurait la disparition totale et violente de tous le système en une seule fois, d'un seul coup. Dans le système plus évolué et moins bestial de la physique rationnelle, l'existence du tourbillon solaire entraîne un certain nombre de conséquences, d'une logique implacable, qui nous conduisent à brosser un tableau complètement différent de sa vie et de sa mort cosmiques. Côté Soleil, la planète la plus proche (aujourd'hui Mercure), sera la première à être engloutie dans le feu central. Il y a alors deux questions qui se posent : comment cela se passera-t-il, et que s'est-il passé avant ?

Etant donné que les planètes, considérons maintenant que c'est chose acquise, sont des corps poreux à qui seul l'éther procure une masse, il devient probable que la chute de Mercure dans le Soleil ne se fera pas d'une manière aussi dramatique que dans les scenarii apocalyptiques qui nous ont été servis jusqu'à présent. D'abord, elle sera la seule concernée au moment fatidique, et Venus deviendra immédiatement, de ce fait, la planète la plus proche du Soleil. Mais que se sera-t-il vraiment passé ? Est-ce que Mercure, en tant que grosse boule probablement incandescente, aura soudainement plongé comme une pierre dans la fournaise solaire, ou bien aura-t-elle continué d'être entraînée par le tourbillon pour atteindre tangentiellement le Soleil avec la même vitesse de rotation ? Il est à peu près certain, en fonction de tout ce qui a été expliqué jusqu'à présent, que c'est la deuxième hypothèse qui est la bonne. Mais il faut rajouter que le rapprochement progressif de Mercure du Soleil aura, à cause de l'accroissement de chaleur provenant de ce dernier, tellement augmenté sa température que la pauvre planète, condamnée à mort, rejoindra la périphérie solaire avec la même vitesse que celle-ci, et sans doute sous forme de résidus carbonisés depuis longtemps. En dépit de la tendance de l'espèce humaine, même dans ses corporations les plus savantes, à voir des explosions partout, il est donc fort probable que l'événement se sera passé « en douceur ». Il est bien évident que cette expression doit être fortement relativisée, car un soupir à l'échelle cosmique peut signifier un cataclysme sur Terre, avec par exemple la disparition partielle de la vie animale, mais sans dégât définitif pour notre vaisseau spatial.

La forte probabilité pour que les choses se passent ainsi appelle immédiatement d'autres interrogations, qui toutes n'ont de sens que dans cette conception tourbillonnaire, maintenant la seule valable, des systèmes solaires en général. En ce qui concerne plus spécialement le nôtre, qui est dans l'espace interplanétaire notre précieux domicile, il ne serait pas raisonnable de penser que le sort programmé de Mercure, évoqué plus haut, soit le premier de la liste : il y a eu très probablement une autre planète qui l'a précédée, et encore une autre avant celle-là, chacune ayant apporté sa quote-part d'énergie supplémentaire à un Soleil vorace et impitoyable en se fondant dans lui. Dans la même logique, si on voyage dans le temps dans l'autre sens, vers le futur, il devient évident que la planète suivante à disparaître sera Venus, puis la Terre, puis toutes les autres que nous connaissons. Entre-temps, le tourbillon solaire aura probablement piégé d'autres planètes, que nous ne connaîtrons jamais mais qui apparaîtront au-delà de Pluton et seront les nouveaux marqueurs d'un vortex encore plus puissant, encore plus insatiable, jusqu'à ce que le Soleil, devenu trop gros, trop dense, trop fort, ne puisse plus contenir son énergie et se transforme d'une manière que nous ne pouvons qu'imaginer dans une quasi-infinité de variantes. Mais il est également probable que dans notre galaxie, un autre soleil, plus âgé que le nôtre, sera passé par ce stade avant lui, avec sur notre petit système des conséquences inconnues. Tout ceci se passera à une échelle des temps tellement énorme que nous n'en verrons certainement pas le début, étant donné que nous ne sommes même pas capables de savoir, par des mesures précises, si effectivement nous nous rapprochons du Soleil. En fait, il est presque certain que nous ne verrons rien de tout cela, qui pourtant est vrai, tellement notre univers temporel est négligeable devant celui du cosmos, qui n'a pas de limite.

Que de réflexions nouvelles, que d'ouvertures inopinées sur notre condition dans l'Univers, que de révélations inattendues la théorie tourbillonnaire ne nous réserve-t-elle pas ? N'est-il pas rassurant de trouver enfin à sa disposition une explication des choses qui ne repose pas uniquement sur les calculs et la rigueur à la fois despotique et anesthésiante des mathématiques ? La physique est belle quand elle nous aide à comprendre la Nature telle qu'elle est vraiment, et non pas uniquement soumise aux lois trop rigides de la physique théorique, une Nature qui n'est pas avare quand on sait l'utiliser avec respect, et qui nous réserve dans son immense espace la petite place que constitue notre éphémère maison spatiale que nous traitons si mal.

En conclusion de ce paragraphe, il faut absolument revoir tout ce qu'on nous a appris sur le système solaire, disons plutôt sur « un » système solaire puisque ce qui vient d'être exposé s'applique à tous les autres, et découvrir, apprécier, savourer, ce qu'une logique élémentaire bien maniée et à la portée de tout un chacun ouvre enfin à notre intelligence. Les planètes ne font que passer dans le tourbillon solaire, lui-même mortel, et nous ne devons qu'à notre misérable durée de vie, même étendue à celle de l'espèce humaine toute entière dans son périple terrestre, de n'avoir pas vu tout de suite que leurs trajectoires n'étaient pas des orbites fermées et immuables, mais des orbes cachées d'un vortex qui les entraîne vers leur anéantissement. Même s'il est difficile de lutter contre des habitudes cimentées par des siècles d'aveuglement, il faut faire l'effort de se débarrasser des complexes d'infériorité que nous communiquent sournoisement les physiciens au langage obscur et à la vue basse, laisser parler les simples outils de raisonnement que chacun d'entre nous se voit attribuer à sa naissance, et faire confiance à leur solidité et leur efficacité, comme les pratique un des maîtres en la matière, Sir Arthur Conan Doyle : « *Quand l'impossible a été éliminé, ce qui reste doit être vrai, même si c'est improbable* ».

Chapitre 7 : Science et philosophie

7.1 : Dieu et l'éther

Une physique humaine et bien conçue débouche naturellement sur des applications pratiques. Celles-ci sont en général bien connues du grand public. Mais elle devrait aussi nous amener à des réflexions philosophiques, et plus spécialement celles qui sont liées à la notion de progrès, ou du moins à l'idée que l'on s'en fait. Un bon enseignant en physique doit savoir mélanger les deux genres, et distiller à bon escient quelques à-côtés humanistes quand il s'aperçoit que ses élèves commencent à être fatigués par un trop-plein de mathématiques. Au fur et à mesure que l'homme découvre les secrets de la Nature, même si l'histoire des sciences montre que cela ne se fait pas tout seul et qu'il se trompe souvent dans ses déductions, il est naturel qu'il s'interroge de temps en temps sur la solidité de ses connaissances et du bon ou du mauvais usage qu'il a fait de ce qu'il a appris. Mais aussi, les méthodes rigoureuses de la démarche scientifique se trouvent inévitablement, un jour ou l'autre, en conflit avec l'autre grande activité cérébrale de l'homme, la religion. Il en est ainsi depuis que cette dernière est entrée en politique et a manifesté l'envie de diriger les pays, ce qui remonte à quelques siècles. Un certain nombre de philosophes, dont une bonne partie a eu également une certaine expérience de la physique, n'a pas pu résister à l'envie, tout à fait louable, d'essayer d'analyser leurs rapports et les effets réciproques de leur cohabitation forcée. Parmi eux, on retiendra Bertrand Russel, dans notamment « Science et Religion », et surtout

John-William Draper, auteur de « Les conflits de la science et de la religion », malheureusement pratiquement introuvable aujourd'hui, qui mériterait d'être réédité et dont la lecture devrait être rendue obligatoire aux élèves des terminales, quelle que soit leur filière. On trouve réuni chez Draper un mélange d'intelligence, d'expérience et de hasard, tout ce qu'il lui fallait pour traiter son sujet avec une compétence maximale : physicien et chimiste reconnu, il avait la formation scientifique de base qui garantissait, de ce côté-là, une incontestable crédibilité. De l'autre côté, celui de la religion, son étude approfondie de l'histoire des cultes, de leur origine à l'aboutissement qu'on leur connaît maintenant, a peu d'équivalents dans ce genre d'étude et de littérature. Si, après avoir lu le livre de Draper, on a encore envie de croire en Dieu, c'est qu'on a absolument besoin de croire, et dans ce cas on le fait en toute connaissance de cause.

Mises à part ces considérations particulières, la prise en compte de l'existence de l'éther apporte dans le domaine des croyances autant de bouleversements qu'elle le fait en physique. Le croyant, qu'il soit chrétien, musulman, juif ou quoi que ce soit d'autre, voit dans son dieu l'être supérieur qui a créé le monde et à qui il prête en outre tous les pouvoirs, dont celui d'être omniprésent et de ne laisser dans l'Univers aucune place qui ne soit sous son contrôle. Maintenant que nous savons ce qu'est l'éther, que nous connaissons ses propriétés essentielles, qu'il y-a-t-il de ce qu'on peut dire de Dieu qui ne puisse s'appliquer à lui ? N'est-il pas partout, lui aussi ? N'est-il pas omnipotent, lui qui nous donne la masse et l'énergie, c'est-à-dire tout ? N'est-il pas invisible, tout en étant présent ? N'est-il pas à la fois en nous et autour de nous ? Alors, est-ce que Dieu c'est l'éther, et réciproquement ?

La plupart des croyants ne savent pas pourquoi ils sont croyants. Ils le sont en général devenus par la force des habitudes imposées et plus spécialement celles, irrésistibles, du prosélytisme familial, qui façonne les jeunes cerveaux à un âge où leur condition ne leur permet, ni de réfléchir, ni de contester, et les oblige à faire comme leurs parents, lesquels seraient bien en peine de justifier pourquoi ils sacrifient à leur culte, sinon parce que « c'est comme ça » et « qu'il faut ». C'est ainsi que se transmet la religion, avec la force et l'efficacité de ce qu'on appelle les traditions, dont les rites renforcent encore la puissance : les habits de circonstance, la présence des proches, le cérémonial qui se déroule en général en plusieurs étapes, avec une initiation progressive de l'impétrant qui lui donne l'assurance et la certitude de grimper les échelons successifs qui le mèneront au statut de « fidèle ». Certaines religions, pour être bien sûres que le nouvel élu ne lui échappe pas, renforce l'initiation par une marque physique, une petite mutilation bien placée qui lui rappellera à chaque instant de sa vie qu'il appartient à cette religion et pas à une autre.

La science, par opposition, demande un effort permanent de réflexion logique qui place l'individu devant le miroir de sa propre intelligence et qui l'oblige à constamment raisonner. C'est beaucoup plus fatiguant, au début du moins, mais c'est le prix à payer pour accéder à la connaissance des lois naturelles, qui contrairement à celles de la religion sont universelles et concernent, comme l'indique ce qualificatif, tout ce qui existe, vivant ou pas vivant, homme ou pas homme. Ceci étant, les procédés de transmission d'une génération à l'autre sont les mêmes, mais pour des motifs complètement différents.

C'est donc là qu'apparaît la barrière mentale et sociale entre science et religion, la première qui exige des preuves et la seconde qui n'en veut surtout pas, ou bien qui, au contraire, mais c'est finalement la même chose, en voit partout. Il faut bien comprendre que cette cohabitation spirituelle se réalise, pour chaque individu qui pratique une religion, dans le kilogramme de matière grise dont la génétique l'a doté, et que cette extrême proximité fait que l'on n'a pas le droit de dissocier totalement un sujet de l'autre : ils sont trop proches physiquement pour être indépendants l'un de l'autre. De sorte que tout croyant se trouve, contrairement à l'athée, en possession de deux activités mentales dont l'antagonisme est évident, et qui conduit à une dichotomie du jugement qui ne peut être que préjudiciable à l'équilibre intellectuel de l'individu. Cela n'empêche pas qu'il y ait des professeurs de Faculté, des directeurs d'usine, des hauts-fonctionnaires, qui soient de fervents pratiquants, non seulement dans le cadre d'une religion établie, mais parfois dans celui d'une secte plus ou moins perverse.

L'homme a besoin, c'est évident, de croire à quelque chose qui le dépasse, qui est plus fort que lui, qui lui fasse oublier sa petitesse devant l'immensité du cosmos et qui l'aide à supporter l'idée de sa mort, dont il refuse de faire une fin. Il refuse de même la notion de néant quand elle le concerne directement, et la religion est là pour lui proposer le réconfort qu'il recherche et que la science, au contraire, ne pourra lui apporter. Bien qu'il veuille savoir, tout savoir, ses peurs ancestrales lui font le plus souvent refuser le choix qui se présente à lui entre la rationalité et la croyance, et balancer ainsi constamment entre deux mondes intérieurs théoriquement incompatibles mais qu'il oblige par nécessité à être compatibles. Cette dichotomie permanente ne favorise pas l'équilibre intellectuel, mais c'est la condition humaine depuis longtemps et particulièrement de ce début du troisième millénaire, et on ne voit pas très bien ce qui pourrait la faire changer, les conditions pour ce changement n'existant pas encore.

Pourtant, si un jour la physique rationnelle parvient à prendre, dans la culture humaine, la place qu'elle mérite, il se pourrait qu'il se passe quelque chose d'important et que, de même qu'André Malraux avait prévu que le 21ème siècle serait mystique (« *le 21ème siècle sera spirituel ou ne sera pas* »), on pourrait également prévoir que le 22ème, qui sait, serait scientifique et ferait enfin reculer les démons de l'obscurantisme. Même si la physique rationnelle semble capable, par le bouleversement qu'elle apporte dans notre perception du Monde, de changer profondément nos réflexes de raisonnement et notre manière de penser, il faudra certainement du temps pour que cela se réalise, mais il n'est pas pensable que la physique officielle persiste dans ses dogmes et continue encore longtemps de nier l'existence de l'éther. Mais si la naissance légale de ce dernier est à souhaiter ardemment, ne serait-ce que pour le progrès de la physique, il faut bien se rendre compte qu'elle porte en elle une énorme menace, celle de la récupération par les religions. On peut en effet difficilement imaginer que les représentants des cultes abandonnent soudain leur foi pour la seule raison que l'homme aurait enfin compris de quoi est fait l'espace, qu'il aurait assimilé l'idée que le vide n'existe pas, du moins de la manière dont nous le concevons aujourd'hui, et qu'il s'en servirait pour s'ouvrir l'énorme portail d'accès à l'énergie gratuite et illimitée, s'assurant ainsi la garantie de lendemains pacifiques et la fin du pillage de la planète. On peut en effet espérer que, les motifs de se faire la guerre étant presque réduits à néant, les peuples pourraient enfin vivre en paix et en bon voisinage. Est-ce réaliste, ou bien doit-on redouter que l'homme porte sans bien s'en rendre compte les gènes du guerrier, et qu'il trouvera alors un autre motif pour continuer à se détruire ?

Albert Camus prétendait que la grandeur de l'homme est de refuser la condition humaine. Refuser la condition humaine, c'est un peu ce que font le scientifique et le philosophe scientifique quand ils commencent à vouloir comprendre les choses. Les hommes sont curieux, ils veulent savoir, contrairement à toutes les autres espèces animales, qui vivent sans se poser de question et ne se préoccupent que de se nourrir et de se reproduire. Mais en est-on bien sûr ? Quoi qu'il en soit, c'est ainsi que pour Jean-Jaques Rousseau l'homme, seul capable de modifier sciemment le cours de sa vie, se démarque de l'animal. Mais il est également vrai que l'homme se trompe, que sa logique est faillible, son intelligence limitée, et que sa progression dans sa connaissance du Monde, où le rôle du hasard est tout sauf négligeable, se fait par à-coups, de manière maladroite et hésitante, avec de longues périodes d'égarement dues à un raisonnement imparfait qui le handicape constamment et le conduit souvent dans des impasses d'où il a du mal à sortir.

Si l'éther est capable de redonner un élan formidable à la physique, il sera également du pain béni pour les marchands de rêves et les charlatans de l'ésotérisme et des mondes parallèles, qui verront en lui le moyen de justifier « scientifiquement » leurs coupables activités. Avoir la confirmation qu'il existe quelque chose que nos sens ne puisse détecter, et qui représente un monde mystérieux présent mais invisible, permettra à tous les truands de la Terre de peaufiner leur baratin pour mieux gruger les naïfs, en se référant à leurs propres arguments qu'ils utilisent depuis si longtemps pour convaincre les gogos qu'il existe d'autres mondes, cachés dans l'espace et dans le temps, et que bien sûr ils sont les seuls à en avoir connaissance, tout en étant disposés à en faire profiter les autres moyennant une juste rétribution. De plus, et c'est encore plus dramatique, les vrais scientifiques auront tendance à se méfier, pour exactement les mêmes raisons, de l'apparition dans leur monde si confortable d'une nouveauté aussi incroyable et si dérangeante. Mais on peut aussi se demander quelle sera l'attitude des religieux devant cette révélation impromptue, deux ou trois siècles après que l'existence de l'éther soit officielle et enseignée dans les classes élémentaires, car c'est l'ordre de grandeur du temps qu'il leur faut, comme le montre l'histoire, pour assimiler et récupérer à leur profit les découvertes scientifiques. Car enfin, cette chose à qui nous devons tout, qui est partout, en nous et hors de nous, qui est là mais que nous ne pouvons que deviner, n'est-ce pas Dieu par la définition qu'en donne toute religion? On peut tout imaginer en ce qui concerne les réactions de l'Eglise, mais en revanche on sait, depuis qu'on connaît le sort qu'elle a réservé à Galilée, qu'elle aura du mal, beaucoup de mal, à trouver dans la nouvelle vérité scientifique le moyen de ranimer et de conforter une foi passagèrement ébranlée. Mais soyons certains qu'elle y parviendra, et même qu'au bout du compte elle s'arrangera pour présenter les choses à son avantage, comme elle sait si bien le faire.

Les choses ne sont jamais simples dans la société humaine. L'éducation moderne, par nécessité, s'adapte constamment aux progrès de la technique, de sorte que, faute de pouvoir prendre son temps, elle n'a pas progressé dans le sens de la morale et des valeurs fondamentales de la vie en commun. Celles-ci passent après d'autres valeurs, à chaque instant nouvelles, qui correspondent aux exigences de l'équilibre des sociétés de consommation, dont l'empire s'étend à tous les pays de la civilisation occidentale, c'est-à-dire aujourd'hui à plus de la moitié de la planète. L'intelligence humaine ne trouve ni son compte ni son accomplissement dans des sociétés gérées par les économistes et les innombrables comptables du monde commercial, et ce qui devrait normalement l'aider à progresser, par exemple la diminution de l'emprise des tâches quotidiennes sur le temps disponible pour la réflexion philosophique, essentiellement grâce aux avancées technologiques, se voit redistribué en grande partie au bénéfice du mythisme religieux, dont les prosélytes aux messages simplistes sont toujours à l'affût.

Tous ces problèmes se poseront inévitablement un jour ou l'autre, dès lors que l'existence de l'éther sera universellement reconnue et devenue d'une évidence totale pour au moins une partie de la population. Dans le milieu scientifique, chaque découverte importante déclenche toujours les mêmes réactions contradictoires de la part des diverses corporations : les unes font systématiquement barrage à des idées neuves qui présentent une menace pour leur tranquillité ou leur sécurité, ce sont en général les scientifiques méfiants ou engagés dans une voie précise de longue haleine, les autres se précipitent sur l'événement avec un enthousiasme parfois excessif et s'emparent du nouvel objet pour en tirer profit le plus vite possible, et surtout avant les autres. Au milieu de ces deux tendances extrêmes se trouve une majorité inerte et méfiante, molle et suspicieuse, indolente et dubitative, qui attendra patiemment le développement pratique de la découverte pour décider s'il y a lieu ou non de lui faire crédit : c'est ce qu'on appelle ordinairement la sagesse populaire. Mais cette sagesse ne mérite son nom que si elle s'appuie sur une culture à base scientifique et où la religion n'a que la place que l'on veut bien lui donner, en n'oubliant jamais qu'il n'y a qu'une seule porte logique vers la conquête de la vérité : la physique.

Pour paraphraser Malraux tout en rendant un peu d'espoir aux générations futures, on peut espérer que le 22ème siècle sera scientifique, pour peu que les intégristes de toutes obédiences aient été mis hors d'état de nuire, ce qui ne sera pas une mince affaire, et aussi à condition qu'une surpopulation incontrôlée ne fasse exploser un système social fragilisé par l'incurie des dirigeants. S'agit-il vraiment d'une incurie, ou est-ce simplement de l'impuissance, par ailleurs politiquement assumée, c'est un autre problème. Tout cela peut se discuter, mais le résultat est là : l'accroissement de la population ajouté au progrès technologique, qui fait que les tâches à accomplir, dans l'acception la plus général du terme et à toutes les échelles, du ménage à la nation toute entière, nécessitent de moins en moins de personnel, conduisent d'une manière irrémédiable les civilisations occidentales à une impasse dont le chômage et la pollution constituent deux indicateurs d'une clarté totale mais que personne, parmi les dirigeants, n'accepte de prendre en compte. Encore faudrait-il pour cela être conscient du problème.

Cette digression sociologique terre-à-terre peut paraître incongrue dans un ouvrage de cette nature-ci, mais il faut bien voir que la pénétration des idées scientifiques dans le grand public se fait d'une manière parfois irrationnelle. Le progrès de la physique n'est finalement effectif que lorsqu'il est assimilé par le peuple, qui en est le dépositaire et le seul propriétaire autorisé. Mais l'individu moyen a autre chose à faire que de se tenir au courant, au jour le jour, de l'état de la physique. Il faut qu'on lui serve un plat appétissant, avec du fumet, il faut que sa logique personnelle puisse s'exercer sans qu'un langage incompréhensible ne vienne annihiler toute velléité d'apprendre, en termes mieux choisis et plus élégants il faut que la physique soit attirante et « démocratique ». Si elle ne l'est pas, elle reste la propriété du petit cercle d'initiés contre lequel Einstein nous a mis en garde, et qui ne sait, ni peut-être ne veut, partager ses connaissances, lesquelles deviennent par là-même suspectes parce que non vérifiables. Il n'est donc pas incongru, contrairement à ce qu'on pourrait supposer a priori, de mélanger la physique à la vie courante, car cette dernière conditionne par sa nature la pénétration des idées dans le milieu populaire, et c'est ce milieu qui reflète le plus exactement possible le niveau de culture d'un peuple, et non pas, comme on a l'habitude de le claironner, l'état présent de sa recherche de pointe. Faire de celle-ci la vitrine du travail hautement spécialisé d'une élite est sans doute fondé, quoi qu'une certaine méfiance commence à s'installer vis-à-vis de cette position systématique, mais l'identifier au niveau réel de la connaissance d'une société dans le domaine scientifique serait une grave erreur. Le comportement grégaire de l'homme occidental, si on devait le décrire vu du ciel et à une hauteur suffisante, serait plus proche du carnaval de Rio que du congrès Solvay, et l'extrême spécialisation des chercheurs de haut niveau leur enlève tout caractère universel, ainsi que les apparats supposés du génie.

Pour en revenir à Dieu et au lien qui le réunit fatalement à l'éther, puisqu'on prête aux deux le pouvoir absolu, il va y avoir là un cas de conscience extraordinaire pour l'Eglise. Dieu est une invention humaine, au même titre que les mathématiques, et pour ces deux concepts, auxquels nous nous limitons pour l'instant mais qui sont totalement représentatifs des conceptions humaines existentielles ou abstraites, la notion de vérité se pose exactement de la même manière : si on admet que les mathématiques existent, alors il faut également admettre, à priori, l'existence de Dieu. L'expression « à priori » est ici d'une importance déterminante, car si le problème s'examine « à posteriori » les choses changent et deviennent fondamentalement différentes. Entre les deux se trouve en effet la notion de preuve, qui est le fondement de l'action scientifique et qui édifie une barrière définitive et indestructible entre science et religion.

Dieu et les mathématiques sont deux concepts qui n'existent que dans le cerveau des humains : on ne voit rien dans la nature qui ressemble à l'un ou aux autres, mis à part les convaincus inconditionnels qui les voient en toute chose, mais une majorité pense que si on les conçoit, c'est que ça existe. Dans ces conditions, que dire de l'éther ? Il serait tout à fait injuste qu'il ne bénéficie pas de la même conviction de la part de ceux qui croient, soit à l'existence de Dieu, soit à celle des mathématiques, soit aux deux. Les Jésuites, pères et initiateurs de la méthode sémantique de la « réponse à tout », se sont toujours fait un plaisir d'enfumer les esprits non aguerris avec des arguments de ce genre, et réussissent même à retourner l'argument de preuve, qui normalement doit consacrer la victoire intellectuelle des mathématiques, en faveur de leur plaidoirie pour l'existence de Dieu. Toutes ces remarques convergent en fait vers la conclusion, d'abord qu'il est inutile de discuter avec un Jésuite, c'est peine perdue, mais ensuite qu'il y a quantité d'autres corporations auxquelles ce principe peut s'appliquer. En ce qui concerne l'éther et la question de son existence, sa défense sera soumise aux mêmes lois, jusqu'à ce que l'utilisation à notre profit de l'énergie qui l'habite soit tellement limpide et démonstrative qu'elle coupera court à toute discussion sur sa validité. Mais alors commenceront des milliers d'autres discussions physiques et philosophiques sur sa nature et ses caractéristiques, et ces discussions seront alors le signe d'un progrès phénoménal, à la fois de la science et de l'esprit humain, qui trouvera là la base universelle qui lui manque actuellement.

La religion disparaîtra-t-elle pour autant ? On peut parier que non. Dans l'état moral et intellectuel actuel où se trouvent les civilisations, même les plus évoluées selon les critères habituels, il serait vain de ne pas reconnaître aux populations le besoin impérieux de croire. C'est dans la nature humaine. Mais de croire en quoi ? On en revient toujours à cette dualité de l'esprit humain, attiré avec la même force vers deux voies de réflexion philosophique, deux quêtes allant vers deux directions diamétralement opposées, l'une vers les mystères de la foi, l'autre vers ceux de la Nature. L'une se veut essentiellement intuitive, l'autre purement rationnelle, mais les deux correspondent à un même besoin d'apprendre, à un même appétit de savoir qui malheureusement ne sait pas faire la distinction, du moins pas d'une manière immédiate, entre ce qui est intellectuellement profitable et ce qui ne l'est pas. Est-ce que la prise de conscience collective de l'existence de l'éther, quand elle se fera, changera les données de ce problème ? Voilà la bonne question, à laquelle on souhaiterait une réponse positive, mais la science peut-elle changer la nature humaine ? Les découvertes successives des physiciens ont été enregistrées peu à peu, quelque part dans le cerveau humain, dans une zone qui n'a théoriquement pas de connexion avec celle qui contient l'enseignement religieux. C'est du moins une organisation schématique très simplifiée dont nous supposons dotés les gens équilibrés. La réalité ne semble pas entièrement corroborer cette assertion, tant il est difficile de réellement cerner les idées d'une personne. Quand un professeur d'un lycée algérien n'arrive plus à répondre rationnellement à des questions rationnelles, tout simplement parce qu'il ne connaît pas lui-même la réponse, il trouve la porte de sortie en prononçant l'imparable : « *c'est Allah qui l'a voulu* ». En France aucun enseignant, même dans l'enseignement privé, n'oserait dire, dans les mêmes circonstances, « *c'est Dieu qui l'a voulu* », mais ce qu'il dira à la place ne satisfera pas pour autant l'élève qui veut absolument savoir. En revanche, et cela revient au même sur le plan de l'efficacité didactique tout en étant plus facile à faire passer, avoir à sa disposition comme dernier recours la présence du fluide universel, qui ne livrera jamais tous ses secrets mais qui possède en lui toutes les explications possibles, permettra aux professeurs d'avoir honorablement le dernier mot sans être conduits à convenir qu'il y a des limites à leur savoir.

En conclusion de ce paragraphe, qui pourrait être développé à l'infini, on n'est pas prêt de se débarrasser d'une religion qui, bien que manquant totalement de bases rationnelles, constitue une force fédératrice qu'on ne peut ni ignorer, ni négliger. On pourra donc, dans une société moderne et évoluée, tolérer sa présence comme celle d'un impressionnant théâtre dont l'homme à besoin pour oublier sa petitesse et sa destinée individuelle, et saluer comme il convient l'avènement de l'éther, palier déterminant de notre progression dans la connaissance. Sans oublier, comme le rappelait sans cesse Vallée, que l'espace est un extraordinaire réservoir d'énergie inépuisable, captable et gratuite, ce qui est la solution d'avenir, totale et permanente, à la crise de l'énergie, à l'effet de serre et au pillage des énergies fossiles, donc de la planète. Ne restera plus alors à l'homme qu'à maîtriser sa démographie, ce qui est le vrai problème du futur.

7.2. Le temps et l'espace

Depuis qu'Einstein s'est sournoisement et durablement introduit dans l'histoire des sciences, nous vivons une époque formidable sous le signe de l'espace-temps. A l'instar des autres mythes scientifiques, personne ne sait exactement ce qu'est un espace-temps, quoi que tout le monde en parle, mais sa présence persistante dans les médias est telle qu'il faut bien faire avec. En fait, ce n'est là qu'une des inventions de la physique théorique, mais peut-être celle qui illustre le mieux ses procédés et son état d'esprit. Il faut d'abord rappeler que cette « invention » s'est faite dans la mouvance relativiste, et qu'il a fallu l'intervention d'un mathématicien pour qu'elle éclose au milieu d'une prairie de nouveaux concepts qui devaient révolutionner la physique. De l'équipe Einstein-Minkowsky, le grand public n'a retenu que le nom du premier, alors qu'il n'a pu élaborer la Relativité Générale qu'à l'aide des nouveaux outils mathématiques fournis, à sa demande, par le second. Cruelle injustice, à laquelle l'histoire des sciences nous a heureusement préparés.

Avant eux il y avait l'espace et le temps. L'espace, on sait à peu près le définir : comme l'aurait dit Raymond Devos, pour qui l'antimatière est un trou avec rien autour, c'est là où on se trouve et où se trouve tout le reste. On s'y repère à l'aide d'un point choisi comme référence et d'un groupe de trois coordonnées, attachées habituellement à un trièdre trirectangle et nommées x, y et z. Ces trois coordonnées correspondent chacune à la distance, ramenée sur son axe particulier, où on se trouve de l'origine, la distance effective étant égale à :

$$d = \sqrt{x^2 + y^2 + z^2}$$

L'espace-temps consiste à ajouter aux trois coordonnées précédentes une quatrième variable t qui est indépendante des trois autres et qui donc ne devrait pas être appelée coordonnée. Seules les trois variables d'espace sont coordonnées dans un même référentiel. Le premier inconvénient de cette introduction d'une variable supplémentaire à un système que tout le monde assimile naturellement est d'ouvrir la voie à d'autres introductions de ce genre, ce que ne se sont pas privés de faire les mathématiciens de la physique : aujourd'hui le nombre des variables n'est limité que par la volonté des théoriciens, et on parle couramment d'espaces à n dimensions, qui n'ont plus rien à voir avec notre espace à nous, gens ordinaires. Le deuxième inconvénient se présente dès qu'il faut expliquer ce qu'est l'espace-temps, sachant qu'on ne peut se représenter que trois dimensions et qu'on ne voit pas très bien, dans ces conditions, comment faire pour en donner une interprétation graphique raisonnable. En fait, ce n'est pas possible, puisque le dessin ne peut suggérer, grâce à la perspective, que trois dimensions, et les représentations qu'on propose dans les lieux didactiques pour illustrer les choses fantastiques qui arrivent à cet espace-temps, qui se déforme ou se creuse, se tasse, se dilate, tout ceci à l'aide de dessins enfantins, sont terrifiantes de nullité. Il ne faut pas oublier, de plus, que tout ceci se passe dans le vide absolu, ce qui repose l'éternelle question du vide pour ceux qui y croient : comment peut-on oser prêter des propriétés matérielles, comme la possibilité de se déformer, à un espace où il n'y a rien de déformable ? De quelque côté que l'on prenne ce problème du vide, pour peu qu'on y réfléchisse suffisamment, on tombe très vite sur des impasses, qui malheureusement n'arrêtent pas les théoriciens, eux qui ne possèdent pas, comme les gens normaux, de barrières mentales contre l'illogisme, ni de signal d'alarme détectant l'impossible.

Parlons maintenant de cette quatrième variable que la physique moderne persiste à vouloir marier aux trois autres : le temps. Mathématiquement, l'introduction du temps dans un modèle quelconque indique qu'une certaine quantité, qu'un certain paramètre, est susceptible de varier. C'est clair et limpide. Encore faudrait-il que la notion de temps soit elle aussi claire et limpide, ce qui est loin d'être le cas. La notion de temps, celui qui passe et nous voit vieillir, nous est donnée par la vision des changements : changements de forme, de structure, d'aspect, de propriétés, de tout ce qu'on peut répertorier dans cet ordre d'idées, mais toujours en relation avec la sensation d'une modification irréversible et à nous apparente. Le temps ne se mesure pas, on ne mesure que des durées, ou intervalles de temps si l'on veut, et cette mesure ne peut s'effectuer que par une évaluation avec des phénomènes périodiques dont on compte les périodes. Une mesure de temps est en effet, toujours, un problème de comptage : on compte le nombre de balancements d'un pendule, le nombre de passages du Soleil au zénith, le nombre d'oscillations d'un lame vibrante, celles d'une source lumineuse, en fait n'importe quel phénomène répétitif régulier jugé le plus pratique à mesurer dans des conditions données et dont on pourra définir une période ou un cycle. Ensuite on compte, ce qui n'est qu'une question de technologie. Et une fois qu'on a compté, on peut comparer le résultat du comptage à un autre résultat de comptage et être ainsi capable d'affirmer que tel événement a duré x fois plus qu'un autre, et ce simple principe est l'une des bases les plus solides et les moins discutables de la science. Cette présentation de la mesure temporelle pourra paraître à certains caricaturale ou ironique : rien de tel, c'est comme cela que les choses se passent. Quant au temps...

Pour l'homme, la notion du temps qui passe est essentiellement liée à ce qu'il peut en voir, c'est-à-dire, par exemple, le vieillissement de ses contemporains ou le sien propre, quand il se regarde dans son miroir. L'homme est la seule espèce animale, car il ne faut jamais manquer une occasion de rappeler que c'est une espèce animale, qui se soit construit une mémoire collective du même nom, qu'il a appelée « archives », et qui lui permet de matérialiser, si peu que ce soit, ce temps qui passe et qui ne préoccupe que lui et aucune des autres espèces vivant sur cette Terre. Ceux qui possèdent des animaux domestiques, dont ils partagent la paisible existence, sont les mieux placés pour s'en construire une évidence, et pour constater que pour nos amis le passé et le futur semblent s'arrêter à hier et demain, et encore. L'âge et la mort par vieillesse ne semble pas les préoccuper, pas plus que l'origine de notre grand mal existentiel à nous : la peur de la mort et du néant, source première et profonde de toutes nos croyances. Peut-on vraiment définir le temps, ou bien a-t-on, comme on a tendance à la faire d'habitude, quand on ne sait pas par quel bout prendre un problème, donné un nom à un concept qui se trouve hors du rayon d'action de notre intelligence ?

La première question qu'il faut peut-être se poser à propos du temps, c'est de savoir si c'est un phénomène physique, ou disons plus simplement naturel, ou une création artificielle de notre cerveau, comme les mathématiques, autrement dit il faut savoir si c'est un concept qui correspond à quelque chose de réel. Tout phénomène justiciable d'une étude physique est un phénomène que l'on peut quantifier à l'aide de mesures. Peut-on mesurer le temps ? Nous avons exprimé précédemment que l'on ne sait mesurer que des durées ou des intervalles de temps. Mesurer un intervalle de temps, cela signifie que l'on détermine d'abord une origine, qui peut correspondre à un phénomène naturel, comme par exemple le lever du soleil, mais qui en tout état de cause est choisi par l'homme : quand on veut connaître la vitesse d'une automobile qui roule sur un circuit, on démarre le comptage d'un chronomètre quand la voiture passe devant nous, et on l'arrête quand une autre personne, située par exemple à 100 mètres de là, nous fait savoir quand elle passe devant lui. Ensuite il faut faire une opération arithmétique, qui consiste à diviser la distance parcourue par le temps mis à la parcourir.

On remarque tout de suite qu'il y a là toutes les bases de la Relativité Restreinte et de son problème initial, qui réside dans le temps, non égal à zéro, mis par le signal de l'assistant pour parvenir à l'œil du mesureur. Ce temps s'ajoute au temps réel de parcours, et dépend de la nature du signal qu'on utilise pour faire savoir au chronométreur qu'il doit arrêter son mesurage : si le signal est sonore, il se propage à environ 340 m/s, ce qui entraîne un retard non négligeable d'un petit tiers de seconde, s'il est lumineux la vitesse de propagation est 90 000 fois plus grande et le retard devient en général négligeable, quoi que non nul. Quand il ne s'agit que de mesurer la vitesse d'une automobile, il n'y a pas de conséquence grave, d'autant qu'on peut faire la correction de l'erreur. Si le mobile est un électron, les choses deviennent là nettement plus compliquées, car on n'a plus le choix du type de vibration à utiliser : c'est forcément l'onde électromagnétique, lumière ou autre, qui se propage à environ 300 000 km/s. D'où l'émergence, dans quelques esprits tourmentés, d'un problème qui n'en est pas un mais qui a donné lieu à une bifurcation dramatique de la physique théorique, bifurcation qui donne dans une impasse absolue et qui paralyse la vraie physique depuis maintenant plus d'un siècle, en faisant de la vitesse de la lumière une constante universelle, hypothèse non seulement fausse, mais absurde.

Ce n'est pourtant là que le début d'une série d'hypothèses invalidantes, toutes contraires au sens commun et qui ont débouché sur la création du concept d'espace-temps, qui consacra la folie des théoriciens. Peut-être bien, d'ailleurs, que la notion d'espace-temps constitue de fait la frontière entre le vraisemblable et la fiction, entre le bon sens et la folie, et se trouve être le panneau indicateur, sur la voie de la recherche en physique, qui prévient le voyageur imprudent que la route en question ne figure pas sur les cartes. Seuls s'y aventureront ceux qui, séduits par le miroir aux alouettes de la physique mathématique, oublient que la physique est avant toutes choses une science expérimentale, et qu'elle doit constamment se raccrocher à la réalité, ce que nient formellement les modélisateurs systématiques comme Duhem et Poincaré.

Pour en revenir au temps, cette chose qui n'existe que dans le cerveau humain, imaginons un homme, aveugle de préférence, qu'on aurait placé jeune dans un appartement isolé, nanti de toutes les commodités et d'une réserve de nourriture pour toute une vie, sans la moindre possibilité pour l'occupant de sortir ni de communiquer avec l'extérieur. Que serait le temps pour lui ? En aurait-il l'intuition, le verrait-il passer comme nous le voyons passer nous mêmes, rythmé par une quantité d'événements quotidiens dont aucun ne se produit autour du reclus ? Que possède-t-il comme marqueurs, en dehors de sa faim et des battements de son cœur ? Les expériences du spéléologue Michel Siffre, mis avec son accord et le concours des agences spatiales dans des conditions semblables, mais pas tout à fait en ce qui concerne l'isolement, ont déjà montré, dans son cas, une perte progressive de l'échelle temporelle qui était la sienne au début de l'expérience, quand il venait tout juste de quitter son monde habituel. Qu'en serait-il donc de notre cobaye, pour qui le mot quotidien n'aurait pas de sens, lui qui n'aurait pas le moindre repère en mémoire ? Mourrait-il sans s'en apercevoir, comme le font les animaux dont aucun n'a jamais compté le temps ?

Après quelque réflexion on a le droit de supposer que, de même que Jean Perrin n'envisageait de voir la masse que comme un coefficient commode liant la force à l'accélération, il se pourrait également que nous cherchions à habiller de valeurs physiques ce qui ne serait que le coefficient de proportionnalité entre, d'un côté l'espace parcouru, et de l'autre la vitesse. Cela aurait au moins le double avantage d'être à la fois simple et vrai. La première caractéristique apparente des choses que nous examinons, c'est leurs dimensions. Descartes parlait d' «étendue » pour définir l'existence d'un corps, comme si la réalité d'après lui ne pouvait se traduire que par cette conception : un corps existe parce qu'il a une « étendue », et si on y réfléchit quelque peu, la situation des objets dans l'espace et leur taille constituent bien la première acquisition de l'œil et du cerveau dans la découverte ou la prise de conscience de leur environnement. Ensuite et immédiatement après, ou même peut-être au même moment, vient à nous la notion de mouvement, et donc de vitesse. A partir du moment où nous savons mesurer les deux, nous n'avons mathématiquement plus besoin du temps, en temps que valeur fondamentale, puisque cette valeur se déduit de celles de l'espace et de la vitesse.

Pourtant, nous avons fait du temps, en physique, une valeur fondamentale, avec la masse et la longueur. Les trois, symbolisées respectivement par les lettres T, M et L, constituent la base des équations aux dimensions, qui permettent de vérifier commodément l'homogénéité des termes d'une équation et de déceler les erreurs d'exposants. Par exemple, si on doit évaluer une puissance, il faut que celle-ci se présente sous la forme ML^2T^{-2}, c'est-à-dire une masse multipliée par le carré d'une longueur et divisée par le carré d'un temps. Dans cette expression on pourra même faire la distinction, histoire de réviser ses classiques, entre une force $M\,LT^{-2}$ et une accélération LT^{-2}. Mais le temps dont il est question dans ces formules n'est en réalité qu'un intervalle de temps, que le physicien sait mesurer. Il n'y a donc pas, dans ce cas, d'équivoque sur le terme, il s'agit d'une grandeur physique approuvée à propos de laquelle le seul problème réside dans sa mesure exacte, s'il est possible qu'il y ait une mesure exacte. On voit donc parfaitement, à travers ces quelques remarques, la vieille équivoque qui plane sur le terme dès qu'on ne précise pas de quoi on parle, si c'est d'une notion physique parfaitement claire ou, au contraire, cette sensation impalpable et fragile qui marque notre impuissance devant l'éternité dont nous rêvons. Le temps n'est peut-être, finalement, qu'une des nombreuses inventions dont l'homme s'est doté pour se sentir moins petit et moins seul devant l'infini, et qui perd à la fois sa raison d'être et sa signification, si tant est qu'elle en ait jamais eues, dès qu'elle s'évade de notre si précieuse et si prétentieuse boîte crânienne.

7.3 L'homme et l'infini

Peu de savants-philosophes ont su, mieux que Maurice Maeterlinck, décrire le Cosmos et la Nature dans leurs rapports avec l'homme. Il est curieux de constater que ce ne sont pas les astronomes qui parlent le mieux du ciel, de même que ce ne sont pas les physiciens qui font la meilleure propagande pour la physique, et que les livres les plus clairs et les plus captivants viennent d'auteurs qui œuvrent dans des sciences voisines, mais différentes. Dans le cas de Maeterlinck, entomologiste, le fait est d'autant plus curieux qu'on imagine facilement qu'il s'agit là d'une profession où on regarde toujours vers le sol, et où on ne lève les yeux au ciel que pour rêver : c'est peut-être justement là que réside l'explication, comme une sorte de compensation qui s'opère chaque fois que le savant quitte ses insectes du regard pour diriger celui-ci vers l'autre bout de l'infini, vers un inconnu totalement différent de celui qu'il scrute à longueur de journée.

La notion d'infini, qu'elle concerne le temps ou l'espace, est de celles auxquelles on s'habitue sans trop de problème. Se dire que derrière une galaxie lointaine s'en cache une autre, derrière laquelle il y en a une autre, qui elle-même nous empêche d'en voir plusieurs autres, et que c'est toujours comme cela au fur et à mesure qu'on essaie d'aller plus loin en pensée, tout cela se digère assez bien. Se dire qu'une galaxie spirale est un tourbillon qui tourne effectivement au moment où on la regarde, mais que l'échelle des temps dans laquelle elle se meut est telle qu'elle nous semble immobile et figée dans l'éternité du temps, c'est quelque chose qu'on peut admettre sans grande difficulté, pour peu que l'on prenne le temps d'y réfléchir le temps qu'il faut. En revanche, prétendre connaître la masse de l'Univers, ce qui suppose qu'il soit borné, est un défi au sens commun que pourtant un nombre incroyable de savants égarés et de gogos avaleurs de tout pratiquent sans vergogne. Depuis l'avènement du Big Bang, cette farce gargantuesque née d'une prise de décision irréfléchie de la part des astrophysiciens, il existe maintenant un début aux choses, du moins pour ceux qui veulent y croire. C'est biblique, assurément : au début était le verbe, etc. Il est même étonnant que personne n'ait osé faire le parallèle, tant il est vrai que tous les mythes du monde finissent par se rencontrer, mais il faut croire que la prudence a pour une fois prévalu parmi les inconditionnels de la foi universelle. Toujours est-il que, pour des physiciens par ailleurs touchés par la grâce divine, le monde est né il y a environ 15 milliards d'années, à partir de rien paraît-il. C'était du moins la première version de la fable. Depuis on en a édité une deuxième, où il y a quelque chose avant, c'est-à-dire où le Big Bang ne serait en fait qu'un point de compression d'un Univers qui aurait d'abord rétréci puis, ne pouvant plus contenir une énergie par trop comprimée, aurait entamé une phase de décompression salvatrice dont nous serions aujourd'hui les témoins privilégiés. Cette modification, issue d'une longue réflexion, permet enfin de répondre à la question trop facile qui commençait à embarrasser les spécialistes : « mais qu'y avait-il donc avant ? ». Le Big Bang a donc abandonné la prétention d'être la création de l'Univers, ce n'est plus maintenant qu'une péripétie spatio-temporelle qui s'est construite en accord, à la fois avec le choix confirmé de l'effet Doppler pour expliquer le décalage spectral vers le rouge, et d'autre part avec la logique banale du quidam, qui respire un peu mieux, quoi que pas très bien.

On ne se rend pas toujours très bien compte de l'énormité des hypothèses actuelles de la physique théorique, qui s'appuie constamment sur le fait qu'elles sont vérifiées par les faits pour en proclamer leur bien-fondé et leur validité. Rappelons une fois de plus que ce n'est pas parce qu'une théorie n'est pas contredite par les faits qu'elle n'est pas fausse : chaque fois que les relativistes claironnent que telle ou telle nouvelle découverte astronomique confirme leur théorie, tous les médias passent sous silence qu'elle confirme également la théorie synergétique de Vallée, ainsi peut-être que d'autres théories qui n'ont pas eu la chance de voir médiatiquement le jour. Quant au Big Bang, qui appartient à la même mouvance, il constitue l'exemple type de la folie collective que peut entraîner le fait d'abandonner tout esprit critique, de ne jamais faire le point, de ne jamais douter et de foncer dans une direction sans jamais se retourner. Cette situation est d'autant plus irritante que les physiciens de toutes les branches, et plus particulièrement les astrophysiciens, ont tous les éléments pour comprendre comment fonctionne le cosmos et l'Univers. La clé qui permet de coordonner toutes les découvertes récentes et d'unifier la physique est la notion d'éther. Il suffit d'admettre l'existence de l'éther, en lui prêtant évidemment les bonnes caractéristiques, et ceci est aussi fondamental que simple à essayer, et de voir ensuite s'il y a incompatibilité avec ce qu'on connaît de la réalité. S'il n'y en a pas, et tous ceux qui lisent ces lignes savent maintenant qu'il n'y en a pas, il faut alors prendre son courage à deux mains et pousser l'investigation un peu plus loin, il n'y a que le premier pas qui coûte. Et le physicien qui osera faire cela se prendra vite au jeu, si l'on peut dire car c'est bien plus qu'un jeu, en constatant au bout d'un petit moment, au prix d'un tout petit effort, que tout ce qu'il a appris s'ordonne maintenant d'une manière tellement lumineuse que tout doute se dissipera bien vite, dans une tête sûrement déjà bien pleine mais où manquait l'outil principal.

L'espace éthérique étant plein et quasiment incompressible, imaginer une expansion dans un tel liquide ou une telle poudre qui n'a pas de limites n'a donc plus de sens, le Big Bang ne peut plus y fonctionner et l'infini y retrouve dans ce contexte la place qui lui revient, celle d'un espace reposant où les mouvements d'ensemble qui s'y produisent sont à la fois invisibles et d'une lenteur extrême, pour nous humains. Pourtant l'activité y est permanente, des soleils se créent, d'autres meurent, des galaxies naissent constamment, d'autres se révèlent à nous au fur et à mesure que de nouvelles optiques parviennent à les extraire du fond noir du ciel, ce ciel qui scintille en un feu d'artifice permanent dont notre existence misérablement courte ne nous permet d'en voir qu'un instantané, ce qui nous donne cette impression de stabilité, d'immobilité, qui n'est qu'un leurre. Une galaxie spirale qui a la forme d'un tourbillon ne peut être effectivement autre chose qu'un tourbillon, un vortex qui tourne à sa vitesse, vitesse qui lui est déterminée par la masse en mouvement et par la force d'aspiration de son centre, mais une vie d'homme ne suffit pas pour déceler la moindre rotation dans cette image du passé. C'est peut-être dans cette comparaison disproportionnée entre l'esquisse d'un mouvement à l'échelle galactique, qui dure incomparablement plus que cent mille générations humaines, que se trouve la genèse de notre notion de l'infini : en refusant d'admettre que ce qui semble inerte se meut en fait pesamment, en lui refusant le statut d'une immobilité trompeuse, on supprime du même coup toute possibilité de comparaison mesurable entre le rythme cosmique et le nôtre, faisant de ce dernier une référence qui ne convient qu'à nous, sans se préoccuper le moins du monde de la marche de l'Univers, qui brasse sa masse énorme dans une dimension du temps où la seconde vaut des centaines de nos millénaires, ou des milliers, ou plus encore, on ne peut même pas s'en faire la moindre idée.

L'infini marque en quelque sorte la frontière de notre imaginaire, dans le temps et dans l'espace, en prenant bien garde de ne pas mélanger les deux dimensions : si l'espace est une notion consensuelle, sauf pour les relativistes et les pratiquants de la physique quantique, qui n'en considèrent que le squelette, il n'en est pas de même pour le temps, dont la nature exacte échappe complètement à tout le monde. L'infini spatial est la réponse à la question « qu'y a t il au delà ? », quand l'imagination devient la seule arme pour remplacer la vue devenue trop courte. L'infini temporel, lui, est la réponse à deux questions : « qu'y avait t il avant ? » et « qu'y aura t il après ? » Et les deux n'ont ni le même sens, ni la même portée. Ce qui se passait avant est un problème qui concerne surtout certains scientifiques, pour qui le passé est une zone d'exploration chargée d'indices et qu'il s'agit de reconstituer. Ce qui se passera est au contraire l'inconnu total et le refuge de tous les fantasmes humains, et avant tout l'angoisse atavique et individuelle du devenir après une mort programmée et irrévocable. Quoi qu'il en soit, nous ne pouvons nous soustraire à la notion d'infini, nous ne pouvons échapper à ce terrible constat que notre intelligence a des limites et qu'il y a des questions auxquelles nous ne pourrons jamais répondre.

Et puis, il faut le dire, l'infini, c'est bien pratique. Il y a en effet une autre manière de le concevoir comme nous venons de le faire, à savoir non plus comme un problème métaphysique pour candidats au baccalauréat ou philosophes en panne d'inspiration, mais comme la simple limite de notre champ d'investigation. On dira dans ce cas que l'infini est ce qui se trouve au-delà de ce qu'on peut raisonnablement imaginer en fonction de ce qu'on a déjà appris, ou plus modestement de ce qu'on croît savoir, et l'adverbe « au-delà » s'applique, dans cette nouvelle démarche, aussi bien au temps qu'à l'espace. Dans cette acception toutefois, il y a un risque que l'infini devienne quelque chose de variable, puisqu'il serait lié à l'état de nos connaissances. Mais n'est-ce pas justement là son intérêt, de même que sa nature, puisque celle-ci est floue par essence ? En fait le vrai problème que se posent certains physiciens qui imaginent, pour un univers qui n'est pas le nôtre, une structure sphérique qui change complètement le sens de toutes les interrogations qu'on peut avoir sur ses limites, c'est précisément de savoir s'il a vraiment des limites. C'est encore une occasion, mais était-ce bien nécessaire, d'insister sur le fossé qui sépare notre « élite » du commun des mortels, de l'homme de la rue comme l'on dit si bêtement, et qui est sans le savoir le gardien de la logique élémentaire, celle qu'on appelle souvent « bon sens ». Pour celui-ci, l'infini, l'infini spatial du moins, ne souffre pas d'équivoque : c'est mystérieux, certes, puisqu'on ne peut pas y aller, mais c'est clair bien que pas facile à exprimer. Nous dirons que c'est la limite de vision de l'esprit.

Il existe aujourd'hui, dans les deux principaux lieux parisiens de l'initiation à la science, le Palais de la Découverte et la Cité des Sciences, des espaces dédiés à une approche des principaux thèmes de la physique théorique, où quelques grands noms de la science, pour la plupart nobélisés ou simplement célèbres quand il s'agit des grands anciens, proposent leur marchandise intellectuelle aux jeunes et aux curieux. De curieux il y a en fait assez peu, dans cette zone un peu retirée du reste de la Cité des sciences, au troisième niveau où on arrive quelquefois par hasard, quand aux jeunes ils sont apparemment assez vite découragés par une atmosphère légèrement élitiste, d'autant qu'il y a un peu plus loin des choses beaucoup plus accessibles, même quand Etienne Klein prend son air le plus envoûtant pour essayer de les convaincre qu'il faut s'habituer, malgré leur caractère irréel, aux objets extraordinaires de la physique quantique. Quand on visite ces lieux d'introduction à la culture scientifique, les jeunes ados qui sont parvenus jusque là sont soumis d'emblée à un matraquage en règle de la physique relativiste, dont le prosélytisme donne froid dans le dos à ceux qui ont conservé un semblant d'esprit critique. A l'étage en-dessous, on peut parfaire son apprentissage de l'Univers grâce à un matériel didactique aussi élaboré que le précédent. Ce qui ne frappe pas à première vue mais qui se révèle quand on est rentré chez soi et qu'on essaie de faire le point sur ce qu'on a appris, c'est l'assurance qui se dégage des commentaires de clips traitant des mystères du cosmos. On a l'impression que la messe est dite, qu'il n'y a plus aucun doute pour cette grandiose physique astronomique qui nous décrit le commencement du monde comme si on y était, et on ne peut que constater une unité et une cohérence parfaites entre toutes ces jolies fables sur la création de l'Univers, son âge et sa constitution. Il en ressort à l'évidence qu'il y a un début (ne dit-on pas à tout propos : il faut un début à tout ?), et que la question « qu'y avait-il avant » n'a pas de sens et ne doit pas être posée, sinon par des cancres qui ont l'audace de ne pas écouter ce que dit le maître.

Toutes ces notions qui nous enlèvent le droit à l'infini linéaire, celui qui est droit devant nous quelle que soit la direction où l'on regarde, ces notions qui déforment, courbent, rebouclent sur eux-mêmes le temps et l'espace, sont maintenant entérinées par les plus hautes instances et s'insinuent comme des vers malfaisants dans les esprits neufs, pas encore pollués, des enfants, des jeunes étudiants et des simples curieux qui attendent tant de la physique, et que la physique refuse aujourd'hui de leur donner parce qu'il lui manque l'essentiel. Le pire, ce ne sont pas toutes ces inventions virtuelles de la physique théorique, qui prennent toutes les libertés avec la logique et qui retournent et tordent l'espace comme de la guimauve, c'est que cet espace soit vide, qu'il n'y ait absolument rien dedans, et que cependant on puisse le déformer : c'est la totale déraison, la folie pure de savants perdus dans des élucubrations démoniaques qu'ils ne maîtrisent plus, c'est la mort de la physique parce que la mort des physiciens qui ont tous perdu le sens du vrai.

L'infini fait peur, au début : c'est trop grand pour l'homme, qui est tout petit à côté. Puis on s'habitue, et finalement il devient rassurant, d'une certaine manière, quand on se rend compte qu'entre nous et lui se trouvent tant d'étapes à franchir, tant de choses à découvrir, tant de progrès à accomplir, autrement dit tout ce qui nous retient de ne pas en finir tout de suite, sachant que pour nous mortels seules quelques dizaines d'années d'espérance de vie nous séparent de l'inéluctable échéance. Heureusement, il y a la société commerciale qui est là, qui nous enferme dès l'enfance, avant que nous ayons atteint le stade de la réflexion philosophique, dans un monde sphérique où l'homme cavale comme un hamster dans sa roue et dont l'herméticité empêche de voir s'il y a autre chose autour. C'est un monde confortable, au moins pour ce qui est des sociétés avancées, sous réserve de celles qui crèvent de faim et qui ont ainsi une autre raison, moins intellectuelle mais d'autant plus efficace, de ne pas penser. Car le mot clé est là : penser. L'infini, comme la plupart de nos concepts, naît de la réflexion sur ce qui peut se trouver ou se passer soit au-delà, soit avant, soit après. Mais il y a de nombreuses manières de réfléchir, comme celle qui précède l'action par exemple, et où le cerveau utilise ses capacités pour élaborer un plan d'action, soit immédiat soit à plus long terme, ou bien celle qui analyse une action accomplie pour enrichir connaissance et intuition, ou encore celle qui nous intéresse le plus, la réflexion philosophique de l'homme qui a devant lui suffisamment de loisirs et de tranquillité morale pour s'interroger sur le sens de sa vie et sur son cadre cosmique.

L'infini, par essence, ne peut que s'imaginer, puisqu'il est physiquement hors de notre atteinte. Il est aussi spécifique à l'espèce humaine : on imagine mal qu'un animal, étant admis ce qu'on sait de son comportement, s'en préoccupe à quelque instant que ce soit de son existence, alors que chez nous, espèce intellectuellement dominante, certains individus en font un sujet de réflexion incontournable pour qui possède une conscience. Non seulement c'est une préoccupation qui atteint tôt ou tard tout roseau pensant éligible à cette appellation, mais c'est pour certains d'entre nous si stressant qu'ils n'y survivent pas, plongés qu'ils sont dans un abîme de supputations dont ils ne parviennent à sortir que de manière dramatique. En fait, si on consent un petit effort de réflexion logique, assez similaire à celui qui serait demandé à un physicien pour acquérir la certitude de l'existence de l'éther, pas plus, on peut très bien résoudre le problème sans trop de dégâts. Il faut pour cela accepter de se déplacer mentalement un tout petit peu dans l'espace ou le temps, à partir de l'endroit ou de la seconde où on se trouve, et d'essayer de décrire ce qui se trouve au-delà en fonction de ce qu'on connaît déjà de son environnement immédiat, qu'on est bien obligé de choisir comme point de départ puisque c'est là qu'on se trouve. A partir de là, les choses deviennent étrangement simples : si on reste à l'échelle terrestre, on s'imagine voyageant en ligne droite dans un paysage connu, en constatant qu'aussi loin que porte la vue les choses se ressemblent tellement que, plus loin, il n'y a aucune raison de penser que cela puisse être différent, et qu'aller aussi loin qu'on puisse aller n'apportera aucune annonce de début de commencement d'une quelconque limite. Car le fait de supposer qu'il y a une limite appelle immédiatement la question « qu'il y a-t-il derrière cette limite ? », et on est alors bien obligé de convenir qu'il y a forcément, au-delà, autre chose qu'un inconcevable néant. Une fois que l'on a fait ce voyage virtuel en terrain connu, on change d'échelle et on recommence en partant de notre Terre, en franchissant le système solaire et en s'aventurant par la pensée, comme on l'a fait précédemment mais avec des bonds un million de fois plus grands, dans un cosmos où, quelle que soit la direction où l'on porte le regard, on ne voit que similitude et homogénéité. L'infini est pratiquement synonyme de continuité, et dire que l'un est la limite de l'autre ne fait que rappeler une évidence que seuls les théoriciens de la Physique Quantique et de la Relativité osent remettre en question, en inventant des univers bouclés sur eux-mêmes où l'homme serait comme l'écureuil dans sa cage, prisonnier d'un mouvement perpétuel qui le condamnerait finalement à rester sur place.

L'infini temporel est un peu différent dans son approche, car il est pratiquement impossible d'imaginer le temps comme quelque chose de statique, contrairement à l'espace. Les poètes et les philosophes l'ont souvent décrit comme un fleuve sans début ni fin, mais avec en revanche un sens d'écoulement bien précis, que l'on ressent avec une acuité totale. On ne vit en fait que l'instant présent, et cette sensation d'être emporté par le temps nous fait ressentir celui-ci comme une masse mouvante qui nous enveloppe et nous entraîne irrésistiblement, sensation d'autant plus forte que, comme la feuille emportée par le vent, nous ne pouvons nous y opposer. Mais quand on parle de masse mouvante qui entraîne tout sur son passage et dans laquelle toute matière est prisonnière, quand d'autre part on a lu toutes les pages qui précèdent, on ne peut s'empêcher de penser à l'éther : est-ce que, par le plus grand des hasards, il n'y aurait pas un lien identitaire entre ces deux fluides, qui ont en commun qu'on ne peut les appréhender, et qui n'en font peut-être qu'un ? Est-ce que l'idée que nous nous faisons du temps, toute de supposition, d'instinct, d'intuition maladroite, ne serait pas le signe que notre subconscient, un subconscient doté de pouvoirs extraordinaires mais que nous ne savons pas utiliser, connaît peut-être la réponse ? Où que nous nous trouvions, nous sommes dans l'éther. Nous pouvons nous y déplacer sans effort, mais ni plus ni moins qu'un nageur emporté par le courant d'un fleuve, qui peut se rapprocher plus ou moins d'une rive ou de l'autre, mais sans pouvoir ni accoster, ni remonter le cours. Il ne faut donc pas négliger, sans pour autant faire d'hypothèses trop hâtives, une interprétation du temps tellement extraordinaire qu'il faut, avant de s'y aventurer, l'examiner avec autant de prudence que d'intérêt.

L'homme immobile ne l'est que relativement à la toute petite portion d'espace où il se trouve. Ce peut être la chaise sur laquelle il est assis, la pièce dans laquelle se trouve la chaise, la maison dont c'est l'une des pièces, la région où est située la maison, la Terre entière,...mais tout cela n'est qu'illusion, puisque la Terre tourne à la fois sur elle-même et autour du Soleil, et possède assurément d'autres mouvements par rapport à d'autres références.

Les philosophes trouveront dans l'éther l'assise métaphysique qui leur manquait pour mieux réfléchir sur la condition humaine. Celle-ci ne peut s'évaluer sans un contexte physique bien compris, et donc, en particulier, en commençant par se débarrasser d'une complexité inutile, introduite au siècle dernier, par le renoncement d'un savant surévalué, à traiter correctement un problème qui lui a complètement échappé. Il faut surtout qu'ils arrêtent de faire une confiance trop grande aux théoriciens de la physique, dont la démence a maintenant atteint un point tel qu'on ne peut la rapprocher que d'un seul phénomène, de plus créé par eux et n'existant que dans leurs cerveaux : le Big Bang. L'éther étant partout, il est hors de question qu'il puisse se dilater, du moins dans les proportions qu'on veut nous faire admettre. L'Univers est donc par essence globalement stable, mais pas immobile, pas plus qu'un embryon n'est immobile dans le ventre de sa mère, tout en ne pouvant être ailleurs.

L'éther et l'infini vont ensemble, l'un ne va pas sans l'autre, l'un est l'autre. On ne peut pas faire sérieusement de la physique si on n'a pas, au préalable, statué sur ce problème majeur, qui conditionne totalement et définitivement son cadre.

7.4 La physique de demain

Avant de parler de la physique de demain, il faut parler de celle d'aujourd'hui, et aussi des physiciens d'aujourd'hui, ceux qui la pratiquent, ceux qui l'enseignent, pour tout dire ceux qui la font. Pour ces derniers, la physique se présente généralement comme un long chemin vers la connaissance, étroit, tortueux, parsemé d'énigmes, mais unique et qu'il faut trouver. Ils considèrent, en général, que ce qui est acquis l'est définitivement, et qu'il n'est pas concevable qu'une communauté internationale, comprenant des centaines de milliers de membres, puisse collectivement se fourvoyer. Ceux-là, presque tous, se trompent et portent leurs certitudes comme un lourd handicap. En réalité, la voie qui mène à la connaissance se distingue mal d'autres voies piégeuses qui peuvent, malgré un aspect engageant, soit se terminer en impasse, soit rallonger le parcours préalablement estimé, et ceci dans des proportions parfois insupportables. Et l'homme n'a pas le temps. C'est du moins ce qu'il a décidé depuis qu'il a fait de ce mot un équivalent de l'argent, dans une formule stupide qui ne cesse de lui nuire mais qui, malheureusement, ne fait que refléter la dure et stricte réalité.

La physique d'aujourd'hui n'est ni la continuation ni la prisonnière de celle d'hier, et à part son inféodation aux mathématiques, dont on ne sait plus exactement à quand elle remonte, elle doit son aspect et ses caractéristiques non pas à son passé, mais à quelques personnages dont la crédulité populaire, qui sévit dans toutes les sphères sociales, même les plus hautes, a fait des génies. Nous trimballons la Relativité et le Big Bang comme un bagnard tire son boulet, et nous ne progressons plus que dans une technologie complètement dédiée au monde commercial. De son côté la recherche fondamentale s'est égarée dans la théorie pure, en oubliant que la physique est avant tout une science expérimentale et un exercice de réflexion et d'intuition, et que les mathématiques ne seront jamais que l'outil privilégié du physicien, sans que celui-ci ait le droit d'en faire sa seule espérance et la source unique de la connaissance.

De même que la cinquième République a remplacé la quatrième en instituant le suffrage universel, la physique rationnelle prendra un jour la place de la physique théorique en instituant le premier credo du physicien, le principe fondamental qu'il ne pourra plus négliger : l'espace n'est pas vide mais intégralement rempli d'une substance fluide qui s'appelle l'éther. Et l'éther est tout sauf le vide. Le vide absolu, celui qui ne contient rien et où rien ne se passe, n'existe pas à l'échelle macroscopique. On peut pourtant le concevoir comme le faisaient Descartes ou Maxwell, si on suppose le fluide éther formé de petites billes indéformables qui sont plus ou moins en contact selon les circonstances, mais qui ménagent entre elles, de part leur forme sphérique, un espace qui est, lui, le vrai vide, autant qu'on ne puisse l'imaginer autrement, c'est-à-dire lui aussi, à son tour, plein de quelque chose à une échelle encore plus petite. C'est ainsi que Descartes avait vu le Monde, son Monde, pour lequel il avait imaginé toutes les particules géométriquement possibles pour l'aider à combler le moindre espace entre les billes élémentaires. L'autre endroit où pourrait se cacher le vide est l'intérieur de certaines particules élémentaires, celles qui ressemblent à des petits tonneaux, de petits cylindres ou de petites sphères où l'énergie prisonnière tourne à la vitesse de la lumière en créant des murailles de vitesse mille fois plus dures que ce qu'on peut imaginer de plus solide sur Terre, et que Gustave le Bon appelait gyrostats. Quoi qu'il en soit, l'espace lui-même, pris dans son ensemble, est le contraire du vide.

Il est extrêmement difficile de se représenter un tel Univers, où tout semble inversé par rapport à nos sensations. De longues années sont nécessaires pour digérer, sans le secours de preuve évidente, une vérité qui dérange ou qui, dans le meilleur des cas, ne suscite même pas l'enthousiasme de la grande découverte, alors que la négation de l'existence de l'éther est un énorme handicap qui empêche la physique de réellement progresser. Pourquoi y-a-t-il un tel endormissement de la sphère professionnelle qui devrait sans cesse nous éclairer ? Est-ce que la compétence est vraiment là où elle devrait être ? Y-a-t-il une grande conspiration du silence, ourdie par des gens qui ne veulent pas que les choses changent, ou bien est-ce simplement la fatigue, l'absence d'enthousiasme, le manque de foi dans la science, le renoncement, ou quoi d'autre ? Et pourtant l'existence de l'éther, qui finalement se démontre, n'ayons plus peur de l'affirmer, pourrait et devrait devenir rapidement une évidence.

La physique ne peut décemment plus confier son avenir aux cinglés de la physique quantique, qu'on pourrait à la rigueur laisser se noyer dans leurs fantasmes s'ils ne coûtaient pas si cher à la nation, au moment où celle-ci cherche désespérément à sortir d'une crise mondiale dont les causes véritables doivent se chercher ailleurs que dans la logique économique. Voilà d'ailleurs, peut-être, le mot-clé de l'affaire : l'économie. On peut en effet se demander si, au cas où un ingénieur ayant bien compris la structure de l'Univers trouvait le moyen industriel d'en extraire l'énergie dont il regorge, ce dernier devrait craindre pour sa vie plutôt que de s'attendre à une reconnaissance quelconque de l'espèce humaine. L'énergie gratuite et inépuisable, qui n'est plus un mythe depuis la publication des thèses de Vallée, entraînerait un tel bouleversement des règles du jeu sociales qu'on peut réellement se demander si certains seraient prêts à quitter un système, certes injuste et voué à une implosion programmée, mais où ils se sont construit un nid douillet dans lequel le sort des générations futures passe loin derrière le confort immédiat.

Il ne faut pas que tout ceci empêche la physique de progresser. Il serait donc souhaitable que, le plus vite possible, ses instances se penchent sur l'introduction, dans un certain cycle d'études scientifiques à déterminer, d'une étude raisonnée de l'éther, tel que Vallée et ses émules en ont dessiné les contours avec suffisamment de détails pour qu'on ne perde pas trop de temps à chercher dans quelle direction aller. Notons d'ailleurs que, dans les années 80, certains étudiants de troisième cycle avaient proposé à leurs maîtres de thèse de faire de la Synergétique la substance de leur doctorat. Les Universités où cette chose s'est produite, et il y en a eu plusieurs, ont eu vite fait de tuer dans l'œuf les velléités des futurs doctorants, avec une vigueur et une efficacité qui les ont dissuadés à jamais de recommencer. On ne sait donc de quel côté se tourner, quel personnage influent il faudrait essayer d'atteindre, quelle structure, quel organisme existant déjà il faudrait contacter, pour refaire une dernière tentative qui aurait pour seule ambition de faire véritablement démarrer, quelque part, modestement, sans bruit, l'étude de la plus essentielle, la plus extraordinaire et la plus prometteuse voie de recherche de la physique.

Il est quand même incroyable que personne, dans le milieu de la recherche fondamentale, ou même au sein d'un laboratoire industriel de taille convenable, n'ait réussi à se dégager du carcan hiérarchique pour se diriger, de lui-même, vers des zones interdites qui sentent bon l'aventure. Est-ce que personne, dans l'un des compartiments étanches des organismes censés rechercher les pistes nouvelles, n'est capable d'avoir au moins une réflexion personnelle, une envie de liberté, d'émancipation, de remise en cause, ne serait-ce que par une révision critique de ce qu'on lui a appris tout au long d'un cycle d'études uniforme et dictatorial ?

Le tableau qu'on peut brosser d'une société libérée du souci énergétique est pourtant extraordinaire, au sens le plus évocateur du terme, même si l'accession à cette liberté qui, c'est certain, se produira un jour ou l'autre, devra se faire avec autant de prudence que pour transporter un tonneau de nitroglycérine. Les conséquences économiques et sociales de la possession de l'énergie à coût primaire nul sont telles, en effet, qu'il faudra exploiter cette découverte avec un luxe de précautions, afin de ne pas briser un système qui est devenu d'une extrême fragilité et dont dépend notre existence quotidienne, quoi qu'on en pense.

Voilà pour l'enjeu. Maintenant, il s'agit de se projeter dans le futur, en espérant qu'il ne sera pas trop lointain, pour esquisser ce que sera la physique de demain, que nous avons appelée ici physique rationnelle. Les mathématiques reposent sur des axiomes, propositions indémontrables mais que tous les mathématiciens considèrent comme exactes, en fonction de leur évidence, et dont sont déduits de proche en proche tous les théorèmes, qui eux se démontrent. Même si les axiomes peuvent ne pas être évidents, le nombre croissant des propositions qui en découlent renforcent leur validité, de sorte qu'à un certain niveau on ne les met plus en doute, si doute il y a jamais eu. Toutes les sciences exactes sont soumises à la même logique et au même type de construction, basée sur la logique la plus élémentaire. Il en est de même de la physique, ou plutôt il devrait en être de même, car en fait ce n'est pas le cas. L'équivalent des axiomes, en logique et plus particulièrement en physique rationnelle, s'appelleront les principes, en redonnant à ce mot utilisé un peu n'importe comment une définition claire, la même en fait que celle des axiomes : des propositions admissibles par tous mais dont on ne peut démontrer la validité. La physique rationnelle sera donc bâtie à partir de principes comme les mathématiques sont bâties sur des axiomes. Le problème de la physique, par rapport aux mathématiques, qui constituent en réalité la seule science réellement exacte, est l'impossibilité de la démonstration. Celle-ci ne peut se faire qu'en modélisant les objets ou les phénomènes à étudier, ce qui nous ramène alors sous la coupe des mathématiciens qui l'ont bien compris en mettant en avant la rigueur de leur spécialité. Mais cette rigueur est aussi le lourd handicap de la physique théorique, qui a précisément choisi cette méthode de manière définitive et officielle. On comprend donc qu'il soit dès lors très délicat, si malgré tout on décide de ne plus pratiquer de la sorte, d'énoncer des principes de telle manière qu'ils soient susceptibles d'être admis par tous. Il faut pourtant y parvenir, car c'est là une condition indispensable si on veut se donner les moyens d'un nouveau départ, et ce sera ce critère qui fera la grande différence entre la physique rationnelle et la physique théorique, en même temps qu'on effectuera un retour aux sources et aux *Principia Philosophiae*, avec au passage une grande révérence à Descartes le visionnaire. D'autre part, si on veut que ces principes soient efficaces, il est nécessaire qu'ils ne soient pas trop anodins, auquel cas le consensus serait évidemment vite établi, mais qu'ils soient au contraire issus d'une prise de décision totalement réfléchie, appuyée sur une étude critique de toutes les théories, ainsi qu'une profonde réflexion sur tous les acquis de la physique (le mot acquis étant à prendre avec la circonspection qui convient).

Le premier principe est évidemment l'existence de l'éther. En fonction de tout ce qui a été écrit précédemment sur le sujet, aussi bien dans ce livre que dans l'Univers de Maxwell ou Ether et Espace, il faudrait maintenant, pour le nier, soit n'avoir pas pris la peine d'y réfléchir, soit avoir lu sans essayer de comprendre, soit être d'une mauvaise foi totale. La nouvelle présentation critique de la théorie cinétique des gaz, qui est l'une des pistes suggérées pour y parvenir, ne souffre d'aucune contestation possible, et celle qui vient d'une réflexion sur les galaxies spirales, et qui ouvre la piste de la masse volumique, n'est pas plus fragile que la première. Il n'y a donc plus aucune excuse pour persister dans l'idée surannée d'un espace vide. A partir de là, une fois l'existence de l'éther démontrée, il s'agira de caractériser ce dernier, et ce ne sera pas le plus facile.

Le second principe concerne les forces d'attraction. Le fait que Newton lui-même ne croyait pas en leur existence réelle devrait pourtant avoir conduit les scientifiques à s'interroger un peu plus sur leur véritable signification, mais qui a lu la lettre à Bentley ? Qui a vraiment étudié la question, même éventuellement sur un plan plus philosophique que physique ? Qui, d'une manière générale, a eu le goût ou l'idée de vérifier ce qu'on lui enseigne de force, et de le passer au crible de sa propre intelligence et de sa propre logique ? On parle souvent de la force des habitudes : ce n'est pas une vaine expression quand on pense qu'il a fallu un siècle pour se débarrasser de la dictature newtonienne , et que la Relativité a toujours droit de cité. Pour ce qui est des forces d'attraction, c'est pire encore, car la chose non seulement dure toujours, mais est aussi devenue une vérité consensuelle. La physique rationnelle prendra donc ses responsabilités et édictera son deuxième principe : les forces d'attraction n'existent pas. Quand deux corps font mouvement l'un vers l'autre, ou on tendance à faire mouvement l'un vers l'autre, cela signifie que quelque chose les pousse l'un vers l'autre, il ne peut en être autrement.

Rien que ces deux principes bouleversent ou bouleverseront la physique, non pas dans ses résultats, dans tous les domaines où la physique théorique a déjà apporté tout ce qu'elle est capable de nous donner, mais dans la compréhension des phénomènes, ce qui est son vrai but et que la physique traditionnelle ne fait pas, ou très mal. Il y aura également un autre tremblement de terre, c'est la remise en question de tout l'édifice hiérarchique de la société humaine, qui est essentiellement construit selon l'aptitude aux mathématiques, en mettant de côté les inévitables problèmes de carriérisme déjà fustigés précédemment, d'une importance incontestable mais qui sont ici hors sujet. Il y a quantité de gens capables qui ne sont pas doués pour les maths, ou plus exactement qui ne sont pas attirés par les maths, mais qui possèdent un sens évolué de la logique. Ceux-là se retrouvent en général plutôt chez les ingénieurs que chez les chercheurs, mais leur participation active à l'avancement des sciences, si elle n'est jamais mise en avant par les media, n'en est pas moins d'une grande, voire primordiale importance. La nouvelle donne leur permettra de faire valoir des talents qui, aujourd'hui, n'ont pas la faveur des décideurs, mais qui risquent de faire repartir dans la bonne direction la Recherche et l'Industrie.

En dehors des deux principaux principes énoncés comme bases de la physique rationnelle, principes totalement physiques, il en est d'autres qui relèvent du simple bon sens et qui pourtant ne sont jamais appliqués. Par exemple celui selon lequel une théorie est toujours provisoire et susceptible de modifications, ou même de voir un jour l'établissement de sa fausseté. L'histoire des sciences montre hélas que cette idée ne semble pas effleurer l'esprit des partisans de telle ou telle autre, qui se feraient tuer plutôt que de convenir d'une telle chose. Quoi qu'il en soit, l'essentiel de tout cela est de parvenir à laisser de côté la confiance absolue que la physique théorique voue aux mathématiques, et à retrouver l'usage du formidable outil dont chacun de nous dispose, qui s'appelle le raisonnement logique et qui nous distingue de toutes les autres espèces vivantes. Encore faut-il s'en rendre compte, et surtout le choyer et le cultiver comme un bien précieux.

Faut-il édicter d'autres principes ? C'est une question qui se posera peut-être un jour, mais pour l'instant il faut bien voir que l'application des deux principes de base énoncés plus haut est en soi une révolution, et qu'il faudra probablement, en fonction de l'inertie habituelle de la corporation scientifique, un temps considérable pour qu'ils soient acceptés en tant que nouvelle fondation de la physique. Mais il est pratiquement certain que, par la suite, d'autres principes verront le jour, tout en prenant bien garde de n'en trop faire : la physique, pour bien fonctionner, doit rester souple, et plus il y a de principes, moins il y a de souplesse. Et puis, il faut laisser aux générations futures du grain à moudre, de quoi cogiter, en évitant de croire qu'on a soudain trouvé la clé universelle de tous les mystères du Monde. Chacun doit pouvoir donner son avis, contester ou approuver, mais dans les deux cas après mûre réflexion, et sans prétendre avoir définitivement raison. Il faut toujours rester modeste et prudent, et cette maxime universelle est particulièrement bienvenue dans le domaine scientifique.

Malgré tout, il existe un troisième principe très important qu'on ne peut pas ne pas évoquer, et qui concerne les vibrations. Le mot de vibration est suffisamment général pour que l'on s'y intéresse en temps que phénomène de base de la physique, étant donné qu'il intervient dans toute propagation d'un signal, que ce soit en mécanique, en électromagnétisme où dans tout ce qu'on pourra imaginer d'autre où il est question d'énergie vibratoire. Le son qui se propage est une vibration, l'onde EM qui traverse l'éther est une vibration, une résonance est une vibration, mais l'essentiel n'est pas là : il ne peut pas y avoir propagation d'une vibration s'il n'y a pas de milieu de propagation. Une onde ne peut se propager dans le vide, car d'une part l'onde est la vibration du milieu même où elle se propage, et d'autre part le vide ne peut se déformer puisqu'il n'est rien, donc ne peut permettre à une onde de se déplacer. Nous dirons donc qu'une onde est la déformation périodique d'un milieu et qu'elle se propage dans ce même milieu. Seuls les mathématiciens peuvent s'autoriser à dire qu'une onde se propage dans le vide, en oubliant que dans un D'Alembertien, qui est l'équation représentative d'une onde qui se propage, on trouve toujours deux paramètres qui sont caractéristiques d'un milieu. Mais cela ne gêne guère ces théoriciens du vide.

Nous n'irons pas plus loin dans les définitions des premiers principes de la physique rationnelle, que nous résumerons succinctement comme suit :

1- L'espace est plein et s'appelle l'éther, ou encore la masse. C'est un fluide d'une très grande masse volumique qui est notamment capable d'entraîner des milliards de soleils dans le mouvement tourbillonnaire d'une galaxie spirale. Il est parcouru en permanence par une double infinité d'ondes EM qui, entre autres effets, entretiennent le mouvement des molécules gazeuses et sont la cause du mouvement brownien.

2- Les forces d'attraction n'existent pas en tant que telles. Ce sont des concepts qui n'appartiennent qu'à la physique théorique et qui permettent de justifier mathématiquement un équilibre, soit statique, soit dynamique. L'attraction universelle est un mythe, deux corps qui ont tendance à se rapprocher le font parce qu'ils sont poussés l'un vers l'autre, en général par une pression de radiation, créée dans un milieu uniforme par un déséquilibre dû, pour l'un des corps, à la présence de l'autre.

3- Une onde est une vibration périodique qui se propage dans un milieu. C'est de plus une déformation de ce milieu lui-même. Toute déformation créée dans un milieu se propage dans ce milieu. Il faut un milieu pour qu'une onde se propage. On peut décliner le principe à l'infini, certains diront qu'il est inutile, d'autres ne seront pas d'accord, mais il constitue pourtant un garde-fou indispensable contre la trop grande liberté que prennent les mathématiciens de la physique vis-à vis de la logique commune, en les empêchant de laisser penser, par des ruses de langage qui masquent une ignorance de la pratique, qu'une onde puisse se propager sans support. Une onde sans support ne peut exister.

Voilà donc les trois grands principes qu'il faudra admettre en physique rationnelle. Ils ont déjà été exprimés précédemment, sous des formes similaires, mais il faut marteler les choses pour qu'elles s'impriment dans les mémoires, tous les enseignants seront d'accord là-dessus. Ajoutons enfin, mais ceci méritera quelques mots supplémentaires, que l'Univers est mécanique, intégralement mécanique, et que de même que Poincaré avait appelé sa « Relativité » la Mécanique Nouvelle, la physique rationnelle a le droit de s'appeler la « Mécanique de l'Ether ».

Supposons maintenant que les thèses exposées dans ce livre trouvent audience, dans quelque temps, auprès d'une personnalité influente qui résistera à la tentation de la faire sienne, que se passera-t-il ? Sachant que les théories peuvent durer plus d'un siècle et qu'il faut en général qu'une nouvelle apporte la preuve expérimentale de son bien-fondé pour prendre la place de la théorie en cours, il faut craindre que la physique rationnelle ne soit soumise aux mêmes lois, et qu'il faudra mettre sur la table les résultats reproductibles et incontestables de ses conséquences pour qu'elle soit acceptée par la communauté scientifique, puis par la société humaine. Il semble qu'il n'y ait qu'une seule voie qui réunisse ces conditions : la transformation de l'énergie EM de l'éther en une autre énergie, utilisable directement par l'homme.

Nous attendons donc que quelqu'un, quelque part, à un moment donné, un original qui aura bien compris comment fonctionne le système du Monde, ait construit dans sa cave ou dans son garage un objet bizarre qui chauffe tout seul, une lampe électrique sans pile, une batterie qu'on ne recharge jamais, ou une autre étrangeté de ce genre. Il lui faudra ensuite faire des démarches pour présenter sa trouvaille à une personnalité influente qui sera suffisamment intelligente pour en apprécier rapidement la valeur et suffisamment honnête pour ne pas chercher à se l'approprier, et déjà cela sera difficile à trouver. Il faudra ensuite mettre en place un processus qui permette au découvreur et à l'exploitant, qui devront agir en bonne association, de garantir leurs intérêts respectifs et de protéger l'invention qui devra profiter à tous, à terme. On imagine sans peine le luxe de précautions qu'il faudra prendre pour que l'appareil, qui n'obéira pas aux lois de la physique classique, ne tombe pas entre de mauvaises mains, ou entre des mains maladroites, et puisse être reproduit et amélioré sous la protection d'un brevet international. Ce ne sont là que quelques impressions, qui ne font qu'illustrer les énormes difficultés qui se dressent devant tout inventeur d'une réelle nouveauté, dès qu'il s'agit de savoir de quelle manière et à qui il va falloir la présenter.

En admettant malgré tout que les choses se passent bien et que le découvreur trouve l'allié idéal pour promouvoir sa découverte, il y aura une deuxième phase, encore plus aléatoire et dangereuse que la première, qui consistera à industrialiser le produit et à l'introduire dans le circuit commercial, le plus discrètement possible au début, afin de continuer parallèlement à l'améliorer et à optimiser les différents paramètres de la protection de la propriété industrielle, de sorte que l'invention ne puisse être détournée par quiconque. Il faudra bien, évidemment, qu'un jour ou l'autre l'affaire arrive à la connaissance du grand public, mais si jamais on parvient à ce stade, cela voudra dire que la partie est bien engagée. Elle ne sera pas gagnée pour autant, car tous les grands capitaines d'industrie, comme on les appelle, qui sont à la tête d'une entreprise du lobby de l'énergie au plan mondial, vont se rendre compte que la poursuite de leur activité va être conditionnée par la récupération au plus vite de l'invention, et une lutte féroce et sans pitié s'engagera dans ce but entre toutes les parties impliquées.

Peut-être aussi, sait-on jamais, que les choses se passeront mieux que cela, que la raison et l'espérance d'un monde enfin débarrassé du problème de l'énergie prendront le pas sur les luttes tribales du monde commercial, et que la *vox populi* sera pour une fois plus avisée que celle des décideurs institutionnels. On peut toujours rêver. Toujours est-il que le délai entre l'invention et son établissement dans le patrimoine humain ne se comptera ni en semaines, ni en mois, ni en années, mais plus probablement en décennies, voire dans une échelle du temps plus grande encore. L'homme, depuis qu'il a quitté le stade de la tribu pour vivre en société, a toujours été extrêmement doué pour se fabriquer les armes contre lui-même, en choisissant constamment les structures sociales qui favorisent le désordre, l'injustice et la triche. Mais peut-il faire autrement ? N'est-ce pas dans sa nature même, lui qui prétend être l'espèce dominante, et qui est effectivement la seule capable de détruire la planète, et aussi de constamment détruire ses meilleures chances en ignorant ce qui fait sa force ?

Cependant, si on veut continuer à garder espoir, il ne faut pas céder au pessimisme. La société est composée de deux sortes d'individus : les collectifs et les individualistes. Les collectifs se comportent comme les membres des autres communautés animales, en agissant dans l'intérêt de leur espèce et le respect des règles communes. Les individualistes ne pensent qu'à tirer profit de l'espèce en ignorant les règles de la morale ordinaire. Ce sont eux qui empêchent l'espèce de se conduire rationnellement, d'un point de vue global, et qui bloquent tout progrès incontrôlé qui pourrait remettre en cause leur situation personnelle. En règle générale ce sont également eux, malheureusement, qui sont les décideurs et les possédants. On ne peut donc rien faire sans leur accord, et cet accord passe obligatoirement par la récupération par eux de toute invention majeure, dont ils useront à leur gré selon leurs intérêts : ou bien ils la mettront en application, ou bien ils la dissimuleront au grand public le temps qu'il faudra pour élaborer la stratégie du changement et de la bonne mise en circulation du nouveau produit. Ce n'est pas la théorie du complot, ce n'est pas de l'affabulation, c'est comme cela que ça se passe, il suffit de lire la petite histoire des sciences pour s'en convaincre.

Il faudra donc attendre et voir, comme disent les Anglais, et surtout ne pas désespérer : quelles que soient les habitudes et la force des intérêts personnels, à partir du moment ou une découverte est faite, elle parviendra un jour ou l'autre, quoi que puissent faire les actions contraires des uns et des autres, à la connaissance de tous, car il n'est pas possible d'étouffer éternellement quelque chose qui intéresse globalement toute la société. Peut-être que son inventeur sera floué, peut-être qu'il y laissera sa peau, peut-être aussi, et c'est le plus probable, qu'un malin saura mieux que lui l'introduire sans faire de vagues dans le domaine public, mais une invention n'est jamais perdue, sauf éventuellement pour l'inventeur.

Quand l'événement aura eu lieu, la vie ordinaire sera alors bouleversée par la mise à disposition de l'énergie gratuite et inépuisable, considérée jusque là comme une utopie, à l'instar du mouvement perpétuel, qui n'existe pas en système fermé mais qui existe dans l'Univers quand on le considère dans son ensemble. Il suffit pour s'en persuader de se planter devant une fenêtre ouverte par une belle nuit d'été pour admirer le mouvement perpétuel dans sa plénitude, avec le ballet des soleils qui naissent et meurent sans que l'ordre du cosmos en soit le moins du monde affecté, chaque transfert d'énergie d'une zone à une autre étant exactement compensé par un transfert inverse, un an, un siècle ou un millénaire plus tard. Sur Terre, la course à l'énergie et le pillage des ressources fossiles de la planète n'auront plus cours, se déplacer se fera sans contrainte, se chauffer ou se rafraîchir sera le lot de tout un chacun, *ad libitum*, et c'est bien là le problème : plus de guerre économique, plus de conflits pour s'approprier l'exclusivité de tel ou tel minerai stratégique, plus d'angoisse du lendemain dans la population, plus de hausses des prix du carburant, plus de pollution...que faire ?

Tout cela est trop beau, dira-t-on, et certains ajouteront que, si c'était vrai, ce serait déjà fait. Ce genre de stupidité a déjà été prononcé dans le passé un nombre incalculable de fois. Cette inertie intellectuelle est l'une des rançons d'une société technologique qui a voué, jusqu'à présent, une confiance absolue à la toute-puissante physique théorique, mais aussi, par voie de conséquence, aux lobbies du commerce, qui la dirigent indirectement et ne voient jamais d'un bon œil les inventions trop géniales, susceptible de remettre en cause leurs systèmes bien rodés d'exploitation des masses. La société actuelle est ce qu'elle est, mais elle est relativement stable, et la stabilité est ce que recherche avant tout le monde du commerce. Or, l'apparition publique d'un procédé industriel de captation de l'énergie électromagnétique diffuse, qui pourrait se faire trop brutalement, malgré les précautions prises, signifierait un énorme tsunami dans une mer jusqu'alors sans vague.

Pour mieux se représenter l'événement, fixons-nous arbitrairement une donnée essentielle qui consiste dans le choix des moyens techniques utilisés pour utiliser l'énergie diffuse présente en permanence dans l'espace. Il y aura nécessairement un nombre important de filières possibles, il faut donc en choisir une, même si ce n'est pas celle qui sera finalement retenue par la suite, et par commodité nous prendrons la méthode évoquée dans « l'Univers de Maxwell », c'est-à-dire la voie thermique, et donc celle des mini-centrales thermogènes où on se contente de transformer l'énergie électromagnétique en chaleur.

Il y a en France environ 36 000 villages. Imaginons qu'il y ait deux mini-centrales par village, une « normale » et une « secours » pour parer à tout aléa, cela en fait déjà 72 000, identiques, réparties sur l'ensemble du territoire et reliées entre elles pour former un réseau d'une fiabilité totale. Aux villages on peut ajouter les grandes entreprises, comme la métallurgie par exemple, ou les hôpitaux, qui voudront leur autonomie énergétique et s'équiperont de mini-centrales privées, éventuellement modifiées pour s'adapter aux spécificités de l'activité. Au total, quelque chose comme 100 000 centrales fourniront au pays la totalité de ses besoins en électricité, pour toujours et avec un coût primaire égal à zéro. Ce sera l'ère du « tout électrique », pour l'éclairage, le chauffage, la climatisation, l'équipement ménager, les transports en commun, etc. Il ne restera à traiter que l'automobile, la marine et l'aviation. Pour ce qui est de l'automobile, la perspective de plus en plus rapprochée de la fin des ressources fossiles en pétrole a provoqué, dans les pays industrialisés, la mise en chantier de nombreuses études sur les filières possibles de remplacement par l'électricité, sans savoir exactement comment on fabriquerait cette électricité. Parmi elles, celle des piles à combustible semble avoir pris un essor déterminant, mais la filière tout-électrique rechargeable souffre de l'association obligatoire avec un système de stockage, c'est-à-dire des batteries d'accumulateurs, bien encombrantes même si la voie des super condensateurs a semblé un temps prometteuse. En fait, la meilleure solution à court terme, la seule qui ne changerait pas trop le tissu industriel lié à l'automobile, dans son ensemble, serait de remplacer l'essence et le gas-oil par de l'hydrogène liquide, et de garder le système des moteurs à explosion, qui peuvent fonctionner avec ce type de carburant : on sait faire. Le gros avantage de cette solution serait de garder pratiquement en l'état toutes les composantes de la filière : la fabrication de moteurs à explosion, avec des modifications mineures par rapport aux moteurs conventionnels, le réseau de stations-service, simplement transformé, voire même étendu, pour délivrer de l'hydrogène liquide (les prototypes existent depuis l'an 2000), et des voitures ordinaires dont la seule particularité sera de ne rejeter que de l'eau, ce qui résoudra en grande partie les problèmes de pollution liés au gaz carbonique. Mais aussi, et ce n'est pas le moins important, cette solution n'entraîne pas de bouleversement social, pas de licenciements, pas de suppression de postes de travail. Au contraire, toute l'industrie automobile resterait intacte, il pourrait même être envisagé un renforcement du réseau de distribution et de la production des véhicules, le transport par route retrouvant soudain une sorte de virginité, au lieu d'être la cible permanente des écologistes.

La solution qui consiste à utiliser l'hydrogène comme carburant pour moteurs à explosion est donc d'une grande efficacité. On nous a orienté trop vite vers l'idée que le moteur électrique était la future panacée de notre mobilité : c'est probablement vrai à longue échéance, mais pas tant qu'il faudra stocker l'électricité dans des batteries, qui malgré leur incontestable nécessité actuelle présentent beaucoup trop d'inconvénients, que se soit dans leur usage ou dans leur fabrication, sans oublier les problèmes de recyclage. Quant aux piles à combustible, leur complexité technologique ne peut rivaliser avec la simplicité de la solution exposée plus haut, bien qu'elles résolvent elles aussi les problèmes de pollution. L'utilisation directe, comme carburant ordinaire, de l'hydrogène liquide est quand même beaucoup plus avantageuse. Il est bien évident que la solution finale, pour la circulation des automobiles, des trains et des navires, sera le moteur électrique. Mais en ce qui concerne les aéronefs, il faudra attendre l'étape suivante, c'est-à-dire la conversion directe de l'énergie diffuse en énergie électrique, ce qui était le rêve de Vallée et qui se fera un jour, c'est certain.

Voilà donc un tout petit aperçu de ce que l'éther, enfin compris et domestiqué, pourrait nous apporter dans le futur. C'est dès maintenant à notre portée, encore faut-il que son existence soit reconnue par les instances scientifiques, et nous revenons au point de départ : comment faire ? On se trouve vraiment là devant le meilleur exemple possible du cercle vicieux, d'où on ne peut sortir que par le fait d'un événement extérieur, dont la nature probable a déjà été évoquée : l'invention impromptue d'un quidam éclairé, qui saura de plus se protéger et protéger sa trouvaille, avant que celle-ci ne soit industrialisée. Alors seulement, l'enseignement de la physique changera. Tous les relativistes se rejetteront la responsabilité de plus d'un siècle d'égarement, diront qu'ils n'y pouvaient rien parce qu'ils étaient prisonniers d'un système, ce qui d'ailleurs ne sera pas complètement faux, et se précipiteront d'un même élan vers les nouvelles places libérées par l'écroulement de leur monde d'hier. La plupart diront aussi qu'ils avaient bien pensé, à un moment donné, que le Big Bang, la Relativité, la physique quantique, la masse noire cachée, toutes ces théories paraissaient finalement bien compliquées et masquaient peut-être une réalité beaucoup plus simple à côté de laquelle ils étaient passés sans la voir depuis plus d'un siècle. L'histoire des sciences a consigné plusieurs fois ce genre de situation, c'est toujours le prix à payer pour que la vérité éclate, et l'homme est entièrement responsable de ses erreurs.

Cela dit, le véritable progrès de l'humanité ne se fera que le jour ou elle saura interdire à l'industrie de commander à la science, autrement dit quand celle-ci retrouvera son indépendance, et ceci ne pourra se faire que dans une société qui ne sera plus du tout celle que nous connaissons, une société où les valeurs seront complètement changées. Les mots et notions de compétition, de rentabilité, de plus-value, de placements, d'enrichissement, ainsi que tout le vocabulaire guerrier des manieurs d'argent, n'auront plus de sens. L'économie nous débarrassera enfin de sa logique suicidaire et pourra enfin fonctionner sur un mode coopératif, avec des entreprises libérées du stress des bilans de fin d'année. Tout cela n'est pas pour demain, la route est longue qui mène au bonheur, sachant que celui-ci sera toujours relatif : la société organisée trouvera toujours des obstacles devant elle, la nature se chargera d'y veiller, avec la collaboration efficace de l'homme lui-même, si doué pour scier la branche sur laquelle il est assis. On peut fantasmer autant que l'on veut sur tout ce qui pourra se passer quand nous aurons à notre disposition l'énergie gratuite et éternelle, les possibilités de scenarii sont illimitées. Mais ce qui est finalement le plus intéressant, c'est de savoir quelles en seront les conséquences sur notre intellect, en supposant et en espérant qu'il y en ait.

On a bien compris que la nouvelle vision du monde ne sera pas enseignée dans les écoles avant ses applications industrielles, mais après. C'est toujours de cette manière que les choses se passent, on sait maintenant pourquoi et il n'y a pas de raison pour que cela change. En revanche, une fois que l'on apprendra aux jeunes élèves par quels mécanismes ils ne peuvent pas voir le monde tel qu'il est en réalité, quand l'initiation de l'adulte se fera par ce passage obligé de la physique rationnelle, dés le plus jeune âge, quand l'éducation de base ouvrira enfin la voie à des réflexions métaphysiques, là ce sera peut-être différent. On peut alors rêver d'une évolution psychique de l'humanité, peut-être à un premier pas vers le statut d'« homo rationnalis », le premier exemplaire d'humain réellement intelligent, celui qui saura tirer parti des trésors de la Nature en la respectant et qui ne sera plus l'ennemi de son semblable. Utopie ? Pas forcément, car les deux premières causes des conflits internationaux, la religion et le commerce, vont se trouver devant des problèmes qu'elles n'avaient pas l'habitude de voir se dresser devant leurs forteresses. Avoir maintenant affaire à des gens plus intelligents, et qui de surcroît ne ressentent plus le besoin de se battre pour avoir accès au nécessaire, a toujours été la grande terreur des animateurs de ces deux grandes activités, dont le fond de commerce est la peur et l'avidité. Et un phénomène dont on supprime les causes ne se produit plus, c'est la logique qui nous l'enseigne.

On voit donc qu'il y a matière, finalement, à être plutôt optimiste, la capture et la domestication de l'énergie de l'espace devant obligatoirement se faire un jour ou l'autre, c'est écrit.

Chapitre 8 : L'éducation scientifique

8.1. La physique malade

Certaines personnes pensent que la Cité des Sciences et le Palais de la Découverte sont des lieux de culture scientifique réservés aux scolaires, comme nous l'avons déjà dit précédemment. C'est une grave erreur, et les ingénieurs et les médecins en particulier seraient bien inspirés de se rendre au moins une fois par an dans ces fabuleux aide-mémoires, car chaque fois qu'on fait le déplacement, ou bien on apprend quelque chose, ou bien on se rappelle quelque chose qu'on avait oublié.

Cependant la visite n'est pas sans danger, intellectuellement parlant, car ces deux institutions populaires sont, chacune avec des spécificités différentes, le reflet fidèle de la science officielle, ce qui malheureusement peut se traduire par une obéissance totale, proche du garde-à-vous, vis-à-vis des institutions. Par conséquent si cette science officielle a commis des erreurs, et toutes les pages précédentes incitent à en envisager la possibilité, c'est aussi le bon endroit pour emmagasiner quelques idées fausses. Revoyons cela.

Au troisième niveau de la Cité des Sciences, réservé à un certain nombre de sujets un peu pervers comme la Relativité, la gravitation, la physique quantique et d'une manière générale tout ce qui rebute les jeunes mais séduit dans un premier temps les amateurs de mystère, le physicien Etienne Klein, pointure de la physique quantique, explique au passant dans un clip qui se veut didactique pourquoi il faut s'habituer aux objets bizarres de cette branche particulière de la physique. Tout d'abord il prévient que dans ce domaine particulier de la recherche, les lois habituelles de la physique ne sont plus valables. Ceux qui ont bien suivi leurs cours de secondaire et à qui on a appris que les lois de la physique étaient universelles vont sans doute être quelque peu surpris de cette entrée en matière, mais ce n'est que le début d'un argumentaire de présentation où tout ce qui suit cette première affirmation défie la raison ordinaire. Il faut absolument aller le voir si on veut vraiment se rendre compte de ce qu'il faut admettre pour aborder une discipline ou les gens normaux se sentiront peut-être un peu mal à l'aise. On peut aussi éprouver, c'est le cas de beaucoup de visiteurs, un sentiment d'infériorité en ne parvenant pas à assimiler tout de suite des affirmations par trop contraires au vécu d'un individu normal. Mais on peut également, et c'est plutôt un signe encourageant de bonne santé mentale, refuser catégoriquement et définitivement de croire, entre autres fadaises, qu'une particule puisse passer simultanément par deux orifices différents ou qu'un chat puisse être à la fois mort et vivant. Il s'agit bien sûr du chat de Schrödinger, dont on peut entendre les miaulements désespérés non loin de là. Tout le reste est à l'avenant.

Depuis ce repaire élitiste et calme, car peu fréquenté il faut le reconnaître, on peut apercevoir en contrebas une partie de l'espace astronomie, et plus précisément un endroit on l'on explique que les lois d'un système galactique ne sont pas les mêmes que celles d'un système solaire. Et cette affirmation mérite d'être développée, car elle est absolument typique des méthodes de raisonnement de la physique théorique.

Il y a donc là, visible depuis l'étage des génies, une sorte de table ou sont présentés côte à côte deux modèles animés montrant des petites sphères mobiles tournant sur des trajectoires circulaires concentriques avec une vitesse d'autant plus grande qu'ils sont près du centre. Au premier regard les deux manèges, l'un représentant le système solaire et l'autre un système galactique, sont identiques. Mais sachant après avoir lu la notice qu'il doit y avoir une différence, on remarque effectivement que du côté galactique le mobile extérieur, qui n'est plus une planète mais quelque chose de plus gros, sans que cela soit précisé, tourne effectivement moins vite que celui qui est immédiatement plus proche du centre. Et là c'est l'horreur, l'angoisse, le monde qui s'écroule : le système galactique ne suit pas la même loi que le système solaire !

La grande différence, du point de vue des astronomes, entre un système solaire et un système galactique, est que nous nous trouvons tous, nous humains, à l'intérieur d'un exemplaire du premier type, notre système solaire, qui est donc tout proche de nous à l'échelle astronomique et que par conséquent nous pouvons étudier avec précision, alors que le second type se trouve forcément très loin, en tous cas suffisamment loin pour que l'on ne puisse déterminer si le mobile dissident montré à la Cité des Sciences se trouve dans le même plan que les autres ou par hasard ailleurs. Toute la question est là, et ceux qui ont bien assimilé les chapitres précédents vont immédiatement conclure que si le mobile apparemment extérieur semble aller moins vite que les autres, c'est probablement qu'il se trouve géométriquement décalé dans une zone où le tourbillon va moins vite. Et que nous sommes sauvés car dans ce cas, si nous nous tenons au plan des autres mobiles, la loi est bien la même que dans un système solaire normal.

Voilà donc un mystère de plus qui n'existe que pour les astronomes et qui n'est plus un mystère du tout pour qui a bien compris le modèle de vortex astronomique, lequel n'existe que grâce à la physique rationnelle. Mais ce qui est grave dans cette histoire, c'est la conclusion tirée par les astronomes d'une simple anomalie constatée dans un phénomène où par ailleurs tout le reste est conforme. Lorsque l'on se trouve devant un problème de ce genre, en physique, il ne faut surtout pas céder à la panique et décider brutalement que la loi habituelle n'est plus valable. Dans ce genre de situation, il convient d'abord de vérifier qu'il n'y a pas d'erreur d'évaluation ou d'observation, et on imagine que dans un observatoire ces choses-là doivent être faites systématiquement et soigneusement. Une fois cette précaution prise, on peut chercher la cause du mal. Mais de mal il n'y a presque jamais, et comme il a déjà été dit précédemment une exception à une règle est en principe l'occasion de se remettre en question et souvent la promesse d'une progression de la connaissance, sous la forme par exemple d'une nouvelle interprétation des faits, voire d'une nouvelle théorie.

On peut donc maintenant clairement apprécier, grâce à cet exemple que tout le monde peut vérifier sur place, l'énorme différence qu'il peut y avoir dans l'interprétation d'une observation selon que l'on travaille en physique théorique ou en physique rationnelle. Il y a d'abord le refus, en physique théorique, d'admettre qu'un système giratoire où les mobiles vont de plus en plus vite au fur et à mesure qu'ils s'approchent du centre est un tourbillon : c'est en effet le seul phénomène physique qui présente cette configuration dynamique, il n'y a donc aucune excuse à ne pas l'identifier immédiatement comme tel. Ceci veut dire qu'il y a donc autre chose qui empêche de voir les choses telles qu'elles sont, à savoir une disposition d'esprit qui est le résultat des méthodes d'enseignement de la physique. Affirmer que les planètes décrivent des courbes fermées prouve qu'il n'y a dans le modèle classique aucun désir d'aller plus loin qu'une description sommaire et instantanée du phénomène, ainsi que d'une modélisation immédiate et sans imagination, d'une pauvreté consternante et bien caractéristique de la méthode Duhem. Mais nous savons aussi que ce refus est la cause d'un autre refus, celui de ne pas admettre l'existence du fluide universel, celui qui entraîne les galaxies spirales, qui donne sa masse à la matière et qui permet aussi aux ondes électromagnétiques de se propager en leur fournissant l'indispensable milieu de propagation.

L'exemple détaillé ci-dessus est particulièrement démonstratif en fonction du fait que chacun peut le vérifier sur place, mais il est loin d'être unique, et chacun de nous peut certainement souscrire à cette affirmation par le biais de son expérience personnelle, en s'autorisant pour une fois à ne pas faire aveuglément confiance aux publications scientifiques et en utilisant simplement sa logique personnelle, à quelque niveau qu'elle se situe. En fait tout le problème est là, oser se servir sans complexe de son intelligence en laissant de côté, ne serait-ce qu'un instant, l'inhibition et une sorte de résignation que de prétendues intelligences supérieures ont introduit petit à petit dans les esprits, alors que le potentiel intellectuel est le même pour tout le monde, et il faut s'en persuader si on ne veut pas s'exclure par découragement du débat scientifique, ce qui malheureusement est devenu trop courant.

Il est très important de se rendre compte ou de se rappeler que la science en général, et surtout la physique, est la base essentielle de l'état matériel où se trouvent aujourd'hui les civilisations évoluées, et que nous lui devons toutes les commodités de la vie moderne, à elle et à ses fidèles serviteurs que sont les ingénieurs, corporation aussi silencieuse et méconnue qu'indispensable, au même titre que celle des enseignants. Les ingénieurs ont tout construit, les routes, les avions, les chemins de fer, les automobiles, l'éclairage électrique, les frigos, les lave-vaisselle, les centrales nucléaires, toute la technicité grâce à laquelle nous pensions bêtement qu'elle allait nous mener à l'âge d'or grâce à un esprit plus disponible, qu'elle aurait dû faire de notre vieille Terre peut-être pas un paradis, mais un monde où on se serait senti bien, voire heureux. La suite, on la connaît : la société de consommation, animée par les marchands du temple qui ont détourné à leurs profits tous les bénéfices qu'on aurait pu attendre d'une société libérée par le progrès technologique, matériellement d'abord mais surtout intellectuellement, a pris de vitesse une utopie sympathique mais irréaliste, et au lieu de profiter de ce progrès technologique nous en avons fait un instrument de destruction de la planète et de discorde entre des peuples inégalement développés.

Mais surtout la physique, science reine qui devait être pour nous la porte de la connaissance vis-à-vis du Monde, a été au début du vingtième siècle prise en main par les mathématiciens, qui ont décidé en toute simplicité que les physiciens n'étaient pas des gens sérieux et qu'il convenait de remettre de l'ordre dans une discipline trop peu ordonnée en leur apprenant la rigueur. C'est ainsi qu'est née la physique théorique, la physique d'aujourd'hui, celle qui n'a qu'une méthode pour étudier les phénomènes de la Nature, consistant à les mettre en équations. C'est la raison pour laquelle on peut constater, à partir des classes de terminale, qu'un livre de physique est pratiquement un livre de mathématiques, ce qui explique par ailleurs qu'il n'y a plus de passion chez les jeunes pour cette discipline pourtant si passionnante et que cette filière ne fait plus recette.

Que cette physique-là ait malgré tout donné des résultats, parfois impressionnants, personne ne le nie. L'avantage des mathématiques est qu'elles constituent un langage universel, qui facilite l'homogénéité de l'enseignement et la communication écrite. Elles procurent aussi aux ingénieurs et scientifiques un formidable outil auquel aucun d'entre eux ne songerait à renoncer, mais dont ils se servent cependant avec une certaine réserve, car ils savent très bien, eux qui ne vivent pas dans la théorie mais qui ont au contraire constamment les pieds sur terre et les mains dans le pétrin, qu'elles ne conduisent pas toutes seules à la solution de leurs problèmes pratiques.

Quand un jeune ingénieur a réussi à trouver un emploi dans l'industrie et qu'il prend possession de son premier bureau, il commence en général par mettre dans un tiroir ses précieux cours d'étudiant, toute sa culture, qu'il n'a pas oublié d'emporter avec lui et qui dans son esprit constituent sa planche de salut et l'assurance de n'être jamais seul face à l'adversité. Bien vite il va s'apercevoir que dans la vie pratique, où il se trouve maintenant, ses collègues ne parlent pas tout à fait comme ses professeurs le faisaient et il se rendra compte qu'il est indispensable dans ce métier de parler un deuxième langage, qui vient en complément du premier sans toutefois le remplacer, et finalement ses notes d'étudiant finiront par rester la plupart du temps au fond de leur tiroir, avant de retourner au domicile pour classement définitif. Paradoxalement, c'est peut-être justement dans les métiers qui demandent des études à haut niveau mathématique que les pratiquants se rendent le mieux compte de l'insuffisance d'un cursus trop formaté dans ce sens. Mais comment faire autrement ?

C'est justement pour toutes ces raisons qu'a été créée la physique rationnelle, qui a choisi de rendre à l'intelligence intuitive le rôle primordial qu'elle doit avoir et que lui ont confisqué les usurpateurs mathématiciens de la physique théorique, qui ont fait de cette belle science un pensum.

8.2. Logique et physique

Etant donné que les scientifiques sont maintenant presque tous d'accord pour admettre que les événements vécus par un individu s'inscrivent, d'une manière encore mal définie, dans ses gènes et donc dans son inné, il n'est pas interdit de supposer que les quelques centaines de milliers d'années que l'on prête à l'existence de l'espèce humaine ont laissé dans le fond de nos mémoires des trésors cachés dont personne ne nous a appris à nous servir. Quand un joueur de pétanque s'apprête à faire un carreau, il ne calcule pas d'abord sur son ordinateur la trajectoire que la boule doit suivre pour atteindre son but, surtout s'il n'a aucune connaissance spéciale en matière de balistique. Pourtant, il va savoir comment effectuer son lancer après avoir estimé la distance, le poids du projectile, l'impulsion à donner, et si la première tentative a échoué, il saura également comment faire les corrections nécessaires. Il faut donc admettre qu'il existe dans le cerveau de chaque joueur de boules, et par extension dans celui de chacun d'entre nous, une base de données capable de résoudre un problème qui demanderait toute une équipe d'informaticiens spécialisés pour le théoriser et le résoudre ensuite.

Cette faculté n'est pas réservée à l'espèce humaine. Ceux qui ont recueilli un oisillon tombé du nid et qui l'ont installé dans un nid de récupération ont tous remarqué que pour faire ses besoins, le petit miraculé prend bien soin de ne pas transformer l'endroit où il dort en bac de culture microbienne et expulse bien proprement sa petite crotte à l'extérieur de sa maisonnette, offshore. Qui lui a appris à prendre cette précaution, avec tout ce qu'elle suppose de connaissances induites ? Est-ce une maman oiseau par ailleurs incapable de le remonter au nid ? Est-ce son sauveteur qui ne connaît rien du langage du monde volant ? Ou bien est-ce le fait d'une toute petite partie de son tout petit cerveau, là où se trouve stockée une somme extraordinaire d'expériences vécues par l'espèce, et qui lui diront constamment quoi faire dans toutes les circonstances qu'il rencontrera dans sa vie d'oiseau ?

Le gros inconvénient de la physique théorique, vue sous l'angle éducatif, est qu'elle nous a fait perdre confiance dans ce trésor de connaissances que nous portons tous en nous, en nous faisant croire que seule l'extrême rigueur des mathématiques pourrait faire disparaître le hasard du raisonnement en physique. C'est oublier que pour étudier un phénomène dans ce système-là on passe d'abord par une modélisation, puisqu'on renonce dès le départ à le comprendre, en n'ayant pour but que sa quantification, et que cette modélisation constitue le point faible du procédé. Et comme ce point faible se situe au départ même, on peut redouter qu'une erreur ou une insuffisance commise à cet endroit et à ce moment puisse condamner définitivement et totalement la suite. C'est d'ailleurs ce qui se produit souvent, et lorsque l'on s'en aperçoit il n'y a plus qu'à changer de modèle et à tout recommencer.

Si l'on veut pratiquer une physique qui explique les choses, à la place et en complément d'une physique qui calcule, il faut procéder à la manière d'Hercule Poirot et laisser travailler ses petites cellules grises, et parmi celles-ci utiliser celles qui communiquent avec cette partie cachée de la mémoire où se dissimule le patrimoine vécu de l'espèce, caverne d'Ali Baba dont on ne nous enseigne pas le Sésame. Il faut donc le trouver soi-même, ce Sésame, et c'est le fondement et le credo de la physique rationnelle. N'oublions pas que réfléchir est le premier acte de l'émancipation, et il n'est pas rare que ce soit également le chemin vers la contestation, voire la révolte. Mais il ne faut pas avoir peur de ces deux mots, bien qu'ils suscitent en général l'inquiétude de toutes les instances dirigeantes, car ils sont aussi porteurs de l'idée de progrès, même si ce dernier se fait très rarement sans dégât, car il est presque toujours nécessaire, c'est pratiquement une loi naturelle, de détruire avant de reconstruire. Dans le cas de la physique rationnelle, il n'y a même pas lieu d'avoir cette crainte puisque son émergence ne provoquera pas la disparition de la physique traditionnelle, qui gardera toujours une incontestable légitimité. Simplement, elle lui enlèvera son caractère incontournable et quelque peu dictatorial en lui apportant ce qui lui manquait pour être réellement ce qu'on attend qu'elle soit, c'est-à-dire la science reine qui non seulement nous fait découvrir le Monde mais nous rend, sans qu'on s'en rende toujours compte, plus intelligents.

Ceci étant dit, il faut maintenant essayer de préciser en quoi la méthode d'exploration de la physique rationnelle est si différente de celle de la physique théorique. Cette dernière part toujours d'un modèle, qu'elle préfère simple dans la mesure du possible, ce qui est déjà une source d'erreur comme nous l'avons déjà dit. Quand elle recherche les lois liées au mouvement des molécules gazeuses, par exemple, elle considère que celles-ci sont des petites billes indéformables qui rebondissent sur les parois du récipient où elles sont prisonnières en s'entrechoquant éventuellement, le tout sans la moindre perte d'énergie. Ce modèle convient effectivement si on ne considère le phénomène que pendant un instant très court, suffisamment court pour qu'une éventuelle variation de la vitesse moyenne des molécules ne puisse être remarquée et donc prise en compte. Même si cette modélisation a conduit aux résultats que l'on sait, elle n'affiche dès le départ aucune volonté de savoir ce qui provoque et entretient le mouvement des molécules, ce qui est la première question que se posera un physicien rationnel et qui devrait être la première interrogation de toute personne ayant un minimum de curiosité en s'étonnant à juste titre que ce mouvement ne faiblisse pas, alors qu'un gaz est classé parmi les fluides visqueux, ce qui implique nécessairement une perte d'énergie dans tout mouvement. On est obligé de conclure, quand on est un vrai physicien animé d'une curiosité insatiable, qu'il existe « quelque chose » qui entretient la vitesse moyenne de déplacement des molécules et la maintient constante malgré la perte due au frottement. Et le simple fait de se poser la question conduit sans trop d'effort à la réponse.

On ne peut en effet imaginer plus simple dispositif : un récipient fermé avec des petites billes en mouvement à l'intérieur, à l'exclusion de quoi que ce soit d'autre, évident ou caché. Et maintenant il faut chercher ce qui les fait bouger. Le moteur ne peut être dans le gaz lui-même, ni dans les parois, il est donc à l'extérieur, et comme l'emplacement du récipient n'intervient pas en tant que donnée, le fameux moteur doit se trouver partout dans l'espace. Or il n'y a que deux choses qui voyagent dans l'espace, ce sont d'une part les particules, multiples mais que Louis Leprince-Ringuet avait regroupées sous le nom général de rayons cosmiques, bien que ce ne soient pas des rayons, et d'autre part les ondes électromagnétiques. Les particules sont des projectiles qui transpercent la matière, qui la détruisent éventuellement mais qui ne créent pas de pression vibratoire, il ne reste donc que les ondes qui soient capables, en tout lieu, d'impulser les molécules gazeuses. Et si on observe non pas un gaz mais un liquide colloïdal, le mouvement désordonné que l'on observe au microscope avec des déplacements plus petits et plus lents à cause d'une viscosité plus grande a exactement la même origine, c'est en fait rigoureusement le même phénomène, mais avec des paramètres locaux différents : milieu colloïdal, donc viscosité plus grande, donc mouvements plus limités. Mais la physique théorique, qui cherche toujours les différences avant les points communs, en a fait un phénomène d'origine mystérieuse qu'elle a appelé mouvement brownien. Le simple raisonnement logique nous conduit donc à formuler l'une des deux caractéristiques principales de l'espace, qui est donc un milieu actif où se propagent des ondes électromagnétiques de toutes fréquences et de toutes directions dont certaines agissent directement sur les molécules, gazeuses ou pas.

La deuxième caractéristique essentielle de l'espace (ou de l'éther qui le remplit, ce qui revient au même) nous est ensuite donnée par l'examen et l'analyse logique de la forme d'une galaxie spirale et des conséquences qu'on peut déduire de cette configuration particulière. Le sujet a déjà été abordé page 183, où l'on décrit le processus du raisonnement qui conduit à affirmer finalement que l'éther et la masse noire cachée ne font qu'un. La chose est dorénavant suffisamment claire pour qu'il ne soit pas nécessaire de prolonger le débat, mais il est intéressant d'y voir un aspect supplémentaire de ce dont souffre la physique d'aujourd'hui. Il semblerait en effet que le mot tourbillon ait été rayé du vocabulaire scientifique, alors qu'il s'agit d'un phénomène de première importance, non seulement dans la dynamique des fluides mais dans d'autres domaines de la physique, et notamment en physique des particules. Il faut à ce sujet ne pas cesser de marteler à l'usage de quiconque veut s'intéresser à la physique et accepte de réfléchir que lorsque l'on voit quelque chose qui ressemble à un tourbillon, c'est obligatoirement un tourbillon et pas autre chose, sinon le quidam doit expliquer ce dont il s'agit, et comme il ne pourra pas le faire, il faudra qu'il en convienne. Il y a d'ailleurs, de la part des physiciens et des astronomes, une attitude coupable autant que pathétique quand ils refusent obstinément ne serait-ce que de prononcer ou d'écrire le mot, comme s'il s'agissait ce faisant d'une infamie ou d'un déshonneur. Une galaxie spirale ou n'importe quel système solaire est un système tourbillonnaire, et le fait de l'appeler éventuellement vortex, pour que cela fasse plus sérieux, ne change rien à cette évidence. On est donc en droit de se poser des questions qui cette fois ne sont plus dans le champ proprement dit de la physique, mais plutôt dans celui, connexe, de la psychologie des physiciens.

Il court dans la pensée populaire une idée pernicieuse qui veut que les gens diplômés soient plus intelligents que les autres et que par exemple, pour situer le problème dans une même profession afin de mieux le cerner, un professeur de faculté possède un intellect supérieur à celui d'un instituteur, ce qu'aucune personne honnête et douée de bon sens ne pourra jamais admettre. On peut aussi faire un parallèle dans les professions médicales avec respectivement les spécialistes et les généralistes, les premiers connaissant tout ou presque sur un sujet particulier et les seconds un peu sur tout. Ces derniers sont-ils moins intelligents que les premiers ? Bien sûr que non. Nous sommes dans un pays, mais ce n'est pas le seul, où la hiérarchie sociale est basée sur la récompense des études et la prime aux « bons élèves », qui termineront leur cursus dans quelque Grande Ecole d'où ils sortiront avec un diplôme doré qui leur donnera immédiatement accès à des postes de responsabilité, où certains d'entre eux feront la démonstration de ce qui précède. Tout ceci pour dire que l'ordre établi et la hiérarchie sociale, basés sur l'aptitude aux mathématiques et sur des qualités discutables, que l'on devrait d'ailleurs appeler plus simplement « dispositions » au lieu de qualités, ne donnent aucune garantie en ce qui concerne la vraie intelligence, qui est par ailleurs assez difficile à définir mais que nous savons très bien détecter et apprécier avec un peu d'habitude.

En retirant au mot « câblé » son caractère péjoratif quand il désigne une personne à qui il est difficile de faire entendre raison, il apparaît cependant qu'il s'applique d'une autre manière à tous les professeurs de physique de niveau supérieur, qu'il s'agisse du troisième cycle de Faculté ou d'Ecole supérieure d'ingénieurs, en ce sens qu'ils sont là pour enseigner un cours qui fait partie d'un programme, le même partout, et que le seul degré de liberté qu'ils possèdent pour bien le faire passer réside dans leurs qualités pédagogiques personnelles. Les anglais ont coutume de dire : *« les professeurs enseignent, seuls les étudiants apprennent »*. Cette pensée n'est pas si anodine que cela et va en fait beaucoup plus loin qu'une simple boutade. Cela signifie qu'un docteur es-sciences est une personne qui a dû poursuivre ses études sept ans après le bac pour avoir simplement le droit d'enseigner un cours qu'il n'a pas conçu, mais à qui il pourra seulement donner une touche personnelle sous la forme d'une présentation didactique qu'il estimera la mieux adaptée pour transmettre une connaissance qu'il a lui-même acquise avec rigueur et discipline. Aucune de ces personnes, il suffit de discuter un peu avec eux pour s'en persuader, n'a jamais eu ou émis le moindre doute sur la validité ou le bien-fondé de tout ce qu'ils ont appris au cours de leur long cursus. La contestation ne fait partie ni de leur culture ni de leur éducation, mais de surcroît les cours de sciences qui constituent leur énorme bagage intellectuel n'ont pas été accompagnés d'un autre cours indispensable mais qui n'existe pas et qui s'appelle l'histoire des sciences. Et cette histoire-là montre à qui veut bien s'y intéresser qu'elle est tout ce qu'on veut sauf un long fleuve tranquille, et que les erreurs y sont bien plus nombreuses que les avancées, ce qui explique en partie pourquoi elle progresse si lentement, et surtout par à-coups.

Une autre absence dans cette formation des maîtres est l'enseignement de la logique, vue non pas seulement comme l'art du raisonnement, comme on a l'habitude de la considérer, mais comme sa technique, ce qui la ferait passer du stade de simple exercice de réflexion à celui de matière principale et la transformerait en un outil extraordinaire, qui viendrait avec bonheur compléter la rigueur des mathématiques. La physique ne progressera plus tant que cette condition ne sera pas réalisée, car les mathématiques seules sont impuissantes à découvrir les processus de fonctionnement des phénomènes naturels. Elles ne sont qu'un outil, certes aux possibilités étonnantes, mais un outil seulement, qui permet de tirer tout ce qu'on peut tirer d'un modèle donné mais qui ne remplacera jamais la partie intuitive de notre cerveau, située dans une zone réservée juste à côté des mathématiques mais avec un solide mur de séparation chez les personnes saines d'esprit.

Cette courte mais nécessaire analyse des apparences intellectuelles étant faite, il est maintenant possible de revenir en détail sur le raisonnement logique qui conduit à la connaissance de la nature de l'espace, et qui peut être considéré comme le prototype de ce type d'exercice. La question-clé est : *que voit-on quand on ferme les yeux* ? Lorsque l'on pose cette question à brûle-pourpoint, sans laisser à la personne sollicitée le temps de réfléchir, afin d'entendre de sa part une réponse instinctive et donc révélatrice, cette réponse sera probablement : rien. La suite consiste à donner une seconde chance au cobaye volontaire en lui faisant remarquer qu'entre lui et vous on ne voit rien non plus, mais que cette fois il s'agit bien de rien, c'est-à-dire d'une absence totale de sensation : ni forme, ni couleur. Quand on ferme les yeux, au contraire, on voit quelque chose, même si ce n'est qu'une couleur et que cette couleur est le noir, que l'on trouve dans tous les nuanciers en compagnie de toutes les couleurs de l'arc-en-ciel et d'un choix de gris.

Il s'agit maintenant de définir ce qu'est une couleur. Ce n'est certes pas un objet physique qu'on peut toucher, prendre, peser, goûter, sentir, ce n'est pas quelque chose de matériel. Nous dirons pour l'instant que c'est une composante, dans le domaine visible, d'un ensemble de sensations qui définissent l'aspect d'une chose et qui permettent de la décrire. Autrement dit, lorsque l'on voit une couleur, c'est que l'on voit « quelque chose » qui a cette couleur, et il faut bien se pénétrer de la conclusion de cette suite logique qui équivaut à une démonstration, et se la répéter jusqu'à ce que la dite conclusion devienne personnelle et évidente à celui ou celle qui aura accepté de prendre l'exercice à son compte.

Ceci étant supposé acquis, nous pouvons maintenant affirmer que lorsque nous fermons les yeux nous ne voyons pas « rien » mais « quelque chose » de couleur noire qui semble être présente partout, puisque nous ne lui voyons pas de limites. On peut alors aller un peu plus loin en posant la question subsidiaire suivante, qui n'est pas plus bizarre ni plus stupide que celle qui consiste à demander ce qu'on voit quand on ferme les yeux : *à quelle distance se trouve cette chose* ? Mais comment répondre à cette question si on n'a aucun repère pour faire une quelconque évaluation ? Au lieu de risquer une réponse trop rapide et prématurée, transportons-nous dans le monde lointain des astrophysiciens et jetons un coup d'œil à l'une de leurs fantastiques découvertes, dont par ailleurs on n'entend plus beaucoup parler, et qu'ils avaient appelée masse noire cachée. L'observation des galaxies lointaines et l'étude de leur dynamique, ainsi que les diverses tentatives de calculs faites pour rendre cohérents leurs mouvements avec les masses entraînées, ont conduit les théoriciens du ciel à conclure en la présence d'une masse invisible bien plus importante que la masse visible présumée. Leur gros problème, dont ils n'envisagent toujours pas la moindre solution raisonnable, est de savoir d'une part la situer, d'autre part en faire une estimation, à la fois qualitative et quantitative.

Quand on regarde le ciel nocturne à l'œil nu, il apparaît que le fond du ciel est noir, et non pas transparent. Si on y réfléchit un tant soit peu, on doit admettre que pour que les étoiles soient visibles, il faut bien que l'espace qui nous sépare d'elles soit transparent, mais cependant on est bien obligé de constater qu'au-delà des astres brillants les plus éloignés qu'on puisse distinguer, l'espace redevient noir. Il y a là une illusion d'optique dont on ne parle jamais mais qui est la principale source de malentendus dans ce genre d'observation : le ciel (ou l'espace, ce qui revient au même) est toujours transparent jusqu'à l'objet visible le plus éloigné, et noir au-delà. Ce qui nous permet de répondre par « zéro » à la question du paragraphe précédent à propos de la distance à laquelle se trouve le noir que nous voyons quand nous fermons les yeux.

Pour en revenir aux astrophysiciens et leurs terribles interrogations sur cette maudite mais passionnante masse cachée, on mesure là une fois de plus le fossé qui existe entre physique théorique et physique rationnelle et les conséquences regrettables de la rigidité des institutions, qui fait qu'une nouvelle théorie n'a aucune chance d'être prise en considération par le monde scientifique si elle ne provient pas de sa voie hiérarchique. Et comme celle-ci se considère comme la gardienne des connaissances acquises, sans éprouver le moindre doute sur leur bien-fondé et l'impossibilité que toute la communauté scientifique ait pu se tromper sans que l'un de ses membres s'en soit aperçu, le seul espoir pour une théorie nouvelle d'être au moins examinée sans préjugé est d'être portée à la connaissance du grand public par le biais d'une puissante médiatisation. On voit bien là pourquoi la physique ne peut évoluer que par à-coups, à l'occasion d'événements exceptionnels qui parviennent à briser le mur des habitudes. Il en résulte, pour clore ces remarques sur le monde de l'astronomie, que faire le rapprochement entre le noir que l'on voit quand on ferme les yeux et la masse noire cachée qu'ils cherchent à 14 milliards d'années-lumière est un effort que les astronomes aux idées figées ne feront que le jour où ils ne pourront plus assurer et justifier la promotion de leur activité, faute de découverte réelle et assimilable par tout le monde, savant ou pas, ou bien tout simplement quand on leur laissera la possibilité de s'exprimer.

La physique rationnelle est donc malheureuse, elle qui apporte une nouvelle manière de penser en physique et peut résoudre en quelques courtes étapes d'un raisonnement logique adapté tous les problèmes où on a simplement oublié l'existence de l'éther, elle aussi qui se morfond dans sa solitude et qui se demande bien quel genre d'événement devra se produire pour qu'elle sorte enfin de l'anonymat. Car l'inertie de la société, non seulement la société scientifique mais tous ses autres volets, est une chose que l'on n'évalue jamais à son vrai niveau, tant elle dépasse l'échelle de temps de notre vie quotidienne. On a rabâché dans ce livre l'histoire de la théorie de l'émission de Newton et du temps qu'il a fallu pour la remplacer, mais celle de la Relativité, qui a déjà dépassé la précédente en durée, n'est pas moins significative ni moins dramatique pour la physique, comme si l'exemple de la première n'avait servi à rien.

Nous avons maintenant fait à peu près le tour des arguments susceptibles de convaincre les incrédules que seule la physique rationnelle pourra débloquer cette science majeure, dont il faut absolument se rendre compte qu'elle est, non seulement à bout de souffle, mais gravement malade. Elle est malade de la certitude dont elle s'est elle-même rendue prisonnière en décidant que seule la présentation mathématique de ses sujets d'étude, autant dire tous les phénomènes observables, finirait par conduire à la vérité. Cette adoration des mathématiques a conduit notre société, non seulement dans le domaine scientifique mais dans tous les autres domaines, à être dirigée quotidiennement par des paranos qui ne se sont jamais posé de question sur le processus par lequel notre connaissance progresse, et par une totale apathie devant cet ordre établi en faveur d'une discipline dont on a fait le critère social de l'intelligence. Jamais les mathématiques ne nous indiqueront la voie à suivre, et pourtant en 2017 la Direction de la Recherche en physique au CNRS a été confiée à un mathématicien : la cause est entendue, cette décision catastrophique montre que le mal est profond.

Que faire ?

Chapitre 9 : L'enseignement de la physique

9.1. Niveaux et classements

Il existe aujourd'hui des outils d'évaluation comparative pour à peu près toutes les activités humaines : scientifiques, industrielles, sportives, littéraires, écologiques, en fait tout ce que l'on veut peser, en quelque sorte. Au-delà de la simple curiosité, les motifs qui sont à l'origine de ces initiatives ne sont pas toujours gratuits, et il est bon à priori de se méfier des organismes qui en sont à l'origine. Quoi qu'il en soit il en est ainsi, en particulier, du niveau d'instruction de tous les pays du Monde, comme on le fait pour les individus, et il s'ensuit inévitablement un classement, même si à l'origine celui-ci n'était pas le but avoué. Dès l'instant où l'on entreprend ce genre d'enquête, il faut évidemment en choisir les critères, et il y a déjà dans ce choix indispensable une source certaine de parti-pris et d'injustice. Ces classements n'existaient pas il y a un siècle, du moins sous la forme d'apparence rigoureuse qu'on leur connaît aujourd'hui, mais l'esprit de compétition qui caractérise notre époque devait un jour ou l'autre conduire à s'emparer de nouveaux champs d'application, dont la culture. Pour ce qui est de l'enseignement supérieur et des universités, tout le monde connaît au moins de nom le classement de Shanghai, sorte de tableau d'honneur mondial des établissements de formation des élites, destiné à l'origine pour la Chine à situer son niveau par rapport au reste du monde mais qui est devenu une référence admise par à peu près toute la communauté scientifique.

Il s'agit maintenant d'examiner quels sont les critères qui mènent à ce classement. Officiellement, il y en a 5 principaux : le nombre de prix Nobel, le nombre de médailles Fields, le nombre de chercheurs répertoriés dans le SCIE (Science Citation Index-Expanded), le nombre de publications faites dans les revues Nature et Science, et la performance moyenne des enseignants. Rien que ce dernier critère peut donner à réfléchir, car qui aurait la possibilité d'évaluer raisonnablement le travail d'un chercheur de pointe si ce n'est lui-même, qui par définition est le seul capable de le faire ? Bref il y a beaucoup à dire sur la pertinence de cette sorte de tableau d'honneur des Universités, qui pourtant fait autorité. Mais ce qu'il faut surtout remarquer, c'est que l'on classe les Universités en fonction de leur réputation, de leur cote déjà existante, de leur poids en quelque sorte, et que la qualité réelle de l'éducation qu'elles prodiguent disparaît en fait derrière le miroitement des publications, des récompenses, des hommages de toutes sortes qu'elles ont déjà acquis, si bien qu'un établissement compétent mais récent et encore un peu juste au niveau des publications n'a aucune chance de figurer dans les rangs d'honneur.

Ajoutons à tout ceci que les diverses publications prises en compte doivent être faites en anglais, on ne sera donc pas étonné de trouver une écrasante majorité d'universités américaines en tête de classement, si on excepte le miracle français de l'année 2018 qui vit soudain Montpellier propulsé à la première place dans la spécialité écologique. En fait tous les établissements scientifiques qui souhaitent figurer dans cette incontournable nomenklatura ont bien compris la règle de base : publier, encore publier, surtout publier. N'allons pas jusqu'à dire publier n'importe quoi plutôt que ne rien publier, mais il est certain que la quantité prime sur la qualité.

En fait ce fameux classement de Shanghai, qui n'est pas le seul du genre mais dont on a fait une référence mondiale, n'est que l'un des promontoires d'une conception générale de la culture basée sur le principe de l'élitisme. Il est en effet admis dans les sphères dirigeantes de tous les pays dits occidentaux qu'une population doit être encadrée par une élite, dans tous les domaines. Cette élite se forme dans des établissements d'éducation supérieure ou spéciale, où se retrouvent regroupés des étudiants qui sont en principe arrivés là en fonction, entre autres, de leur capacité de travail, de leur mémoire, de leur esprit de discipline, et de leur aptitude aux mathématiques, même dans les domaines non purement scientifiques comme l'économie ou d'autres encore. L'idée même de l'élite, marchepied conduisant à celle sous-jacente des génies, est une conception inégalitaire de la société, qui suppose qu'au départ il existe des individus plus capables et plus intelligents que les autres, alors qu'il est établi que l'intelligence est une caractéristique d'espèce. C'est ensuite la classe dirigeante qui choisit les critères de sélection qui conduisent ceux des étudiants qui les remplissent vers les Grandes Ecoles où ils seront définitivement façonnés pour diriger les autres. Nous sommes en train de crever lentement de ce système à la fois injuste et inefficace qui se perpétue d'année en année et promeut systématiquement des individus qui sont dès le départ favorisés par des conditions personnelles, familiales en général, qui leur procurent par rapport aux autres un avantage déterminant et tous les ingrédients de la réussite sociale, sans qu'une vraie compétence ne les accompagne nécessairement. C'est ainsi qu'à l'occasion des élections présidentielles, par exemple, nous nous retrouvons souvent devant un choix exclusif d'énarques, dont la formation de gestionnaires d'état est certes d'un très haut niveau, mais ne donnant aucune garantie particulière au sujet de ce qui importe le plus au pays et aux électeurs, c'est-à-dire un projet de société à long terme permettant d'envisager pour nos successeurs un avenir intéressant et une vraie espérance.

En ce qui concerne la physique, il était malheureusement inévitable qu'elle ne puisse échapper au système et soit condamnée à souffrir par conséquent des mêmes maux, qui cependant prennent pour cette discipline une forme légèrement différente, étant admis qu'il y a là un sujet qui n'est pas considéré comme vital par une grande majorité de la population. Mais les symptômes y sont tout aussi inquiétants, voire dramatiques. La physique a les mêmes maladies que la société en général, mais elle a en plus une maladie particulière qu'elle a contractée au moment où les mathématiciens ont décidé qu'eux seuls étaient capables de la traiter efficacement, c'est-à-dire en lui procurant la rigueur qui soi-disant lui manquait précédemment, et donc d'être pratiquée et enseignée sous le langage obligatoire et le contrôle absolu des mathématiques. Nous en sommes donc arrivés à ce point où les maths ont logiquement pris la première place, dans l'échelle des valeurs, devant la physique proprement dite, en fonction d'un choix qui remonte au début du 20ème siècle et qui entérine le renoncement à l'explication réelle d'un phénomène quel qu'il soit, alors que c'est précisément la compréhension de son mécanisme qui devrait être le but à atteindre.

Sans aller jusqu'à l'affirmation de Brighelli que l'école moderne fabrique des crétins, il est certain que la physique théorique façonne les esprits d'une certaine manière qui n'est aujourd'hui, de la part des pratiquants, l'objet d'aucune mise en doute mais qui, dès qu'on l'analyse sans préjugé, s'avère finalement assez surprenante et pour le moins discutable. Faire de l'habileté à comprendre les mathématiques le premier critère de l'intelligence, car c'est bien de cela qu'il s'agit, est ce qu'il y a de plus commode et de plus simple à mettre en œuvre. C'est en effet la seule matière où l'on peut statuer avec certitude sur la résolution d'un problème donné par un enseignant à ses élèves, avec à chaque fois l'attribution dune note de 0 à 20 qui va à la fin de l'année scolaire établir la hiérarchie de la classe. On retrouvera ensuite quelques années plus tard le premier décile de cette future élite aux concours d'entrée des Grandes Ecoles, où les « meilleurs » seront départagés dans les matières scientifiques par le critère de rapidité, puisqu'il ne reste plus que celui-là pour faire la différence, ce qui heureusement et entre parenthèses laisse aussi toutes leurs chances aux autistes, dont chacun sait par expérience qu'on en rencontre de temps en temps quelques uns dans la société civile, même à des postes de responsabilité.

Ce choix qui semble définitif ne doit pas l'être, il en va de l'avenir de notre civilisation. L'autosatisfaction de nos dirigeants ne doit pas nous empêcher de réfléchir et de faire valoir notre droit à la contestation, à la condition expresse que celle-ci ne soit pas simple contradiction, mais au contraire issue d'une saine critique, honnête et réfléchie. Il est à la fois incontestable et regrettable que la plupart des scientifiques se satisfont d'une physique qui n'ambitionne d'autre chose que de décrire les phénomènes physiques sous une forme mathématique, en considérant que le travail est terminé à partir du moment où on a trouvé une belle équation qui en régit les paramètres. La physique, la vraie physique, a pour but ultime de nous faire comprendre comment fonctionne l'Univers dans tous ses aspects, macroscopiques et microscopiques, et les mathématiques ne pourront jamais nous y faire parvenir seules. La précision de leur syntaxe, la rigueur absolue de leurs démonstrations, tout cela n'est qu'un leurre qui nous donne faussement l'impression, à chaque nouvelle formule trouvée, que l'on a ouvert au même moment une nouvelle fenêtre sur les mystères du Monde. Tous les ingénieurs, qui ne l'oublions pas sont aussi tous des physiciens, le savent mieux que d'autres et ne rechignent pas à utiliser un maximum d'analogies mécaniques pour passer du monde de la théorie à celui de la création. Non seulement ils n'y rechignent pas, mais c'est le seul langage qui, malgré son imprécision qu'on peut d'ailleurs appeler aussi souplesse, leur permette d'échanger fructueusement des idées qui ne pourraient s'exprimer autrement.

Il y a donc non seulement matière à réflexion, mais aussi à action. Les difficultés qu'éprouve la physique à progresser ne sont pas encore suffisantes pour que l'évidence s'installe complètement dans l'opinion publique, mais il arrivera bien un jour où, la confiance dans les scientifiques ayant disparu, les gens vont demander des comptes à cette corporation qu'elle veut bien alimenter de ses impôts, mais pas pour rien, et surtout pour voir nobéliser des chercheurs dans des spécialités auxquelles ils ne comprennent rien et qui ne débouchent sur aucune application. Et en physique comme ailleurs, tout commence à l'école.

9.2. L'enseignement rationnel

On appellera dorénavant, par ce terme inusité, le type d'enseignement qui conduira à la pratique de la physique rationnelle pour ceux qui choisiront cette option, mais dont les bases seront absolument générales et concerneront la formation de tous les individus, dans toutes les matières, car le niveau intellectuel de l'homme ne pourra réellement évoluer que lorsqu'il aura parfaitement pris conscience de la vraie nature de l'espace, et surtout des erreurs que lui font commettre des sens non maîtrisés dans la perception qu'il en a. On peut bien sûr refuser de voir la vérité et se trouver parfaitement à l'aise dans la société de consommation, c'est probablement le cas de tous ceux qui y ont fait leur nid douillet et passeront leur vie à jouir des commodités que procure l'aisance financière et l'absence de conscience sociale, mais une grande partie de la population, du moins nous l'espérons, ne se trouve pas dans ce cas et aspire à autre chose, à d'autres possibilités. De plus la prise de conscience collective du réchauffement climatique dû aux activités humaines, qui s'ajoute, mais personne ne le sait, au fait primordial que la Terre se rapproche du Soleil, déclenche un peu partout une réaction de bon sens mêlé d'une salutaire inquiétude que les dirigeants et les financiers ne peuvent désormais plus ignorer.

Il faut absolument réhabiliter la physique aux yeux du peuple, et fournir à celui-ci des raisons d'espérer bien plus solides que ce que nous font miroiter les religions et le commerce, ce dernier continuellement accompagné de son âme damnée la pub. Tout ce que nous propose la vie occidentale moderne nous rend chaque jour plus stupides, plus égoïstes, plus éloignés de ce que les poètes appellent notre mère Nature, plus prétentieux également, et ce n'est pas la satisfaction illusoire de voir quelques prix Nobel décernés à quelques uns de nos chercheurs dans des spécialités ésotériques qui changera les choses. Ce qui fera changer les choses viendra de l'enseignement, forcément, mais il faudra d'abord que s'opère un retournement total des habitudes et des valeurs que nous promettent sans cesse les politiques mais qui ne se produit jamais. Cet échec permanent de toute tentative d'évolution positive provient essentiellement du système actuel de fonctionnement de nos sociétés, basé sur un ensemble de règles supposé incontournable que l'on a appelé économie et qui consiste essentiellement à prendre comme principe que le destin des hommes est de commercer entre eux et de considérer que l'argent est le sang de leurs transactions, au mépris de toute autre activité, et nous devons bien prendre conscience que nous sommes aujourd'hui suspendus aux lèvres des économistes qui nous donnent chaque jour le baromètre de ce qui est pour eux la notion fondamentale, la croissance, sans que ce mot soit clairement explicité. On croit comprendre qu'il s'agit de la croissance du PIB, mais on se demande aussi pourquoi ce dernier ne pourrait que croître. En fonction de cette hypothèse suicidaire, l'enseignement que l'on donne aux jeunes devrait au moins les préparer efficacement à ce monde impitoyable, mais même pas. Non seulement il met en avant une culture générale désuète où ils passent des milliers d'heures à apprendre des choses qui, dans le meilleur des cas, ne leur serviront plus tard qu'à étaler leur savoir dans des conversations futiles, mais il ne leur donne pas en même temps les armes nécessaires pour survivre dans une société abêtie par le manque de perspective et de repères solides, en même temps que privée de ce qui est indispensable à l'homme pour survivre intellectuellement :l'espoir.

Nous sommes ici bien loin de la physique, n'est-t-il point ? Pas du tout. C'est même maintenant qu'elle va prendre toute son importance, et nous fournir le moyen d'évoluer et d'imaginer un monde futur affranchi de cette logique commerciale qui, en nous maintenant dans une sorte de cercle infernal où on ne raisonne plus qu'en termes de finance, nous accapare totalement en nous coupant de la réalité du monde cosmique dont nous avons oublié que nous faisions partie. Prendre conscience de la vérité physique, c'est-à-dire que le monde visible est tout entier contenu dans une masse noire d'une densité extraordinaire que nous ne pouvons ni voir ni toucher, est une expérience et un choc dont on ne peut ressortir intellectuellement indemne. Mais en dehors de cette révélation improbable, c'est peut-être le fait de savoir que notre système solaire, comme tous les autres, est un système tourbillonnaire et que la Terre disparaîtra un jour lointain dans le feu central, qui marquera le plus les esprits de nos arrière-petits-enfants et leur indiquera d'une manière péremptoire que le but essentiel de l'espèce humaine n'est pas de piller la planète pour la transformer en objets à vendre, mais de nous préparer à migrer quand les conditions de vie auront disparu de la surface du globe et qu'il n'y aura plus d'autre solution que de le quitter. Il est bien certain que cela ne se produira que dans très longtemps, des dizaines de milliers d'années probablement, voire des centaines, et que d'ici là l'espèce humaine, si elle n'a pas changé profondément son comportement, aura eu cent fois l'occasion de se détruire et de détruire la planète qui l'héberge, mais il n'y a aucun doute, cela se produira, tôt ou tard. Il ne faudra donc pas attendre le dernier instant pour avoir des chances de survivre à cette catastrophe programmée, et les conditions technologiques qui seront alors indispensables ne pourront être que très supérieures à ce qu'elles sont aujourd'hui, ce qui implique obligatoirement une connaissance bien assimilée de la nature de l'espace.

Ceux d'entre nous pour qui il est maintenant évident que tout système solaire est tourbillonnaire ne comprennent pas que cette révélation ne soit pas venue du petit monde des astronomes. Il faut en effet avoir les yeux et l'esprit particulièrement ensablés pour ne pas identifier correctement un système giratoire où la vitesse augmente régulièrement de la périphérie vers le centre, et de plus selon une loi parfaitement déterminée par Képler, bien que celui-ci n'en ait pas compris le mécanisme intime. Si on veut vraiment se forger une certitude, il existe une vue de l'esprit assez commode qui consiste à imaginer le système solaire avec, au lieu des 8 planètes officielles réelles, Pluton ayant été déchue contre notre gré du titre de vraie planète parce que trop petite, une cinquantaine de planètes fictives supplémentaires. Le manège fonctionnerait de la même manière, mais un modèle réduit vu de dessus rendrait évident le phénomène, grâce à une densité de mobiles qui donnerait plus de vie à la nappe du tourbillon, laquelle serait alors beaucoup plus ressemblante avec la figure 12 (p45). N'ayons pas peur des mots, le fait de ne pas voir un système solaire sous forme d'un vortex est un véritable scandale, et montre à quel point les astronomes, qui ont été les premières vic-

Figure 9.1

times des mathématiciens, se sont perdus dans des modèles irréalistes, complètement coupés de la logique élémentaire et où l'intuition n'a plus aucun rôle. Ils faut qu'ils réapprennent la logique élémentaire, au besoin en essayant de se rappeler la manière dont ils raisonnaient quand ils étaient à l'école primaire, et qu'ils se persuadent une fois pour toutes que lorsque l'on voit quelque chose qui ressemble à un tourbillon il s'agit forcément d'un tourbillon, et que tout tourbillon visible est le révélateur de la présence du fluide qui l'entraîne.

Mais le mal est profond. En octobre 2018, à la Cité des Sciences de la Villette à Paris, un jeune médiateur donnait un cours public d'astronomie à une classe de jeunes ados, dans un silence endormi qui montrait à quel point les mystères du cosmos et de la masse noire les passionnaient. Dans la probable intention de les réveiller et de les faire mieux participer au cours, il leur montra un superbe cliché de galaxie spirale et leur demanda ce que leur inspirait cette vue. Au bout d'un silence pesant un jeune se décida enfin à parler et risqua une comparaison avec une spirale, ayant déjà oublié que la chose était déjà contenue implicitement dans le qualificatif de la galaxie, mais ni lui ni aucun de ses camarades n'eurent l'intuition d'une forme tourbillonnaire. Mais le plus grave est que le médiateur se garda bien de les orienter vers cette analogie pourtant criante et confirma probablement sans le vouloir et sans vraiment s 'en rendre compte que le mot de tourbillon est bel et bien proscrit en astronomie, et malheur à qui ose le prononcer.

La figure 9.1 comporte deux clichés étrangement ressemblants. A gauche l'ouragan Lee, à droite une galaxie spirale (Messier 51, que les astronomes anglais, plus intuitifs que leurs homologues français, appellent whirlpool galaxy). Il suffira en général d'une discussion de quelques secondes avec un individu lambda, non physicien, pour lui faire admettre que l'ouragan est un tourbillon, et que le cliché de droite ne peut être lui aussi qu'un tourbillon, sinon quoi ? Un astronome, au contraire, refusera de répondre oui en ce qui concerne la galaxie spirale, parce qu'il sait parfaitement où cet aveu va l'amener. Reconnaître ou identifier un tourbillon conduit automatiquement à admettre l'existence d'un fluide, celui dans lequel se produit le tourbillon, et cela entraîne toute une série de conséquences logiques qui sont maintenant familières au lecteur mais dont les astronomes ne veulent pas entendre parler, car en fonction de leur conception de l'espace elles mènent à une impasse.

En ce qui concerne la découverte personnelle et individuelle de l'existence de la masse noire cachée, exercice mental qui est normalement accessible à n'importe quel individu pourvu de l'intelligence standard, il faut malgré tout reconnaître qu'il y a là un exercice un peu plus délicat. Cette révélation sur la nature de l'espace, pour être étayée de manière définitive dans un cerveau normalement constitué, doit être réalisée d'une manière intimiste et nécessite d'abord de s'affranchir pour un instant de tout ce qu'on a appris à l'école. Pour ce faire, il faut pratiquer un peu comme dans les cours de relaxation, se mettre à l'écart du bruit et des autres, s'installer confortablement, fermer les yeux, et se servir uniquement de ce formidable outil dont on prend généralement conscience lorsque l'on boucle les 7 premières années de sa vie et que l'on atteint ce qu'on appelle l'âge de raison, c'est-à-dire en d'autres termes l'âge à partir duquel on commence à raisonner. Il n'y a pas besoin de plus, car on dispose alors d'un puissant moteur appelé inné, pourvu que ce dernier ne soit pas trop pollué par un enseignement déficient, et qui est suffisant pour résoudre un problème qui est autant philosophique que physique. Ensuite, tout est uniquement une question de persévérance, sans jamais se laisser gagner par le découragement, et pour autant que celui ou celle qui tente l'expérience fasse aussi preuve d'un minimum de curiosité vis-à-vis des mystères de l'Univers, il ou elle arrivera à ses fins, c'est-à-dire transformer une idée au départ extravagante en franche conviction. C'est là toute la force de la physique rationnelle.

Et justement, l'enseignement de la physique rationnelle offrira une possibilité unique d'amorcer ce changement profond dans la conscience philosophique et environnementale des humains, dont le potentiel d'intelligence est quasiment infini mais qui sont englués dans un type de civilisation qui est voué à l'échec. Peut-on continuer à garder la tête dans le sable et à se laisser entraîner sans réagir dans un mode de vie qui ignore délibérément la réalité physique ? Peut-on aussi, de la même manière, persister à regarder sans rien faire le pillage effréné des ressources minérales du globe et voir dans le même temps la population mondiale continuer de croître dramatiquement, entraînant son cortège de drames sociaux, de famines et de guerres ? Les alarmes des écologistes et des spécialistes du climat n'ont pas encore suffisamment de poids pour tirer la population de sa léthargie, mais la société s'est maintenant pourvue de moyens de communication qui vont accélérer sa transformation. Quand celle-ci sera-t-elle effective, personne ne le sait et personne ne peut le prédire. Il est certain que nous partons de très bas, qu'il soit question de niveau de conscience collective ou tout simplement de possibilité d'action ou de réflexion dans un type de société où la liberté de choix n'existe pas, mais on peut adopter la philosophie de Guillaume d'Orange et se dire qu'il n'est pas nécessaire d'espérer pour entreprendre ni de réussir pour persévérer. La route est longue et sinueuse, mais il faut de toute nécessité la prendre et la suivre.

9.3. L'école de demain

En fonction des bouleversements qu'apporte la physique rationnelle sur la connaissance de la nature de l'espace et de la relativité sensorielle des humains, qui ne savent pas toujours démêler le vrai du faux dans les images qui se forment dans leur cerveau, la question se pose de savoir quand, dans le futur cursus de l'écolier, il faudra lui faire prendre conscience d'une réalité qui d'abord lui échappe totalement, puisqu'elle constitue un déni des apparences, et qui surtout est incroyable, au sens le plus ordinaire du mot. La première question à se poser est d'ailleurs de savoir s'il est pertinent de prévoir ce type de connaissance dans l'enseignement primaire, mais tout en maintenant cette réserve nous supposerons d'abord que la réponse est non, quitte à y revenir par la suite. Paradoxalement, il est possible que la chose soit plus facile à réaliser avec des esprits jeunes et neufs, pas encore encombrés par les connaissances à venir, plutôt qu'avec des adultes déjà formatés d'une manière uniforme et qui seront obligés de faire marche arrière en abandonnant une grosse part de leur acquis scientifique. Mais c'est déjà là un sujet de débat, qui suppose par ailleurs, et c'est une condition sine qua non, que la communauté scientifique ait déjà statué sur l'existence de l'éther et en ait admis le principe, ce qui en fonction de son inertie et de son manque de goût pour le changement nous projette très loin dans le futur.

Le premier dilemme, et il y en aura beaucoup, est de savoir si la révélation de l'existence d'un éther doit faire partie de l'enseignement général ou de celui particulier de la physique. Autrement dit, il faut savoir si on a intérêt à ce que tous les élèves de toutes les écoles soient au courant le plus vite possible de la vérité physique, on si cette connaissance vue comme l'accession à un niveau supérieur doit ne concerner que ceux qui parmi eux embrasseront des carrières scientifiques, où elle sera indispensable. Ce premier choix aura une importance déterminante sur le suivant, celui de la classe où on aura décidé de commencer ce cours particulier, qui sera bien plus qu'un cours car il prendra nécessairement l'aspect d'une initiation, faisant passer d'un état habituel de réflexion à un état supérieur. Si de ce point de vue on s'oriente vers une conception élitiste de cette initiation, c'est-à-dire vers une sélection naturelle ou provoquée des « élus », on provoquera obligatoirement un déséquilibre et une injustice tendant à différencier socialement et intellectuellement ceux qui savent de ceux qui ne savent pas. Mais n'est-ce pas déjà plus on moins la même chose qui se pratique déjà, par exemple avec les Grandes Ecoles ? La société a l'habitude depuis toujours de créer ce genre de différentiation entre les individus, et ceux-ci de toute évidence n'en semblent pas choqués, souvent nourris de l'espoir de faire partie de la bonne catégorie. Et puis il y aura toujours, dans tous les types de population, des gens qui ne veulent pas se poser trop de problèmes métaphysiques et qui ne demandent simplement qu'à être heureux dans le monde qui leur apparaît comme ils le voient et qui leur suffit, qu'il y ait un éther ou pas et quelle que soit la nature de ce dernier, lourd ou léger, noir ou transparent, inerte ou énergétique, peu leur importe.

Si malgré ce genre d'interrogations on ne veut pas tomber dans un pessimisme improductif, il faut également envisager qu'il se pourrait qu'il n'y ait peut-être aucun problème en ce qui concerne l'introduction de la physique rationnelle dans la culture scientifique de n'importe quelle société occidentale comme la nôtre, tellement ce genre de choses passe au-dessus de la tête de la plupart des individus, qui ont d'autres grains à moudre. Il serait toutefois souhaitable que cela se fasse sans éclat, tout doucement et en évitant autant que possible les polémiques destructrices, mais on en demande là peut-être trop car le milieu scientifique adore justement les polémiques, il suffit pour en être convaincu de se plonger un tant soit peu dans l'histoire des sciences. Le vrai problème, qui est aussi celui de toute nouvelle théorie en physique, est de convaincre l'Establishment. Et à ce niveau se trouve l'obstacle majeur, constitué essentiellement par la formidable inertie d'une corporation qui, d'abord, est absolument convaincue de détenir « la » connaissance, et qui par ailleurs construit toujours autour d'elle un mur infranchissable consolidé et soutenu par des médias tout acquis à sa cause. Comment faire pour atteindre ces gens-là ?

La réponse est en fait très simple : il ne faut même pas essayer, c'est sans espoir. Tous ceux qui ont tenté de se faire entendre des instances scientifiques, quel que soit le pays et quelle que soit l'époque, l'ont fait en pure perte. La science officielle est contenue et gardée dans une nébuleuse trop éloignée du sol pour que le peuple ordinaire puisse l'atteindre, et ce club très fermé ne connaît qu'un seul sens de communication, celui qui va de haut en bas, pas l'inverse. Il faut donc s'en remettre au hasard et à l'inspiration, ainsi qu'à la chance, qui ont souvent fait tourner le vent de la destinée en faveur de causes pourtant perdues à l'avance. Si Lord Cavendish n'avait pas secouru Maxwell, un moment ostracisé par la science anglaise, ce dernier serait mort dans la misère et nous ne connaîtrions pas sa théorie électromagnétique. Si Young et Fresnel n'avaient pas démontré expérimentalement que la lumière est une onde, nous subirions peut-être encore la théorie de l'émission de Newton. Il y a heureusement dans l'histoire humaine des sciences quantité d'exemples où la loi du plus fort fut prise en défaut, souvent par un événement au départ anodin mais qui, par effet papillon, permit à la vérité de gagner.

Pour en revenir à la question initiale, qui est d'imaginer quand et comment cette nouvelle connaissance prendra place dans l'enseignement, et dans quel enseignement, général ou spécialisé, tous les scenarii peuvent être envisagés, mais il n'est pas utile de se focaliser dès maintenant sur un problème qui n'est peut-être pas le plus important. Le plus important, c'est de savoir ou d'imaginer comment une idée nouvelle peut prendre place dans la conscience collective d'un peuple. Il existe une théorie, cent fois vérifiée, qui veut qu'une découverte qu'on jugera plus tard fondamentale ou même simplement importante ne puisse naître qu'au détriment d'une autre idée, jusque là considérée comme la bonne, mais qui soudain se trouve anéantie par l'apparition de la nouvelle. Les philosophes donnent parfois à ce phénomène le nom de « création destructrice », appellation qui dit bien ce qu'elle veut dire et qui suppose en clair qu'on ne peut progresser qu'en détruisant quelque chose, qui dans le domaine scientifique sera en général une théorie jusque là en vigueur, comme par exemple la théorie de la Relativité ou celle de l'expansion de l'Univers. Ceci étant admis, on peut se demander de quelle manière pourra se produire cet événement dans le cas de la physique rationnelle et de ses découvertes.

Il y a à priori deux hypothèses plausibles, l'une progressive et sans bruit ni douleur, l'autre brutale et volcanique. La première pourrait être un succès significatif du présent exposé, s'il parvient à captiver une partie importante des amateurs de physique insatisfaits, et dont une diffusion suffisante dans le grand public ne pourrait plus être ignorée des instances scientifiques, probablement aussi avec l'aide de média inspirés et désireux non seulement de participer à une aventure inédite, mais d'y jouer un rôle majeur. L'autre hypothèse, plus explosive, serait celle d'une réalisation pratique déjà évoquée dans « Ether et Espace » et consistant en l'apparition soudaine sur le marché d'une invention non seulement inexplicable par la physique théorique, mais surtout en complète contradiction avec elle. Que ce soit une hypothèse ou l'autre, ou encore une troisième imprévue qui prendrait l'allure d'une divine surprise, l'événement se produira un jour ou l'autre.

La chose est certaine.

Bibliographie

1- Général

- Abraham-Sacerdote : Recueil de constantes physiques, Gauthier-Villars, 1913.

- Arnould Henri : L'énergie, Quillet, 1920.

- Auger Léon : Gilles Personne de Roberval, Albert Blanchard, 1962.

- Bamberger Yves : Mécanique de l'ingénieur, Hermann, 1997.

- Belot Emile : Essai de cosmogonie tourbillonnaire, Gauthier-Villars, 1911.

- Belot Emile : L'origine dualiste des mondes, Payot, 1924.

- Belot Emile : La naissance de la Terre, Gauthier-Villars, 1931.

- Boll Marcel: La Science, ses progrès, ses applications, Larousse, 1933.

- Boll Marcel : L'éducation du jugement, PUF, 1954

- Boll Marcel-Féry André : Précis de physique, Dunod, 1927.

- Bouasse Henri : Bibliothèque Scientifique de l'Ingénieur et du Physicien, 1917-1947 (45 volumes).

- Bruhat Georges : Le Soleil, Felix Alcan, 1931.

- Bureau des Longitudes: Encyclopédie scientifique de l'Univers, Gauthier-Villars, 1981.

- Castelfranchi Gaeteno : La physique moderne, Dunod, 1949.

- CNRS : Roemer et la vitesse de la lumière, Vrin,1978.

- CNRS : œuvres de Jean Perrin, CNRS, 1950

- Cochin Denys : Le Monde extérieur, Masson, 1895.

- Cornu M.A : Mémoire sur la détermination de la vitesse de la lumière.

- Couderc Paul : Univers 1937, Editions Rationalistes, 1937.

- De Broglie : Introduction à l'étude de la mécanique ondulatoire, Hermann, 1930.

- Davies Paul : Les forces de la nature, Armand Colin, 1989.

- De Heen P. : La matière, Hayez, Bruxelles, 1905.

- De Schryver I. : L'éther, la matière et la force, Béranger, 1924.

- Descartes René : Le Monde, Chez Jacques le Gras, 1664.

- Draper John William : Les conflits de la Science et de la Religion, Germer-Baillière, 1882.

-Dreyfus F.Camille : L'évolution des mondes et des sociétés, Alcan, 1893.

- Einstein Albert : La théorie de la relativité restreinte et générale, Gauthier-Villars, 1976.

- Esclangon Ernest : La notion de temps, Gauthier-Villars, 1938.

- Fabry Charles : Physique et Astrophysique, Flammarion, 1935.

- Feuer Lewis : Einstein and the Generations of Science, Basic Books, 1974.

- Gallais-Rumeau : Chimie Générale, Delagrave, 1958.

- Gauzit J. : Les grands problèmes de l'Astronomie, Dunod, 1957.

- Gilpin Robert : La science et l'état en France, Gallimard, 1970.

- Grove W.R. : Corrélation des forces physiques, chez Leiber, 1867.

- Guyon-Hulin-Petit : Hydrodynamique physique, CNRS éditions, 2001.

- Hugolin L. : L'inertie – La force d'inertie, Blanchard, 1977.

- Lakhovsky Georges : Le grand problème, Alcan, 1935.

- Llambi Campbell P. : Le grand secret de l'Univers, Hachette, 1934.

- Laplace (Marquis de) : Exposition du Système du Monde, Bachelier, 1824.

- Larminat (J. de) : L'éther, Plon-Nourrit, 1920.

- MaeterlinckMaurice : La grande loi, Fasquelles éditeurs, 1933.

- Maeterlinck Maurice : La grande féerie, Charpentier, 1929.

- Maxwell J-C : Traité d'Electricité et de Magnétisme, Gauthier-Villars, 1885.

- Maxwell J-C : Traité élémentaire d'Electricité, Gauthier-Villars, 1884.

- Maxwell J-C : The Scientific Papers, Hermann, 1927.

- Millikan Robert-Andrews: L'électron, Alcan, 1926.

- Newton Isaac: Traité d'Optique, Gauthier-Villars, 1955.

- Nodon Albert : Eléments d'Astrophysique, Blanchard, 1926.

- Pacotte Julien : La physique théorique nouvelle, Gauthiers-Villars, 1921.

- Parenty H: Les Tourbillons de Descartes, Louis Bellet, 1903.

- Perrin Jean : Masse et Gravitation, Hermann, 1940.

- Poincaré Henri: La Mécanique Nouvelle, Jacques Gabay/ Gauthier-Villars, 1989.

- Poincaré Henri: La Théorie de Maxwell, Scientia.

- Popper Karl : La Connaissance sans certitude, PPUR, 1991.

- Romani Lucien : Théorie générale de l'univers physique, Blanchard, 1975.

- Ronchi Vasco : Histoire de la lumière, Armand Colin, 1956.

- Royer Clémence : La Constitution du Monde, Schleicher Frères, 1900.

- Sesmat Augustin: Systèmes de Référence et Mouvements, I-VII, Physique Relativiste, Hermann, 1937.

- Thellier Michel/Ripoll Camille: Bases Thermodynamiques de la Biologie Cellulaire, Masson, 1992.

-Thirring H. : L'idée de la théorie de la Relativité, Gauthier-Villars, 1923.

- Tommasina Thomas : La Physique de la Gravitation, Gauthier-Villars, 1928.

- Vincent Maxime : Les dépressions sidérales, Librairie du moniteur juridique, scientifique et littéraire, 1910.

2 - Les anti-relativistes.

- Bessière Gustave : Calculs et Artifices de Relativité, Dunod, 1932.

- Bouasse Henri : La Question Préalable contre la Théorie d'Einstein, Albert Blanchard, 1923.

- Bourbon B. : Pesanteur Electricité Magnétisme, Dunod, 1939.

-Brisset D. : La matière et les forces de la Nature, Dunod, 1911.

- Colliard Paul : Les deux Ethers, Chiron, 1925.

- Cornelissen Christian : Les Hallucinations des Einsteiniens, Albert Blanchard, 1923.

- Décombe L. : La Célérité des Ebranlements de l'Ether, Scientia n_o9, Gauthier-Villars, 1909.

- Destieux Jean : Incroyable Einstein, éd du Carnet critique, 1924.

- Dive Pierre : Les Interprétations physiques de la Théorie d'Einstein, Dunod, 1945

- Duport H : Critique des Théories Einsteiniennes, Imprimerie Darantière à Dijon, 1923.

- Gandillot Maurice : Véritable Interprétation des Théories Relativistes, Gauthier-Villars, 1922.

- Leredu Raymond : L'Equivoque d'Einstein, PUF, 1925.

- Leredu Raymond : La Théorie d'Einstein ou la Piperie Relativiste, Douriez-Bataille, 1928.

- Prunier F. : Essai d'une Physique de l'Ether, Blanchard, 1932.

FSC
www.fsc.org
MIXTE
Papier issu
de sources
responsables
Paper from
responsible sources
FSC® C105338